本书由
湖南科技大学学术著作出版基金项目
湖南省教育厅科研项目（23A0382）
国防基础科研计划项目（JCKY2019403D006）
湖南省科技人才托举工程项目（2022TJ-Q03）
资助出版

人工智能理论、算法与工程技术丛书

基于人工物理方法的群机器人协作围捕与搜索

张红强　吴亮红　周少武　著

国防工业出版社
·北京·

内容简介

群机器人围捕和搜索，尤其是复杂环境下的协作围捕和搜索，是机器人领域最近兴起的研究热点。群机器人围捕和搜索系统是群机器人系统研究的非常典型的任务平台，具有重要的研究价值，有利于实现包围、救援、群体对抗、队形保持、协作搬运、目标保卫，以及领导护卫等，可广泛用于反恐、军事、安全保卫与警戒等方面。然而，目前的群机器人围捕和搜索系统理论尚不完备，所涉及的围捕和搜索环境相对简单，围捕系统的可扩展性不强，多目标围捕算法复杂，搜索时避障效果不佳、搜索效率不高。本书结合国内外关于机器人围捕和搜索算法的最新研究成果，重点研究了未知动态凸障碍物环境中非完整移动群机器人围捕、未知动态非凸障碍物环境中群机器人围捕、未知动态变形障碍物环境中群机器人围捕、未知动态复杂障碍物环境中群机器人协同多层围捕、未知动态凸障碍物环境中群机器人协同多目标围捕，以及未知动态复杂非凸障碍物环境下群机器人多目标搜索协调控制等，并用 MATLAB 仿真和物理平台实验验证了相关理论和算法，因此具有重要的学术理论意义和实际工程应用价值。

本书可作为机器人工程、控制科学与工程、电气工程、计算机科学与技术、电子工程、智能科学与技术等相关学科的教师、学生和研究开发技术人员，尤其是群机器人技术开发与应用研究者的参考书。

图书在版编目（CIP）数据

基于人工物理方法的群机器人协作围捕与搜索 / 张红强，吴亮红，周少武著. -- 北京 : 国防工业出版社，2025. 4. -- ISBN 978-7-118-13568-8

Ⅰ. TP24

中国国家版本馆 CIP 数据核字第 2025B0E123 号

※

国防工業出版社 出版发行

（北京市海淀区紫竹院南路 23 号　邮政编码 100048）

三河市天利华印刷装订有限公司印刷

新华书店经售

*

开本 710×1000　1/16　**印张** 14　**字数** 237 千字

2025 年 4 月第 1 版第 1 次印刷　**印数** 1—2000 册　**定价** 79.00 元

国防书店：（010）88540777　　书店传真：（010）88540776

发行业务：（010）88540717　　发行传真：（010）88540762

前言

群机器人系统研究是近年兴起的热点，它受启发于复杂的自然系统，如社会性昆虫（蚂蚁、蜜蜂等）或者有协作的动物群体，群机器人系统的全局行为涌现自个体机器人层面上实施的局部规则。群机器人系统属于典型的人工群体智能系统，是由数量众多的同构自主机器人组成，具有典型的分布式系统特征。群机器人围捕和搜索系统是群机器人系统研究的非常典型的任务平台，具有重要研究价值，有利于实现群体对抗、队形保持、协作搬运、包围、搜救、目标保卫，以及领导护卫等，可广泛用于反恐、军事、安全保卫与警戒等方面。

然而，目前的群机器人围捕系统理论尚不完备，所涉及的围捕环境相对简单，围捕系统的可扩展性不强，多目标围捕算法复杂，群机器人搜索方面存在环境相对简单、避障效果和搜索效率不佳等问题。

目前，研究机器人围捕的主要方法有基于行为的、基于规则的、基于势场函数的、基于人工物理的等。显然一些方法具有相似性或者一些任务的完成是基于几种方法的综合。一般来说，基于规则的方法和基于行为的方法直接处理机器人的速度矢量并且应用启发式或与目标及其他机器人的距离来改变速度矢量。它们不利用势场或力。尽管“势场”有时出现在基于规则的方法或基于行为的方法的文献中，但它指一种不同于严格牛顿物理学定义的场。目前基于规则的围捕方法存在的问题有，机器人规模可扩展性差，不便于进行稳定性分析等。基于行为的围捕方法存在的问题有群体行为定义不明确，不便于数学上的稳定性分析等。

事实上，在机器人学中，基于人工物理的方法与基于势场函数的方法、基于规则的方法，以及基于行为的方法具有一些相似之处。与基于人工物理的方法相似的方式是在基于势场函数的方法中，目标以具有引力建模而障碍物以具有斥力建模，基于势场函数的方法通过得到整个势场的梯度计算力矢量，即计算复杂，又需要环境中所有机器人和障碍物的位置信息。然而，在基于人工物理的方法中每一个机器人直接计算施加在其当前位置上的力矢量而不是首先计算势场。因此，基于人工物理的方法整体来说具有较少的计算量。基于规则的方法和基于行为的方法获得矢量信息与基于人工物理的方法相似。而且，一些特别的规则或行为如“集结”和“分散”与基于人工物理的方法中的引力和斥力相似。总之，基于人工物理的方法不但潜在地避免了计算整个势场，而且将基于规则的方法或基于行为的方法置于更牢固的物理学基础之一。或者说来自于生物学的基于规则的方法或基于行为的方法属于最高层次的模拟，而基于物理学的人工物理的方法或势场函数的方法属于最底部层次的模拟，而且基于人工物理的方法还具有计算优势。另外基于人工物理的方法可以解决围捕研究中的问题在于物理学本身具有的重要特性。

针对上述问题和常用方法比较分析，本书研究基于人工物理方法的复杂环境下群机器人围捕和搜索系统。本书是作者近年来在群机器人协作控制及其实现研究方面所取得的相关科研成果的归纳和总结。全书共分 8 章，各章相互联系，内容自成体系。其中，第 1 章简要介绍群机器人学、群机器人围捕和搜索研究意义及现状。第 2 章介绍未知动态凸障碍环境中非完整移动群机器人围捕，不同于基于松散偏好规则的围捕算法，而是从人工物理角度出发，提出了基于简化虚拟受力模型的围捕理论和算法。第 3 章介绍未知动态非凸障碍物环境中群机器人围捕，提出了基于简化虚拟受力模型的非凸静态障碍物循障算法和该环境下的围捕算法。第 4 章介绍未知动态变形障碍物环境中群机器人围捕，基于简化虚拟受力模型设计了动态变形障碍物循障算法和该环境下的围捕算法。第 5 章介绍未知动态复杂障碍物环境中群机器人协同多层围捕，将原来的简化虚拟受力模型中机器人个体只能计算单层围捕圆周上的受力扩展至可以计算任意层围捕圆周上的受力，机器人在层与层之间的移动由其内层或同层两最近邻的位置信息来确定，基于以上设计的多层围捕算法实现了复杂环境下群机器人围捕系统的高可扩展性、高可靠性和强避障能力。第 6 章介绍未知动态凸障碍物环境中群机器人协同多目标围捕，将原来的简化虚拟受力模型中机器人个体对单个目标的受力分析扩展至对多目标中任意一个目标的受力分析，每个机器人的围捕目标由动态多目标自组织分布式任务分配算法来确定。第 7 章介绍未知动态复杂非凸障碍物环境下群机器人多目标搜索协调控制，对复杂环境下群机器人多目标搜索行为进行了分解并抽象出简化虚拟受力分析模型，基于此受力模型，设计了个体机器人协同搜索和漫游状态下的运动控制策略，使得机器人在搜索目标的同时能够实时避碰。第 8 章介绍物理围捕实验平台 SRfH（Swarm Robots for Hunting，围捕群机器人），验证了所提基本围捕理论与算法的正确性和有效性。

值得一提的是，第 3 章至第 7 章的围捕和搜索算法都是基于第 2 章提出的简化虚拟受力模型原型及其扩展来实现的，因此第 2 章模型是本书的基础和核心所在。

本书可作为机器人工程、控制科学与工程、电气工程、计算机科学与技术、电子工程、智能科学与技术等相关学科的教师、学生和研究开发技术人员的参考书。由于作者水平有限，本书许多内容还有待完善和深入研究，对于不足之处，敬请读者批评指正。

本书的研究工作和出版得到了湖南科技大学学术著作出版基金项目、湖南省教育厅科研项目（23A0382）、国防基础科研计划项目（JCKY2019403D006）、湖南省科技人才托举工程项目（2022TJ-Q03）的资助，在此表示衷心的感谢！作者的研究成果和本书的撰写工作是在湖南大学章兢教授的悉心指导和帮助下完成的，在此谨致以最诚挚的感谢。感谢湖南科技大学刘朝华教授、陈磊副教授、易国博士、左词立博士、王汐博士等同事对本书出版所给予的大力支持、关心、指导和帮助，感谢家人的默默支持与理解。同时，感谢辽宁工程技术大学刘健辰副教授给予的指导和帮助。感谢蒋萍、石佳航、张鑫等硕士在实验和生活中的帮助。

张红强

2024 年 6 月

目 录

第1章 绪论 …… 1

1.1 群机器人学研究概况 …… 1

1.1.1 群机器人学 …… 1

1.1.2 群机器人实现的主要任务以及研究的关键问题 …… 2

1.2 围捕研究概况 …… 6

1.2.1 多机器人围捕研究现状 …… 6

1.2.2 群机器人围捕研究意义及现状 …… 10

1.3 搜索研究概况 …… 14

1.4 本书的主要内容与安排 …… 15

参考文献 …… 18

第2章 未知动态凸障碍物环境下非完整移动群机器人协作自组织围捕 …… 34

2.1 引言 …… 34

2.2 模型构建 …… 35

2.2.1 群机器人运动模型及相关函数 …… 35

2.2.2 围捕任务模型 …… 36

2.3 围捕算法 …… 39

2.3.1 简化虚拟受力模型 …… 39

2.3.2 基于简化虚拟受力模型的个体控制输入设计 …… 40

2.3.3 围捕算法步骤 …… 41

2.4 稳定性分析 …… 42

2.4.1 无障碍物环境下稳定性分析 …… 43

2.4.2 凸障碍物环境下稳定性分析 …… 46
2.5 无障碍物环境下仿真与分析 …… 49
2.5.1 仿真结果 …… 50
2.5.2 偏差收敛分析 …… 52
2.6 未知动态凸障碍物环境下仿真与分析 …… 54
2.7 SVF-Model 与 LP-Rule 的比较分析 …… 56
2.8 本章小结 …… 59
参考文献 …… 59

第3章 未知动态非凸障碍物环境下群机器人协作自组织围捕 …… 61

3.1 引言 …… 61
3.2 模型构建 …… 62
3.2.1 群机器人运动模型及相关函数 …… 62
3.2.2 围捕任务模型 …… 62
3.3 围捕算法 …… 63
3.3.1 简化虚拟受力模型 …… 63
3.3.2 基于简化虚拟受力模型的个体控制输入设计 …… 63
3.3.3 围捕算法步骤 …… 65
3.4 稳定性分析 …… 65
3.5 无障碍物环境下仿真与分析 …… 69
3.5.1 仿真结果 …… 70
3.5.2 偏差收敛分析 …… 71
3.6 未知动态非凸障碍物环境下仿真与分析 …… 72
3.7 本章基于 SVF-Model 的围捕算法与其他算法的比较分析 …… 74
3.8 本章小结 …… 75
参考文献 …… 75

第4章 未知动态变形障碍物环境下群机器人自组织协作围捕 …… 76

4.1 引言 …… 76

4.2 模型构建…… 77
4.2.1 群机器人运动模型及相关函数 …… 77
4.2.2 围捕任务模型 …… 77
4.3 围捕算法…… 78
4.3.1 简化虚拟受力模型 …… 78
4.3.2 基于简化虚拟受力模型的个体控制输入设计 …… 78
4.3.3 围捕算法流程图 …… 80
4.4 稳定性分析…… 81
4.4.1 基本定理 …… 82
4.4.2 特殊情况 1 …… 84
4.4.3 特殊情况 2 …… 84
4.4.4 特殊情况 3 …… 86
4.5 无障碍物环境下仿真与分析…… 87
4.5.1 仿真结果 …… 88
4.5.2 偏差收敛分析 …… 89
4.6 未知动态变形障碍物环境下仿真与分析…… 90
4.7 本章基于 SVF-Model 的围捕算法与其他算法的比较分析 …… 94
4.8 本章小结…… 95
参考文献 …… 95

第5章 未知动态复杂障碍物环境下群机器人自组织协同多层围捕 …… 96

5.1 引言…… 96
5.2 模型构建…… 97
5.2.1 群机器人运动模型及相关函数 …… 97
5.2.2 围捕任务模型 …… 97
5.3 围捕算法…… 98
5.3.1 简化虚拟受力模型 …… 98
5.3.2 基于简化虚拟受力模型的个体控制输入设计 …… 98
5.3.3 多层围捕算法流程图 …… 99
5.4 稳定性分析 …… 101

5.4.1 层与层之间移动稳定性分析 …… 101
5.4.2 基本定理 …… 102
5.4.3 特殊情况 …… 106
5.5 无障碍物环境下仿真与分析 …… 107
5.5.1 仿真结果 …… 108
5.5.2 偏差收敛分析 …… 110
5.6 未知动态变形障碍物环境下仿真与分析 …… 112
5.6.1 含“Z”字形障碍物环境下仿真与分析 …… 112
5.6.2 含“米”字形障碍物环境下仿真与分析 …… 114
5.7 本章基于 SVF-Model 的围捕算法与其他算法的比较分析 …… 117
5.8 本章小结 …… 118
参考文献 …… 118
第6章 未知动态凸障碍物环境下群机器人协同多目标围捕 … 119
6.1 引言 …… 119
6.2 模型构建 …… 121
6.2.1 群机器人运动模型及相关函数 …… 121
6.2.2 围捕任务模型 …… 122
6.3 围捕算法 …… 124
6.3.1 简化虚拟受力模型 …… 124
6.3.2 基于简化虚拟受力模型的个体控制输入设计 …… 125
6.3.3 围捕算法步骤 …… 126
6.4 稳定性分析 …… 130
6.4.1 任务分配算法的稳定性分析 …… 130
6.4.2 无障碍物环境下稳定性分析 …… 140
6.4.3 未知动态凸障碍物环境下稳定性分析 …… 145
6.5 无障碍物环境下仿真与分析 …… 149
6.5.1 仿真结果 …… 150
6.5.2 偏差收敛分析 …… 151
6.6 未知动态凸障碍物环境下仿真与分析 …… 156
6.7 本章基于 MSVF-Model 的围捕算法与其他算法的比较分析 …… 158

6.8 本章小结 …… 159
参考文献 …… 160
第7章 未知动态非凸障碍物环境下群机器人多目标搜索协调控制 …… 162
7.1 引言 …… 162
7.2 群机器人多目标搜索任务分解 …… 163
7.2.1 自组织任务分工 …… 163
7.2.2 协调控制 …… 166
7.3 群机器人系统控制策略 …… 167
7.3.1 机器人运动模型及相关函数定义 …… 167
7.3.2 具有运动学约束特性的微粒群算法 …… 167
7.3.3 简化虚拟受力模型 …… 168
7.3.4 基于简化虚拟受力模型的个体控制策略 …… 169
7.3.5 控制算法步骤 …… 170
7.4 仿真 …… 171
7.4.1 系统参数设置及算法性能评价指标 …… 172
7.4.2 仿真结果 …… 172
7.4.3 结果分析 …… 178
7.5 本章小结 …… 179
参考文献 …… 180
第8章 群机器人围捕物理实验 …… 182
8.1 引言 …… 182
8.2 群机器人实验平台 …… 182
8.2.1 围捕群机器人 …… 182
8.2.2 通信模块 …… 186
8.3 传感器与UWB室内定位系统 …… 188
8.3.1 光电编码器 …… 188
8.3.2 陀螺仪和电子罗盘 …… 188
8.3.3 UWB定位系统 …… 189

8.4 目标静止时的围捕实验 …………………………………………………… 191
8.4.1 无障碍物环境下围捕实验 ………………………………………… 193
8.4.2 凸障碍物环境下围捕实验 ………………………………………… 197
8.5 动态目标围捕实验 …………………………………………………… 200
8.5.1 无障碍物环境下围捕实验 ………………………………………… 202
8.5.2 凸障碍物环境下围捕实验 ………………………………………… 205
8.6 本章小结 …………………………………………………………… 209
参考文献 ………………………………………………………………… 209
符号表 ……………………………………………………………… **210**

第1章
绪　论

1.1　群机器人学研究概况

1.1.1　群机器人学

群机器人学源于20世纪80年代末，是在研究人员开始调查多机器人系统存在的问题时产生的[1-2]。近年来对群机器人学的研究已经成为一个热点。在谷歌学术、IEEE、EI Compendex 和 SCI Expanded 中搜索“swarm robot”，从1990年到2010年这21年内的相关搜索结果分别为15400条、1071条、1740条和58条；从2011年到2015年这5年内的相关搜索结果分别为16900条、1049条、2037条和93条。通过对比以上数据可以发现，除了IEEE中近5年的数据与前21年的数据大致相当外，其他的近5年数据都大于前21年的数据，这说明近5年来群机器人学的研究已经成为研究热点。群机器人学的研究主要受启发于对群居动物的观察[3]。研究人员发现作为非常简单的个体，如蚂蚁、蜜蜂、鸟类和鱼类等，当它们聚集成群时却可以完成各种不可思议的任务。它们表现出的这种群体智能使得研究人员对社会性动物产生了极大的兴趣[4]。群机器人学被认为是将群体智能应用于多机器人学的一个研究领域[1,5]。

群体智能是一个涌现出来的研究领域，作为一个概念在20世纪的80年代被提出以来，已经吸引了众多研究人员的兴趣。它现在已经成为横跨多个学科的前沿，这些学科包括人工智能、经济学、生物学、社会学等。人们通过对自然物种长时间的观察认识到，一些物种幸存于残酷的自然是得益于群体的力量，而不是个体的智慧。在这样的群里个体并不具有很高的智能，但是它们通过协作和分工可以完成复杂的任务，作为一个整体展示出了高智能，并且群体具有高度自组织性和自适应性。这里面的个体可以被视为具有简单和单一能力的智能体。其中一些有能力发展自己并在处理某些问题时做出更好的兼容性[1]。

群机器人学与群体智能的思想密切相关。群机器人学具有群体智能在自组织分布式系统方面的特点。因此，群机器人学给予了机器人应用的几个优势，如可扩展性、灵活性，以及由于存在冗余而具有的稳健性[5-7]。具体来说，群机器人学是研究如何设计简单的物理个体使得大规模个体通过个体之间，以及个体与环境之间的交互涌现出期望的群体行为并具有稳健性、可扩展性以及灵活性[7]。群机器人学在协调大量机器人方面是一种新颖的方法。而这种协调能力已经超越了目前多机器人系统所能达到的协调能力。群机器人所具有的其他特点有：自组织性、冗余性、分散性、分布式控制、局部感知、局部通信、并行性、自治性、大量简单个体以及同构性等[8]。稳健性、可扩展性以及灵活性等是群机器人系统研究的重要性能[7]。

稳健性是指当有个体损坏或丢失时，以及存在环境中的干扰时不影响整个群体的功能，尽管群体的性能可能有所降低。稳健性可以归因于几个因素：第一，系统的冗余性，也就是说，任何损失或有故障的个体可以通过另一个来补偿。第二，分散协调，也就是说，破坏系统的某个部分不会阻止系统的运作。协调是整个系统的一种涌现属性。第三，简单的个体，即相比于一个复杂的系统可以执行相同的任务来说，在群机器人系统中，个体将更简单，使它们不太容易失败。第四，传感的多重性，即大量具有分布感知能力的个体可以增加系统总的信噪比。

可扩展性是指群机器人系统应该能够运作大规模机器人，即分布式协调机制确保群体运作时不受群体内数量变化的干扰。

灵活性是指群机器人系统可以应对广泛的不同环境和任务。如针对凸、非凸以及动态变形障碍物环境下，群机器人同样可以完成任务。而当同样的任务增多或同时有不同任务时，群机器人同样可以胜任。

1.1.2 群机器人实现的主要任务以及研究的关键问题

经过 20 多年的发展，群机器人学研究人员使用相对简单的机器人群体实现了诸多任务[9]并解决了一些实现任务的关键问题。这些任务以及实现任务中的关键问题主要包括如下几个方面[10]：

1. 实现的任务

1）聚集

自组织的聚集这个任务是在公共的地点聚集大量的自主个体，这是在自然界中能广泛观察到的许多动物的基本行为。研究人员已经提出了各种各样的数学模型来描述聚集，应用各种算法的机器人系统工程已经实现了聚集动力学。这个任务要么作为一个独立的问题进行研究，要么在更多专门的任务里需要聚集多个智能体时来实现。

大多数群机器人研究人员通过设计相应的算法来实现人工群的聚集，而控制机器人运动的设计方法包括：应用虚拟力（人工物理）[11-16]，基于概率方法的机器人行为控制[17-31]和人工进化[32-36]。在实现的算法中有自由聚集算法[17,19-21,23,32-35,37-39]和环境作为中介的聚集算法[18,30,36,40-43]。自由聚集是指研究人员没有给定机器人特定的聚集点，因此它们可能聚集在它们可达区域内的任何地方。环境作为中介的聚集是指给定机器人在环境中的位置对机器人行为的影响关系，这样使得在一些定义为“喜好”的区域产生较高概率的聚集。

2）蜂拥

蜂拥是自然界中观察各种鸟类时经常看到的行为，即聚集在一起的大量的个体朝着一个共同的目标点飞去。其他动物中类似的群体行为有鱼群蜂拥和蹄类动物蜂拥，这些行为以分布式的方式涌现于群体层面，是自治个体局部交互的结果。群机器人研究人员对此非常感兴趣，他们研究了动物蜂拥行为的基本机制并尝试在机器人群体上实现蜂拥。

与简单的聚集相比，蜂拥在群体层面有另外一个更重要的特点：机器人队列运动，这允许群体在一个给定方向上一起运动。在文献［44］中模拟了基于三个基本规则的动物蜂拥行为：避碰、速度匹配和群中心。如果机器人被赋予获知近邻运动方向的能力，那么这个能力可以用来实现蜂拥[13,45-50]。然而，获知近邻运动方向并不是必需的，在文献［51-55］中的机器人并不知道近邻运动方向。

3）觅食

集体觅食任务的灵感来自蚂蚁在聚居地的行为，是群机器人另一种常见的研究场景。蚂蚁和其他社会性动物通过个体之间的局部交互能够有效地开发食物源。在实施觅食任务的群机器人系统里，将一个特别的区域设计为“巢”，群机器人的目的是寻找散落在环境中的物品，找到后将物品带回“巢”。多觅食任务是觅食任务的一个拓展，此时要收集不同类型的物品并根据物品类型搬运到特定的“巢”。实际中应用这种类型的任务包括排雷、危险废物清理、搜索、救援和星球探索等。

觅食任务可以分解成两个过程中的一系列子任务：机器人要么是在环境中处于寻找物品的过程，要么是处于将物品带回“巢”中的过程。在群机器人中，通过机器人之间的协作机制有利于促进完成每一个子任务。协作也可以减少机器人之间由于干扰产生的负面影响并有助于提高系统的可扩展性。为了获得协作，个体之间必须有一些形式的通信，使得个体的行动受影响于群体中其余的个体。这些通信可以通过不同的形式获得：共享存储[56-58]，环境的局部改变[59-66]，智能体之间的信息交换[67-72]。

4）物品收集和分类

物品收集任务是指将分散在环境中的物品收集在一起。与觅食相比，物品收集任务中没有预先指定的放置收集物品的目的地，其目标是将物品放置在一起。这种任务的一个变体是，环境中存在多种类型的物品，每种物品必须分别地收集在一起；这种情况下，物品收集任务经常被看作是分类，因为物品依据它们的类型进行分类。

大多数关于收集和分类任务的已有文献中使用没有定位能力的简单机器人，收集物品只不过是个体与环境概率交互的结果。在其他研究中，机器人具有自我定位的能力，执行收集任务时形成了一种更加确定的方式。因此，收集任务按收集方式可以分为概率收集方式[73-83]和确定收集方式[84-85]。

5）围捕

围捕是自然界中观察各种捕食动物时经常看到的行为，即一群捕食动物协作包围一个或多个猎物，如狼群围捕、狮群围捕、鲸群围捕等。聚集可以看作是对静态目标的围捕，而且围捕队形没有严格的限制。围捕与蜂拥的相似之处是都会形成队列运动，不同之处是围捕有一个或多个运动中心，运动中心是由猎物的运动产生的，而蜂拥中的群体中心是相同个体一起运动时产生的。物理世界中类似围捕的队列运动普遍存在，比如太阳在银河系中的公转运动好像是多层围捕队列，即太阳系中的其他行星围绕着太阳这个中心一起与太阳绕着银河系的中心运动。自然界中的这些现象为基于行为、基于人工物理或基于势场函数进行围捕研究奠定了基础[86-88]。

2. 实现任务的一些关键问题

许多任务的完成需要解决多个关键问题，如觅食任务往往需要同时解决导航、路径形成、调度、协同操作以及任务分配等关键问题。下面介绍一些关键问题。

1）导航

集体导航场景里往往是只有有限感知和定位能力的机器人个体在其他机器人的帮助下可以到达一个未知位置的目标。这个问题中没有进行关于如何使得多个机器人导航至同样位置的相应研究。目前导航关注的是某一个机器人可以到达目标位置，这个机器人可以利用其他机器人的信息来促进完成自己的任务。

在典型的导航场景里，寻找目标位置的机器人以迭代的过程获取目标的信息，沿着朝向目标的路线一小步一小步地运动，在每一步接收到需要的信息后执行下一步运动。导航问题的研究分类基于从当前机器人位置到目标的路线在机器人导航开始时（或者至少在此时关于目标位置的初始信息已经收到）是否已经确定，或者在导航过程中动态形成。因此，导航问题整体上分为两类，一类是静态路线[89-91]，另一类是动态路线[92-97]。

2）路径形成

群机器人的路径形成指的是一个过程，在这个过程里机器人共同构建环境中两个地点之间的路径，所以从一点到另一点所需的时间是最小的。这个任务也可以被认为是链的形成，因为这条路径通常以一条机器人链为特征，这条链要么是动态的，要么是静态的。在觅食任务中的觅食环境里经常观察到在许多情况下的路径形成机制，因为机器人共享感兴趣的位置信息，这样有助于分享如何到达那些位置的信息。这个问题的有关研究关注有两个目标点的场景，而且机器人必须能够有效地从一个目标点运动到另一个目标点。

在过去的研究中，路径形成问题的解决主要采用三种方法：信息素方法[59,60,62,98]、概率方法[99]和进化方法[100]。路径形成算法基于两个目标点之间的路径标志是静态机器人链还是沿着路径连续运动的机器人可以分成两类：一类是静态机器人链[98-,99,101-102]，另一类是机器人流[56,59-60,100]。

3）调度

在自调度场景中，机器人必须在没有中心协调的环境中实现对自我的调度。这个问题有许多潜在的实际应用，包括将自动监视系统投入到未知环境中。在实现自调度的问题中，机器人通过它们之间的直接通信来实现协作，这是应用最多的通信机制。通信可以通过显式的信息实现[103-107]，或者隐式地通过感知附近其他机器人的相对位置来实现[108-115]。另外，间接通信可以通过模拟信息素来实现[116-120]，它也可以实现自调度[116,120]。

4）协同操作

群机器人的协同操作问题是指一群机器人一起操作环境中的物体。正如蚂蚁协作搬运食物的行为，这些行为可以通过机器人在没有中心控制的情况下遵循简单的规则来实现，这也是通过群体智能原则来获得全局动力学的又一个例子。

在已有文献中，物体操作行为的两种主要类型是：①机器人必须共同搬运大物体；②必须从地面上拉动棍棒。因此，协同操作主要有两种类型的算法，一种是物体搬运算法[121-127]，另一种是拉动棍棒算法[128-130]。

5）任务分配

要同时执行大量任务，任务分配是一个关键问题，其直接影响着各种各样的分布式系统的性能[131]。任务分配是一种集体行为，通过这种行为机器人可以让它们自己处理不同的任务。任务分配的目标是通过使机器人动态选择需要完成的任务从而最大化系统的性能[3]。即使机器人配备局部感知能力，也不能直接测量环境的全局状态，为了有助于群体的有效性，单个机器人的适应行为可以通过它们与环境之间的局部交互获得。

大多数任务分配机制是在觅食场景上实现的，其方法要么基于阈值，这时机器人依据观察到的量超过相应阈值来决定转换活动[67,132-136]；要么基于概率方法，这时任务转换依据概率值进行调节[137-143]。

1.2 围捕研究概况

1.2.1 多机器人围捕研究现状

多机器人围捕是指在二维或三维的区域里存在某一（些）动态或静态目标，区域中可能还存在着未知的静态的或动态的、凸或非凸障碍物等，如果多个机器人可以在有限时间内按一定要求分布在目标的周围区域，则说明多机器人实现了对目标的围捕。

国内外关于研究多机器人围捕问题的文献已有许多，下面是一些典型的方法。

Hespanha、Vidal 等[144-145]对智能体感知设备基于概率进行建模，利用“贪婪”策略实现了静态凸障碍物环境下的单个或多个目标的围捕，不需要形成一定的围捕队形，分析了系统的稳定性。Isler 等[146]研究了移动机器人的追捕—逃逸问题，通过获得环境的避障概率地图来进行避障，然而围捕者需要全局地图。Chen 等[147]对于追捕和逃逸问题，基于传感器网络提出了概率计算捕捉和逃逸区域边界的方法。尽管这些方法提高了捕捉的有效性，但捕捉时忽略了猎物和追捕者之间的智能对抗，而且，算法计算时需要的通信量较大。

Vieira等[148-150]提出了一种最小化追捕—逃逸时间的方法。然而环境中需要遍布复杂的传感器网络，而且追捕者需要其他全部个体的状态信息，这对于大规模群机器人围捕不适用。应用有限感知模型的围捕文献有［151-152］等。然而，追捕者与逃逸者之间没有对抗，并且环境中无动态障碍物、非凸障碍物以及动态变形障碍物。

Yamaguchi[153]给出一种基于反馈控制率的多机器人协调运动方法，通过协调多完整移动机器人形成队形来捕捉或包围单个目标。在文献［154］中，多个非完整移动机器人通过分布式光滑时变反馈控制率来控制。在文献［153］和［154］中，每个机器人都有一个“队形矢量”。队形矢量由引力部分和斥力部分来决定，这些力称为人工力，存在于机器人之间以及机器人与环境之间。因此，这个队形矢量可以认为是基于人工物理（Artificial Physics，AP）的。然而，在文献［153］和［154］中，目标是静止的，并且每个机器人需要其他所有机器人和局部环境中所有障碍物的位置信息。这对于实现应用造成了检测和计算中的困难。另外，最后形成的队形是弧形而不是圆形。还有就是围捕过程中存在局部或全局最小点，需要一个合适的干扰来使得机器人逃离局部最小点。

Muro等[155]提出了基于行为的两个简单的狼群围捕规则。这两个规则是：①向猎物移动直到达到距离猎物最小的安全距离；②当离猎物足够近时，远离其他离猎物安全距离较近的狼。然而，每一个智能体需要其他所有智能体的位置信息，没有进行整个系统的稳定性分析，而且环境中无障碍物，参与围捕的个体只有几个。

Ghanaatpishe等[87]提出了基于势场函数（Potential Functions，PF）的方法在无障碍物环境中用于多机器人跟随、围绕和捕捉目标。Zakhar'eva等[156]采用基于规则（Rules Based，RB）的方法实现了多个非完整移动机器人围捕单个动态或静态目标，并给出了稳定性分析。

Kim等[157]基于PF使用多机器人围捕一个动态目标，环境中无障碍物。Ruiz等[158]提出了时间优化的运动策略并采用差分驱动机器人用于围捕可以全向运动的逃逸者，环境中无障碍物。

Sayyaadi等[159]基于AP并利用同其他机器人，以及目标的相对距离和速度设计了相应的控制策略，在三种物理面上（包括斜面、球面和柱面）围捕单个目标，但是没有稳定性分析，环境中也没有障碍物。Liu等[160]针对网格凸障碍物环境中，提出了结合中心控制和分布式控制并采用耦合和非耦合规划方法用于碰撞检测与避免的围捕控制方法。这个混合结构协助机器人在目标周围形成队形时展示了其有效性。然而，障碍物环境仍然简单，算法只适用于机器人个数较少的情况，没有稳定性分析。

国内许多学者也对机器人围捕进行了大量的研究。宋梅萍等[161]研究了动态不确定变化环境中围捕单个移动目标的问题，给出了在线路径的规划方法，该方法需要通信以及传感器信息，达到了减少各编队子任务中的计算量，整个系统具有任务层和行为层规划。

苏治宝等[162]给出一种在未知连续环境中对动态目标进行协作围捕的多机器人控制整体方案，其围捕过程包括先包围目标，然后靠近目标，包围目标的行为通过强化学习算法来实现，采用状态聚类的方法减小其状态空间，基于 Q 学习算法来获得 Q 值表，再根据学习之后的 Q 值表来选择动作，最后将各种行为输出加权求和从而获得综合行为，达到围捕动态目标的目的。

曹治强等[163]在未知连续环境中实现了多机器人对动态目标的围捕，该文将围捕任务建模为五种状态：排队、预测、随机搜索、捕捉和包围，并提出了搜索、排队、预测、方向优化、包抄和捕捉策略，结合相应的状态转换条件来保证围捕任务顺利实现，然而没有稳定性分析，围捕环境中没有动态障碍物。之后，曹治强等[164]又提出了一种多自主机器人分布式围捕方法，适用于非结构化模型自由环境中，该方法是一种 RB 方法，采用有效分区和局部感知；然而没有稳定性分析，而且环境中无动态障碍物和非凸障碍物等。

李淑琴等[165]针对合作围捕多动态目标的任务，提出机器人团队可以通过动态构建获得，该团队采用的思想是利用动态角色进行配置，每个机器人只执行单独的一个角色，但角色会随着环境的变化而连续地改变，这样不但极大地适应了环境中发生的未知事件，而且可以最大限度地发挥机器人个体在整个组团中的作用，这样就完成了动态的构建团队。

王巍等[166]针对多移动机器人协作进行动态目标围捕的问题，提出了利用 SQL server 数据库建立栅格地图的方法，在给定地图中分析并给出了解决势场法在路径规划时规划失败以及会产生路径死点等问题的方法。基于势场栅格法设计了多移动机器人对移动目标进行协作围捕的方法，又针对室外环境中的特点，建立并运用了“虚拟范围”这一概念，从而减少了动态规划围捕运动次数，提高了速度。

付勇等[167]针对多机器人协作围捕，分析并得出了目标和围捕两种机器人之间所存在的速度比临界值，并设计了计算该临界值的数学公式，在该临界条件下可以对目标机器人进行成功围捕。当目标机器人速度比围捕机器人速度快时，设计了先使目标到达最佳围捕区的多机器人围捕伏击方案，之后再采取智能围捕方法，从而完成围捕任务。

周浦城等[168]对多个移动自主型机器人协作追捕多个动态猎物的追捕与逃避问题进行了研究，所提出的合作追捕算法引入进行辅助决策的矩阵来改善联盟决策的两个方面，再依据范例推理来减小任务的招标范围，并改进了传统合同网协议，从而使得通信量在任务协商时得以减少，又在使用违约金进行违约处理、联盟所具有的生命值进行约束等基础上，最终完成了一种多移动机器人可以进行动态联盟的合作追捕算法。

文献［169］中提出了一种基于有限圆的算法，用其以圆形队形围捕目标，该控制系统集成了基于模型的系统和基于行为（Behavior Based，BB）的系统，PF 也被用于控制多机器人所需形成的队形。然而该算法只给出了 3 个和 4 个机器人进行围捕时的控制策略，没有进行稳定性分析，环境中只有简单的凸障碍物。

文献［170］基于 PF 实现了非完整移动多机器人系统在凸障碍物环境下围捕队形控制，进行了稳定性分析。然而算法需要所有机器人和所有障碍物的位置信息，且基于 PF 的算法计算复杂。文献［171］采用 RB 的算法实现了在多机器人静态凸障碍物环境下围捕单个目标，但没有稳定性分析。

文献［172］研究了多机器人的编队控制中形成队形的问题，基于 BB 方法和动态目标点运动策略设计了编队算法。此控制方法需要每个机器人每一步确定自己相应的一个动态运动目标点，据此产生运动需求，再分解产生不同的子行为并加权综合后进行控制个体的运动。然而算法需要感知区划内所有机器人的位置信息，而且只针对无障碍情况下的编队形成过程进行了仿真。

文献［173］基于粒子群算法（Particle Swarm Optimization，PSO）和对目标的动态预测，提出了多机器人协作围捕算法，实现了无障碍物环境中的单个目标围捕。但算法需要全部机器人位置信息，没有进行稳定性分析。

文献［174］提出了多机器人协作围捕系统的宏观数学模型，该模型中包含了一系列耦合的速率方程，每一个方程描述了动态变量如何及时地变化。围捕中的每一个状态中机器人数量对应一个动态变量，文献对模型的参数及其优化进行了分析。模型的初始状态要求围捕机器人均匀分布在围捕环境中，这在实际应用时很难做到。另外，模型需要围捕机器人全局信息，并且环境中没有障碍物。

文献［175］利用拓扑结构给出了分布式的多机器人围捕控制算法，解决了多个机器人围捕目标时由于失去了目标位置信息而导致围捕的效率较低的问题。该算法充分利用了围捕机器人之间的关系，减少了失效的围捕机器人与其前后协作机器人之间的轨迹偏差，从而更快地基于目标为中心形成了动态的圆周围捕队形。然而，个体的失败会影响整个围捕系统的成功率，而且环境中无障碍物。

上述文献所提出的方法是针对机器人数量不多的系统而言，其中，环境的建模多采用离散形式，环境中无障碍物或只有简单的障碍物，机器人个体之间采用的是高级通信，而控制方式主要采用集中控制，这些控制策略存在容错性不强，通信量大，较难扩展机器人的数量等缺陷。

1.2.2 群机器人围捕研究意义及现状

群机器人围捕所指的围捕环境与多机器人围捕的环境一致，如果群机器人在该环境下可以在有限时间内按一定要求分布在目标的周围区域，则说明群机器人实现了对目标的围捕，整个围捕系统还要具有稳健性、可扩展性以及灵活性。

群机器人围捕系统相比于多机器人围捕系统来说，其围捕机器人个体要求简单，数量上较多，个体只具有局部感知和局部通信的能力，控制算法要求是分布式的，不但要求围捕机器人数量上可以进一步大规模扩展，还要求其适应不同的环境，即具有较好的灵活性。

群机器人围捕系统是群机器人系统进行研究的一个非常典型的任务平台，其具有重要研究价值，有利于实现包围、搜救、群体对抗、队形保持、协作搬运、我方目标保卫以及领导护卫等，可广泛用于反恐、军事、安全保卫与警戒等方面，因此在军事上、搜救上、反恐上和安全上具有重要意义。

近年来，国内的学者对群机器人围捕进行了相关研究。熊举峰等[88]针对群机器人围捕问题提出了基于虚拟力的方法，实现了无动态障碍物环境下对静态目标的多层多目标围捕和无障碍物环境下单个动态目标的多层围捕。然而每个机器人的受力分析需要近邻区域所有机器人和障碍物的位置信息，这对于实际应用中机器人检测和计算都造成了困难，同时也带来了局部邻居数不可扩展问题。裴惠琴等[176]研究了机器人群体协作追逃受限问题，该受限包括了环境受限、目标和围捕者这两者之间速度比率受限等，针对上述受限给出了一种切换式方法，该方法适用于围捕动态目标，而且具有规模可扩展的特点，可以实现目标不存在速度约束而且处于动态环境中的协作围捕任务。然而围捕环境中没有障碍物，而且没有分析系统的稳定性。

黄天云等[177]提出了基于松散偏好规则（Loose-preference Rule，LP-Rule）的方法，在目前属于较为简单高效的围捕方法，实现了对单个目标的围捕，并在理论上对群机器人围捕系统分析了稳定性。松散偏好规则中的模型所需的信息量最少，只需要目标和两个近邻的位置信息，这样可以使得系统的局部近邻任意扩展，这也是所设计的围捕算法是分布式的原因。然而，围捕环境中没有考虑障碍物。另外，该规则没有考虑当最近邻的两个机器人在其与目标的方向上一致时等特殊情况下机器人的运动。而且，围捕系统的稳定性分析理论对群机器人系统的参数设置没有指导作用。

段敏等[178]研究了智能群体如何实现多静止目标和多动态目标的环绕运动控制问题，提出了群体通过圆形编队方式进行环绕目标的追踪方法。但环境中无障碍物，而且多目标始终是聚集在一起的，实际围捕过程中，目标有可能四散逃跑。算法设计中需要知道机器人整体个数和目标整体个数等全局信息，通信量大，稳健性不强，不适合大规模群机器人围捕。

杨萍等[179]针对群机器人的围捕问题开展了基于博弈论框架的研究，其将围捕目标与围捕者之间的行为确立为两个局中人之间的博弈行为。由此建立相应的博弈模型，并分析了对围捕行为中博弈双方的走步策略产生影响的要素。但围捕算法是集中式的，围捕环境中无障碍物，围捕时评估具体策略时需要全部机器人的信息即全局信息，可扩展性不强，不太适宜于规模巨大的群机器人围捕。

国外学者对基于群机器人的围捕系统也进行了深入的研究工作。Schenato 等[180]利用传感器网络（Sensor Networks）来解决群机器人围捕过程中环境检测，以及个体机器人信息传递等问题。在此方法中，假设围捕地图环境是已知的，布置传感器网络分布到指定的区域中，猎物移动可以由传感器网络中相应的节点来检测，节点将该信息快速直接地传递给其周围的机器人个体，而且同时该节点也会通过遍布环境中的传感器网络将该信息发送给远处的个体机器人，远近机器人紧密协作从而快速完成围捕任务。该方法虽然顺利解决了群机器人的围捕问题，但是其必须借助于传感器网络，而且网络中的节点要能够辨识个体机器人前进方向以及角度，节点间必须做到实时地快速传递信息。这样一来，传感器网络本身大大地增加了用群机器人进行围捕的系统成本。因此如何有效地基于群机器人系统的本身来实现群机器人的围捕，尤其是在未知动态复杂环境下群机器人的围捕，目前相应的策略还不多。

Shi 等[181]基于 PSO 和果蝇算法实现障碍物环境下群机器人对目标的捕获，但环境中无动态以及非凸障碍物，而且捕获目标时不用形成一定的队形。Pimenta 等[182]利用平滑粒子流体动力学技术实现了在静态和动态障碍物环境中群机器人对静态目标的多层围绕，并且分析了围捕系统的稳定性。然而该基于 AP 的方法存在的问题有，每个机器人的受力分析需要近邻区域所有机器人和障碍物的位置信息或全局地图信息，这对于实际应用中机器人检测和计算都造成了困难，同时也带来了局部邻居数不可扩展问题，而且参数设置困难。

Kubo 等[183]提出一种群机器人多目标围捕算法。机器人根据当前最近邻与其之间的距离小于一给定值时则以一定概率进行目标选择并直接走向新的目标，当新的目标成为最近目标时则进行围绕，从而实现了对多目标的围绕。然而，这里的多目标是静止的，而且环境中无障碍物。Liu 等[160]利用集中与分布式策略相结合实现了群机器人避障和队形形成。但不适合大量群机器人，而且目标是静止的，环境中无动态或非凸障碍物。

Dutta[184]介绍了 Kamimura 和 Ohira 以及 Angelani 的多目标离散化围捕模型，但环境比较理想化，无障碍物，无对抗，而且走的路径比较特殊。Ishiwatari 等[185]提出了基于 PSO 的移动通信代理（Communication Mobile Agent，CMA）围捕单目标方法，利用移动智能体的迁移来获得目标的位置信息并传递给离目标较近的机器人，使围捕机器人减少了通信和移动距离，但时间花费比传统的 PSO 要多，而且环境中没有考虑障碍物。

Escobedo 等[186]基于力学模型研究了单目标时不同群体大小的围捕特点，需要所有围捕个体及目标等全局信息，是集中式围捕，而且目标是静止的，环境中无障碍物。Yasuda 等[187]基于进化的人工神经网络（Evolving Artificial Neural Networks，EANN）研究了群机器人在连续二维环境下多目标单层围捕及搬运问题，但环境中无障碍物。Saxena 等[188]研究了凸障碍物环境下静态单目标围捕的最优路径问题，围捕机器人分为主从机器人，然而效率不高，环境中无非凸障碍物。Bandala 等[86]基于四旋翼无人机研究了三维环境中自适应集结算法用于包围多目标，环境中无障碍物。

由以上综述可知，目前研究机器人围捕的主要方法有 BB[86,169]、RB[155-156,164,177,179,184,189]、PF[87,170]、AP[88,182,186]等。显然一些方法具有相似性或者一些任务的完成是基于几种方法的综合[169,190]。

一般来说，RB 和 BB 直接处理机器人的速度矢量并且应用启发式或与目标及其他机器人的距离来改变速度矢量[177,191-192]。它们不利用势场或力。尽管“势场”有时出现在 RB 或 BB 文献中，但它指一种不同于严格牛顿物理学定义的场。目前 RB 围捕方法存在的问题有，机器人规模可扩展性差，不便于进行稳定性分析等。BB 围捕方法存在的问题有群体行为定义不明确，不便于数学上的稳定性分析等。

事实上，在机器人学中，AP 与 PF、RB 以及 BB 具有一些相似之处[192-193]。与 AP 相似的方式是在 PF 中，目标采用引力建模，障碍物采用斥力建模，PF 通过得到整个势场的梯度计算力矢量即计算复杂，而且需要环境中所有机器人和障碍物位置信息。然而，在 AP 中每一个机器人直接计算施加在其当前位置上的力矢量而不是首先计算势场。因此，AP 整体来说具有较少的计算量。RB 和 BB 获得矢量信息与 AP 相似。而且，一些特别的规则如“集结”和“分散”与 AP 中的引力和斥力相似。总之，AP 不但潜在地避免了计算整个势场而且将 RB 或 BB 置于更牢固的物理学基础之一。或者说来自于生物学的 RB 或 BB 属于最高层次的模拟，而基于物理学的 AP 或 PF 属于最底部层次的模拟[192]，而且 AP 还具有计算优势。另外基于 AP 的方式可以解决围捕研究中的问题在于物理学本身具有的重要特性[192]：

（1）物理学是源于微观交互的宏观行为的根源；

（2）物理是一种简单的方式，可以用来优雅地并且简单地表达宏观行为；

（3）物理是最具预测性的科学；

（4）自然的物理系统具有稳健性和容错性。底层物理系统还可以自我组织和自我修复；

（5）物理世界是懒惰的。

物理现象是一个丰富的领域，提供了大量的行为，值得去仿效从而实现各种各样的群相关任务。而且，物理可以很好地追踪记录并展示这些行为如何涌现于自然组成部分之间简单的交互，并且预测涌现系统的行为。“物理世界是懒惰的”说明的是物理世界运动遵循“最小动作”的原则。这个对物理世界深入的认识有两个重要的结果。第一，最小动作的特征对群机器人系统来说是极好的匹配。机器人总是有电源能量限制的。这样要么可以试图显式地计算最小改变的动作，要么可以通过拟态物理学自动获得。设计良好的拟态物理群遵循最小动作原则，它们是很有效的。第二，这个最小的改变仅仅发生在局部层面。而群机器人设计遵循的原则是通过局部交互来实现整体行为，这与物理世界里的行为非常相似。然而目前的 AP 方法存在的问题有，需要近邻区域所有机器人和障碍物的位置信息或全局地图信息，局部邻居数不易扩展，而且参数设置困难等。由此可以将基于相对简单规则的围捕方法如松散偏好规则中模型重新建立在 AP 基础上，这样就可以综合松散偏好规则中模型和力学模型两者的优势，既简化了原有的力学模型，使得近邻数目可任意扩展，又方便进行稳定性分析并有利于系统的参数设置，即克服了原有松散偏好规则模型和力学模型的缺陷，而且算法简单且是分布式的，这就是本书所提出的综合了松散偏好规则模型和力学模型两者优势的“简化虚拟受力模型”。因此，基于 AP 方法的“简化虚拟受力模型”，再配合简单的规则可以有效地实现群机器人的围捕。

尽管国内外学术界在群机器人围捕问题上取得了很多理论上的成果，但仍然存在着一些问题与不足，甚至成为群机器人围捕的一个瓶颈。①围捕模型理论仍旧不完善。现有理论仍然复杂、不完善，设置参数困难，较难应用于实际的物理围捕实验或者围捕实验调试烦琐。②环境中无障碍物或障碍物过于简单导致群机器人围捕系统的灵活性不够。在实际围捕中，环境中常常存在静态的凸的、非凸的以及动态的凸的或非凸的障碍物，甚至存在变形障碍物，这样所提理论与算法在复杂环境中围捕将受到极大考验。③复杂环境下群机器人围捕系统的可扩展性不强。虽然许多分布式围捕算法实现了机器人规模可扩展性，但所实现环境非常简单，多为无障碍物环境或静态凸障碍物环境，因此复杂环境下群机器人的可扩展性问题成为又一个缺陷。④对多动态目标任务分配研究极少。对于多目标的围捕，学者常采用动态联盟或动态角色，以及基于拍卖或市场等方法来解决，这里往往需要一个“Leader”来统领团体内全部机器人，或者需要一个仲裁者来统一裁决，需要团体内的机器人均与其通信，这同样会产生通信瓶颈，只适合小规模机器人任务分配，而对于大规模群机器人则不适合。而且任务分配过程复杂，延长了分配任务的时间。虽然也有一些研究者基于与最近邻的距离实现了对多目标的围捕，但目标往往是静态的，而且环境中无障碍物。这样的理论无法应用于实际的多目标动态围捕中，因此仍然缺少群机器人的动态多目标围捕理论，尤其在复杂环境下。

1.3 搜索研究概况

目标搜索[3,194]是群机器人系统最为常见的任务之一。根据搜索目标数量的不同，群机器人目标搜索问题可分为单目标搜索和多目标搜索。对于单目标搜索而言，群机器人协调控制的研究主要集中在个体之间的协作方式和参数优化，以及数学模型的建立等方面。Doctor 等[195]将微粒群算法扩展后，用于群机器人目标搜索研究，着重于算法参数的优化；Ducatelle[96]等采用局部无线网通信策略，加强机器人系统内部之间的交流，从而提高搜索效率；张红强等[196]通过对复杂未知动态环境下群机器人围捕工作的分解，抽象出简化虚拟受力模型，同时基于此模型设计了个体机器人运动控制方法；Li 等[197]运用博弈理论，建立了基于扩展合作的群机器人协作狩猎模式。对于多目标搜索而言，由于系统能够并行化同时对多个目标实施搜索，这极大地提高了综合搜索效率，因此，对于群机器人多目标搜索的研究具有更为普遍的意义。不同于单目标搜索，群机器人需要首先根据个体机器人对目标感知情况，自组织地分成若干子群，每个子群再针对特定的目标实施搜索。Derr 和 Manic 围绕嘈杂无线电信号环境下群机器人多目标搜索问题，根据机器人检测到的接收的信号强度（Received Signal Strength，RSS）将其分组，每个小组内部基于分散式微粒群算法进行协调控制，不存在小组规模调节机制[198]；张云正等[199]针对多目标搜索问题提出了一种带闭环调节的动态分工策略，同时注重搜索过程子群之间的合作协同与竞争协同，然而却未考虑搜索过程中个体机器人之间避碰的问题，同时没有在存在非凸障碍物等更为复杂的环境下进行实验仿真。

因此在多目标搜索方面存在环境简单、避障效果和搜索效率不高的问题。

1.4 本书的主要内容与安排

本书基于 AP 的方法并配合简单的规则研究群机器人系统在未知复杂环境下的自组织协同围捕和问题。群机器人围捕和搜索研究主要是提高围捕算法的有效性、灵活性、稳健性，以及可扩展性。针对机器人围捕和搜索研究的现状以及存在的主要问题，主要开展以下几个方面的研究：

（1）基于 AP 的围捕群机器人个体建模问题；

（2）凸障碍物环境下进行围捕的群机器人的避障问题；

（3）非凸障碍物复杂环境下群机器人围捕时的避障问题；

（4）非凸障碍物复杂环境下群机器人围捕系统的可扩展性问题；

（5）未知动态凸障碍物环境下动态多目标围捕问题；

（6）未知动态非凸障碍物环境下多目标搜索问题。

本章后面的内容共 7 章，全书结构框图如图 1.1 所示。

第 2 章：研究在未知动态凸障碍环境中非完整移动群机器人自组织协作围捕问题。从人工物理角度出发，研究未知动态凸障碍环境中群机器人围捕时的个体受力特点，仅根据两最近邻和目标点的施力来构建个体的简化虚拟受力模型。其中，为了更好地避障，设计仿生智能避障函数。基于此具有避障特性的

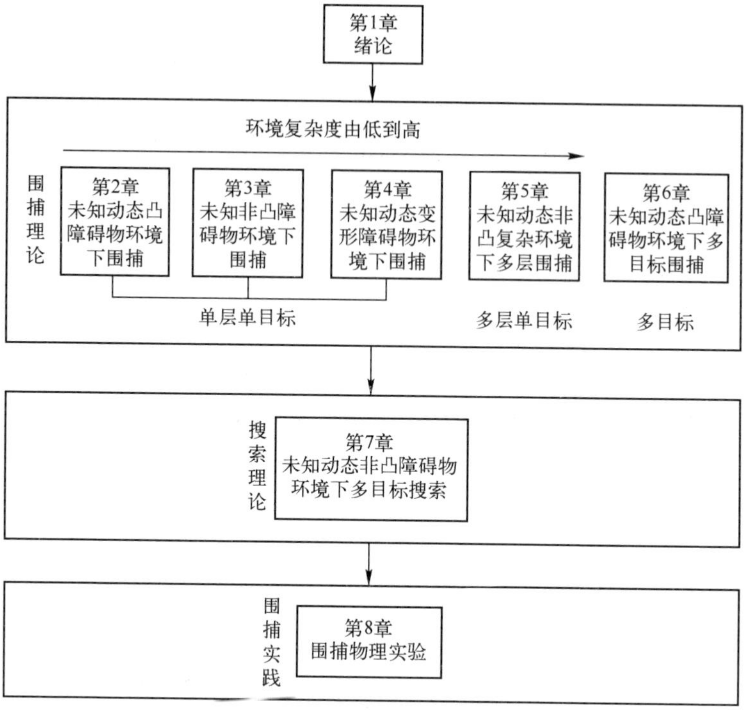

图 1.1　本书结构框图

简化虚拟受力模型，设计围捕算法。在理论上分析围捕系统的稳定性，给出稳定性条件，并研究无障碍物环境下和未知动态凸障碍物环境下 Leader 涌现的规律，给出 Leader 涌现的判断条件。利用仿真验证所提围捕算法的有效性并对围捕过程、静态凸障碍物避障过程和动态障碍物避障过程进行详细分析[196]。

第 3 章：研究在静态非凸障碍物环境中非完整移动群机器人自组织协作围捕问题。研究当群机器人中个体陷入非凸静态障碍物时的个体运动特点，并根据两最近邻和目标点来设计相应的非凸障碍物循障算法，使得个体可以在不发生碰撞的情况下迅速离开非凸静态障碍物。设计非凸静态障碍物环境下的围捕算法，在理论上分析系统的稳定性，给出群机器人围捕系统的稳定性条件。利用仿真验证所提围捕算法的有效性并详细分析对于非凸障碍物的避障过程[200]。

第 4 章：研究在动态变形障碍物环境中非完整移动群机器人自组织协作围捕问题。研究当群机器人中个体陷入非凸动态变形障碍物（如一边做平动、一边做旋转的十字门）时的个体运动特点，并根据两最近邻和目标点来设计相应的非凸动态变形障碍物循障算法，该算法还可以实现对机器人及其他各种障碍物的循障，增强了围捕系统的可扩展性。设计非凸动态变形障碍物环境下的围捕算法，在理论上分析系统的稳定性，给出群机器人围捕系统在非凸动态变形障碍物环境下的稳定性条件。利用仿真验证所提围捕算法的有效性并对动态变形障碍物的避障过程进行详细分析[201]。

第5章：研究在动态复杂障碍物环境中非完整移动群机器人多层协同围捕问题。研究多层围捕时的个体受力特点，改进简化虚拟受力模型中个体的单层围捕圆周受力分析为任意层围捕圆周受力分析，提出复杂环境下多层围捕算法。在理论上分析群机器人多层围捕系统的稳定性，给出稳定性条件。利用仿真验证所提围捕算法的高可扩展性、高可靠性和强避障能力，并详细分析多层围捕时针对非凸动态和静态障碍物的强避障能力[202]。

第6章：研究在未知动态凸障碍物环境中非完整移动群机器人动态多目标围捕问题。研究多目标围捕时个体的受力特点，改进简化虚拟受力模型中对不变的单个目标的受力分析为对多个目标中任意一个目标的受力分析，基于面向目标方向的两最近邻任务分配信息提出分布式任务分配算法。另外，为了避免机器人之间的碰撞和个体能量消耗过多，设计在一定条件下交换围捕目标的算法。设计在未知动态凸障碍物环境中动态多目标的群机器人围捕算法，在理论上分析系统的稳定性，给出系统成功围捕时的稳定性条件。利用仿真验证所提围捕算法的有效性并对多目标围捕过程中的避障过程进行详细分析[203]。

第7章：研究在未知动态非凸障碍物环境中群机器人多目标搜索问题。提出一种基于简化虚拟受力分析模型的群机器人多目标搜索方法（Swarm Robots Search for Multi-Target Based on Simplified Virtual Force，SRSMT-SVF）。对复杂环境下群机器人多目标搜索行为进行分解并抽象出简化虚拟受力分析模型。基于此受力模型，设计个体机器人协同搜索和漫游状态下的运动控制策略，使得机器人在搜索目标的同时能够实时避碰。研究本书控制方法使得个体机器人在整个搜索过程中的避碰性能是否提高，以及系统与环境之间和系统内部个体之间的碰撞冲突是否减少，并且相比于扩展粒子群算法（Extended Particle Swarm Optimization，EPSO）进行研究，验证本书方法是否明显地减少了系统能耗和搜索耗时[204]。

第8章：自行设计物理围捕实验平台，验证所提基本围捕理论与算法的正确性、有效性、稳健性、灵活性，以及可扩展性。利用电子罗盘、陀螺仪、可测速直流电机、Link UWB室内定位系统、Wifi Bee模块，以及室内无线路由器网络，自行设计群机器人围捕实验平台。分别设计应用于实际围捕时针对静态目标和动态目标的自组织围捕算法。开展基于个体受力模型的围捕理论与算法在无障碍物环境下和凸障碍物环境下对静态目标和动态目标的不同群体大小的围捕实验。给出实际围捕时与仿真的不同之处，针对围捕实验中产生的问题分析其原因。检验物理围捕实验中 Leader 涌现的条件与理想仿真中是否一致[205]。

参考文献

[1] PABANI H S, SHIRE A N. Overview of swarm robotics [J]. International Journal of Engineering Research and General Science, 2015, 3 (1): 1029-1034.

[2] PARKER L E. Current research in multirobot systems [J]. Artificial Life & Robotics, 2003, 7 (1-2): 1-5.

[3] BRAMBILLA M, FERRANTE E, BIRATTARI M, et al. Swarm robotics: a review from the swarm engineering perspective [J]. Swarm Intelligence, 2013, 7 (1): 1-41.

[4] BONABEAU E, DORIGO M, THERAULAZ G. Swarm intelligence: from natural to artificial systems [M]. Oxford University Press, 1999.

[5] BELKACEM K, FOUDIL C. An overview of swarm robotics: swarm intelligence applied to multi-robotics [J]. International Journal of Computer Applications, 2015, 126 (2): 31-37.

[6] SHARKEY A J C. Swarm robotics and minimalism [J]. Connection Science, 2007, 19 (3): 245-260.

[7] ŞAHIN E. Swarm robotics: from sources of inspiration to domains of application [J]. Lecture Notes in Computer Science, 2005: 10-20.

[8] DAUDI J. An overview of application of artificial immune system in swarm robotic systems [J]. Automation, Control and Intelligent Systems, 2015, 3 (2): 11-18.

[9] PHAN T A, RUSSELL R A. A swarm robot methodology for collaborative manipulation of non-identical objects [J]. The International Journal of Robotics Research, 2012, 31 (1): 101-122.

[10] BAYINDIR L. A review of swarm robotics tasks [J]. Neurocomputing, 2015, 172: 292-321.

[11] PRIOLO A. Swarm aggregation algorithms for multi-robot systems [D]. Bristol: University of the West of England, 2013.

[12] FETECAU R C, MESKAS J. A nonlocal kinetic model for predator-prey interactions [J]. Swarm Intelligence, 2013, 7 (4): 279-305.

[13] FETECAU R C. Collective behavior of biological aggregations in two dimensions: a nonlocal

kinetic model [J]. Mathematical Models & Methods in Applied Sciences, 2011, 21 (7): 1539-1569.

[14] VANUALAILAI J, SHARMA B. A Lagrangian-based swarming behavior in the absence of obstacles [J]. Workshop on Mathematical Control Theory, 2010: 8-10.

[15] HACKETT-JONES E J, LANDMAN K A, FELLNER K. Aggregation patterns from nonlocal interactions: discrete stochastic and continuum modeling [J]. Physical Review E, 2012, 85 (4): 3446-3456.

[16] MOGILNER A, EDELSTEIN-KESHET L. A non-local model for a swarm [J]. Journal of Mathematical Biology, 1999, 38 (6): 534-570.

[17] BURGER M, HAŠKOVEC J, WOLFRAM M T. Individual based and mean-field modeling of direct aggregation [J]. Physica D Nonlinear Phenomena, 2013, 260 (4): 145-158.

[18] FRANCESCA G, BRAMBILLA M, BRUTSCHY A, et al. AutoMoDe: a novel approach to the automatic design of control software for robot swarms [J]. Swarm Intelligence, 2014, 8 (2): 89-112.

[19] FATèS N. Solving the decentralised gathering problem with a reaction-diffusion-chemotaxis scheme [J]. Swarm Intelligence, 2010, 4 (2): 91-115.

[20] SOYSAL O, ŞAHIN E. Probabilistic aggregation strategies in swarm robotic systems [C]// Proceedings 2005 IEEE Swarm Intelligence Symposium, SIS 2005 Pasadena, CA, USA: IEEE, 2005.

[21] SCHMICKL T, MSLINGER C, CRAILSHEIM K. Collective perception in a robot swarm [M]//Swarm Robotics. Berlin, Heidelberg: Springer, 2007: 144-157.

[22] MERMOUD G, BRUGGER J, MARTINOLI A. Towards multi-level modeling of self-assembling intelligent micro-systems [C]//Proceedings of the 8th International Conference on Autonomous Agents and Multiagent Systems (AAMAS 2009) Budapest: IEEE, 2009.

[23] CORRELL N, MARTINOLI A. Modeling and designing self-organized aggregation in a swarm of miniature robots [J]. The International Journal of Robotics Research, 2011, 30 (5): 615-626.

[24] JEAN-MARC A, JOSÉ H, COLETTE R, et al. Collegial decision making based on social amplification leads to optimal group formation [J]. Proceedings of the National Academy of Sciences, 2006, 103 (15): 5835-5840.

[25] GARNIER S, JOST C, JEANSON R, et al. Aggregation behaviour as a source of collective decision in a group of cockroach-like-robots [J]. Lecture Notes in Artificial Intelligence, 2005, 3630: 169-178.

[26] ARVIN F, SAMSUDIN K, RAMLI A R, et al. Imitation of honeybee aggregation with collective behavior of swarm robots [J]. International Journal of Computational Intelligence Systems, 2011, 4 (4): 739-748.

[27] HAMANN H, MEYER B, SCHMICKL T, et al. A model of symmetry breaking in collective decision-making [M]. Berlin, Heidelberg: Springer, 2010: 639-648.

[28] SCHMICKL T, HAMANN H, WöRN H, et al. Two different approaches to a macroscopic model of a bio-inspired robotic swarm [J]. Robotics & Autonomous Systems, 2009, 57 (9): 913-921.

[29] HAMANN H, WöRN H, CRAILSHEIM K, et al. Spatial macroscopic models of a bio-inspired robotic swarm algorithm [C]//Proceedings of the Intelligent Robots and Systems, 2008 IROS 2008 IEEE/RSJ International Conference on. France: IEEE, 2008.

[30] KERNBACH S, HÄBE D, KERNBACH O, et al. Adaptive collective decision-making in limited robot swarms without communication [J]. The International Journal of Robotics Research, 2013, 32 (1): 35-55.

[31] KERNBACH S, THENIUS R, KERNBACH O, et al. Re-embodiment of honeybee aggregation behavior in an artificial micro-robotic system [J]. Adaptive Behavior, 2009, 17 (3): 237-259.

[32] GOMES J, CHRISTENSEN A L. Generic behaviour similarity measures for evolutionary swarm robotics [C]//Proceedings of the Proceedings of the 15th Annual Conference on Genetic and Evolutionary Computation. New York: ACM, 2013. ACM.

[33] GOMES J, URBANO P, CHRISTENSEN A L. Evolution of swarm robotics systems with novelty search [J]. Swarm Intelligence, 2013, 7 (2-3): 115-144.

[34] GAUCI M, CHEN J, DODD T J, et al. Evolving aggregation behaviors in multi-robot systems with binary sensors [C]//Distributed Autonomous Robotic Systems: The 11th International Symposium. Berlin, Heidelberg: Springer, 2014.

[35] TRIANNI V, GROß R, LABELLA T H, et al. Evolving aggregation behaviors in a swarm of robots [C]//Proceedings of the Seventh European Conference on Artificial Life, volume 2801 of Lecture Notes in Artificial Intelligence. Berlin, Heidelberg: Springer, 2003.

[36] FRANCESCA G, BRAMBILLA M, TRIANNI V, et al. Analysing an evolved robotic behaviour using a biological model of collegial decision making [C]//International Conference on Simulation of Adaptive Behavior. Berlin, Heidelberg: Springer, 2012.

[37] GAUCI M, CHEN J, LI W, et al. Self-organized aggregation without computation [J]. International Journal of Robotics Research, 2014, 33 (8): 1145-1161.

[38] BAHÇECI E, SAHIN E. Evolving aggregation behaviors for swarm robotic systems: a systematic case study [C]//proceedings of the Swarm Intelligence Symposium, SIS 2005 Pasadena, CA, USA: IEEE, 2005.

[39] WINFIELD A F T, LIU W, NEMBRINI J, et al. Modelling a wireless connected swarm of mobile robots [J]. Swarm Intelligence, 2008, 2 (2-4): 241-266.

[40] ARVIN F, TURGUT A E, BELLOTTO N, et al. Comparison of different cue-based swarm

aggregation strategies [J]. Lecture Notes in Computer Science, 2014, 8794: 1-8.

[41] ARVIN F, TURGUT A E, BAZYARI F, et al. Cue-based aggregation with a mobile robot swarm: a novel fuzzy-based method [J]. Adaptive Behavior, 2014, 22: 189-206.

[42] SCHMICKL T, THENIUS R, MOESLINGER C, et al. Get in touch: cooperative decision making based on robot-to-robot collisions [J]. Autonomous Agents and Multi-Agent Systems, 2009, 18 (1): 133-155.

[43] AME J M, RIVAULT C, DENEUBOURG J L. Cockroach aggregation based on strain odour recognition [J]. Animal Behaviour, 2004, 68 (2): 793-801.

[44] REYNOLDS C W. Flocks, herds and schools: a distributed behavioral model [J]. ACM Siggraph Computer Graphics, 1987, 21 (4): 25-34.

[45] TURGUT A E, ÇELIKKANAT H, GÖKÇE F, et al. Self-organized flocking in mobile robot swarms [J]. Swarm Intelligence, 2008, 2 (2-4): 97-120.

[46] ÇELIKKANAT H, ŞAHIN E. Steering self-organized robot flocks through externally guided individuals [J]. Neural Computing & Applications, 2010, 19 (6): 849-865.

[47] FERRANTE E, TURGUT A E, MATHEWS N, et al. Flocking in stationary and non-stationary environments: a novel communication strategy for heading alignment [M]. Parallel Problem Solving from Nature, PPSN XI. Springer, 2010: 331-340.

[48] FERRANTE E, TURGUT A E, STRANIERI A, et al. A self-adaptive communication strategy for flocking in stationary and non-stationary environments [J]. Natural Computing, 2014, 13 (2): 225-245.

[49] VIRáGH C, VáSáRHELYI G, TARCAI N, et al. Flocking algorithm for autonomous flying robots [J]. Bioinspiration & Biomimetics, 2014, 9 (2): 025012.

[50] YASUDA T, ADACHI A, OHKURA K. Self-organized flocking of a mobile robot swarm by topological distance-based interactions [C]//Proceedings of the System Integration (SII), 2014 IEEE/SICE International Symposium on. Tokyo, Japan: IEEE, 2014.

[51] HAYES A T, DORMIANI-TABATABAEI P. Self-organized flocking with agent failure: off-line optimization and demonstration with real robots [C]//Proceedings of the Robotics and Automation, 2002 Proceedings ICRA'02 IEEE International Conference on. Washington, DC, USA: IEEE, 2002.

[52] BALDASSARRE G, NOLFI S, PARISI D. Evolving mobile robots able to display collective behaviors [J]. Artificial Life, 2003, 9 (3): 255-267.

[53] ANTONELLI G, ARRICHIELLO F, CHIAVERINI S. Flocking for multi-robot systems via the null-space-based behavioral control [J]. Swarm Intelligence, 2010, 4 (1): 37-56.

[54] MOESLINGER C, SCHMICKL T, CRAILSHEIM K. Emergent flocking with low-end swarm robots [J]. Swarm Intelligence, 2010: 424-431.

[55] FERRANTE E, TURGUT A E, HUEPE C, et al. Self-organized flocking with a mobile

robot swarm: a novel motion control method [J]. Adaptive Behavior, 2012, 20 (6): 460-477.

[56] VAUGHAN R T, KASPER Y, SUKHATME G S, et al. Whistling in the dark: Cooperative trail following in uncertain localization space [J]. Procfourth Intconfautonomous Agents, 2000: 187-194.

[57] SADAT S A, VAUGHAN R T. So-lost-an ant-trail algorithm for multi-robot navigation with active interference reduction [C]//Proceedings of the ALIFE. Cambridge, USA: The MIT Press, 2010.

[58] VAUGHAN R T, STØY K, SUKHATME G S, et al. Blazing a trail: insect-inspired resource transportation by a robot team [M]. Berlin, Heidelberg: Springer, 2000: 111-120.

[59] STEELS L. Cooperation between distributed agents through self-organisation [C]//Proceedings of the Intelligent Robots and Systems '90 'Towards a New Frontier of Applications', Proceedings IROS '90 IEEE International Workshop on. Ibaraki, Japan: IEEE, 1990.

[60] HAMANN H, WÖRN H. An analytical and spatial model of foraging in a swarm of robots [J]. Lecture Notes in Computer Science, 2007, 4433: 43-55.

[61] HECKER J P, LETENDRE K, STOLLEIS K, et al. Formica ex machina: ant swarm foraging from physical to virtual and back again [J]. Swarm Intelligence, 2012: 252-259.

[62] HOFF N R, SAGOFF A, WOOD R J, et al. Two foraging algorithms for robot swarms using only local communication [C]//Proceedings of the Robotics and Biomimetics (ROBIO), 2010 IEEE International Conference on. Tianjin, China: IEEE, 2010.

[63] GOSS S, DENEUBOURG J-L. Harvesting by a group of robots [C]//Proceedings of the Proceedings of the First European Conference on Artificial Life. Cambridge, USA: The MIT Press, 1992.

[64] PINI G, BRUTSCHY A, PINCIROLI C, et al. Autonomous task partitioning in robot foraging: an approach based on cost estimation [J]. Adaptive Behavior, 2013, 21 (2): 118-136.

[65] MATARI'C M J, GOLDBERG D. Robust behavior-based control for distributed multi-robot collection tasks [J]. Robot Teams: From Diversity to Polymorphism, 2000.

[66] MAES P, MATARIC M, MEYER J, et al. A study of territoriality: the role of critical mass in adaptive task division [M]. Cambridge, USA: MIT Press, 1996: 553-561.

[67] KRIEGER M J B, BILLETER J B. The call of duty: self-organised task allocation in a population of up to twelve mobile robots [J]. Robotics & Autonomous Systems, 2000, 30 (1): 65-84.

[68] RYBSKI P E, LARSON A, VEERARAGHAVAN H, et al. Communication strategies in multi-robot search and retrieval: experiences with MinDART [J]. Distributed Autonomous

Robotic Systems, 2007: 301-310.

[69] TIMMIS J, MURRAY L, NEAL M. A neural-endocrine architecture for foraging in swarm robotic systems [M]. Berlin, Heidelberg: Springer, 2010: 319-330.

[70] DROGOUL A, FERBER J. From tom thumb to the dockers: some experiments with foraging robots [C]//Proceedings of the in 2nd Int Conf on Simulation of Adaptative Behaviors. Cambridge, USA: The MIT Press, 1992.

[71] OSTERGAARD E H, SUKHATME G S, MATARI M J. Emergent bucket brigading: a simple mechanisms for improving performance in multi-robot constrained-space foraging tasks [C]//Proceedings of the Proceedings of the Fifth International Conference on Autonomous Agents. New York: ACM, 2001.

[72] ARKIN R C, BALCH T, NITZ E. Communication of behavorial state in multi-agent retrieval tasks [C]//Proceedings of the Robotics and Automation, 1993 IEEE International Conference on. Atlanta, GA, USA: IEEE, 1993.

[73] HARTMANN V. Evolving agent swarms for clustering and sorting [C]//Proceedings of the Proceedings of the 7th Annual Conference on Genetic and Evolutionary Computation. New York: ACM, 2005.

[74] WILSON M, MELHUISH C, SENDOVA-FRANKS A B, et al. Algorithms for building annular structures with minimalist robots inspired by brood sorting in ant colonies [J]. Autonomous Robots, 2004, 17 (2-3): 115-136.

[75] GAUCI M, CHEN J, LI W, et al. Clustering objects with robots that do not compute [C]//Proceedings of the Proceedings of the 2014 International Conference on Autonomous Agents and Multi-agent Systems. Paris: International Foundation for Autonomous Agents and Multiagent Systems, 2014.

[76] DENEUBOURG J L, GOSS S, FRANKS N, et al. The dynamics of collective sorting robot-like ants and ant-like robots [C]//Proceedings of the Proceedings of the First International Conference on Simulation of Adaptive Behavior on From Animals to Animats. Cambridge, USA: The MIT Press, 1991.

[77] WANG T, ZHANG H. Multi-robot collective sorting with local sensing [C]//Proceedings of the IEEE Intelligent Automation Conference (IAC) . Piscataway: Citeseer, 2003.

[78] BECKERS R, HOLLAND O, DENEUBOURG J L. From local actions to global tasks: stigmergy and collective robotics [M]. Cambridge, MA: MIT Press, 2000: 1008-1022.

[79] MARTINOLI A, IJSPEERT A J, GAMBARDELLA L M. A probabilistic model for understanding and comparing collective aggregation mechanisms [M]. Berlin, Heidelberg: Springer, 1999: 575-584.

[80] MARIS M, BOECKHORST R. Exploiting physical constraints: heap formation through behavioral error in a group of robots [C]//Proceedings of the Intelligent Robots and Systems '96,

IROS 96, Proceedings of the 1996 IEEE/RSJ International Conference on. Osaka, Japan: IEEE, 1996.

[81] HOLLAND O, MELHUISH C. Stigmergy, self - organization, and sorting in collective robotics [J]. Artificial Life, 1999, 5 (2): 173-202.

[82] VARDY A. Accelerated patch sorting by a robotic swarm [C]//Proceedings of the Computer and Robot Vision (CRV), 2012 Ninth Conference on. Toronto, ON, Canada: IEEE, 2012.

[83] VOROBYEV G, VARDY A, BANZHAF W. Supervised learning in robotic swarms: from training samples to emergent behavior [M]. Berlin, Heidelberg: Springer, 2014: 435-448.

[84] VOROBYEV G, VARDY A, BANZHAF W, et al. Conformity and nonconformity in collective robotics: a case study [J]. Advances in Artificial Life Ecal, 2013, 12: 981-988.

[85] VARDY A, VOROBYEV G, BANZHAF W. Cache consensus: rapid object sorting by a robotic swarm [J]. Swarm Intelligence, 2014, 8 (1): 61-87.

[86] BANDALA A A, VICERRA R R P, DADIOS E P. Adaptive aggregation algorithm for target enclosure implemented in Quadrotor Unmanned Aerial Vehicle (QUAV) swarm [C]//Proceedings of the Humanoid, Nanotechnology, Information Technology, Communication and Control, Environment and Management (HNICEM), 2014 International Conference on. Palawan, Philippines: IEEE, 2014.

[87] GHANAATPISHE M, MOUSAVI S M A, ABEDINI M, et al. Following, surrounding and hunting an escaping target by stochastic control of swarm in multi-agent systems [C]//Proceedings of the 2011 2nd International Conference on Control, Instrumentation and Automation (ICCIA). Shiraz, Iran: IEEE, 2011.

[88] XIONG J F, TAN G Z. Virtual forces based approach for target capture with swarm robots [C]//Proceedings of the 2009 Chinese Control and Decision Conference. Guilin, China: IEEE, 2009.

[89] COHEN W W. Adaptive mapping and navigation by teams of simple robots [J]. Robotics & Autonomous Systems, 1996, 18 (4): 411-434.

[90] WURR A, ANDERSON J. Multi-Agent trail making for stigmergic navigation [J]. Lecture Notes in Computer Science, 2004, 3060: 422-428.

[91] MULLINS J, MEYER B, HU A P. Collective robot navigation using diffusion limited aggregation [M]. Berlin, Heidelberg: Springer, 2012: 266-276.

[92] SGORBISSA A, ARKIN R C. Local navigation strategies for a team of robots [J]. Robotica, 2003, 21 (05): 461-473.

[93] DUCATELLE F, CARO G A D, GAMBARDELLA L M. Robot navigation in a networked swarm [J]. Lecture Notes in Computer Science, 2008, 5314: 275-285.

[94] DUCATELLE F, CARO G A D, FÖRSTER A, et al. Cooperative navigation in robotic swarms [J]. Swarm Intelligence, 2014, 8 (1): 1-33.

[95] DUCATELLE F, FÖRSTER E, CARO G A D, et al. Supporting navigation in multi-robot systems through delay tolerant network communication [C]//Proceedings of the Proc of the IFAC Workshop on Networked Robotics (NetRob) . Laxenburg, Austria: International Federation of Automatic Control, 2009.

[96] DUCATELLE F, CARO G A D, PINCIROLI C, et al. Communication assisted navigation in robotic swarms: self-organization and cooperation [C]//Proceedings of the Proceedings of the IEEE/RSJ International Conference on Intelligent Robots and Systems. San Francisco: IEEE, 2011.

[97] SCHMICKL T, CRAILSHEIM K. A navigation algorithm for swarm robotics inspired by slime mold aggregation [C]//Proceedings of the Proceedings of the 2nd International Conference on Swarm Robotics. Berlin, Heidelberg: Springer, 2007.

[98] SZYMANSKI M, BREITLING T, SEYFRIED J, et al. Distributed shortest-path finding by a micro-robot swarm [M]. Berlin, Heidelberg: Springer, 2006: 404-411.

[99] NOUYAN S, CAMPO A, DORIGO M. Path formation in a robot swarm [J]. Swarm Intelligence, 2008, 2 (1): 1-23.

[100] SPERATI V, TRIANNI V, NOLFI S. Self-organised path formation in a swarm of robots [J]. Swarm Intelligence, 2011, 5 (2): 97-119.

[101] WERGER B B, MATARIC M J. Robotic "food" chains: externalization of state and program for minimal-agent foraging [C]//Proceedings of the Proceedings of the Fourth International Conference on Simulation of Adaptive Behavior. Cambridge, USA: The MIT Press, 1996.

[102] PAYTON D W, DAILY M J, HOFF B, et al. Pheromone robotics [C]//Proceedings of the Intelligent Systems and Smart Manufacturing. Dordrecht: Kluwer Academic Publishers, 2001.

[103] BATALIN M A, SUKHATME G S. Spreading out: a local approach to multi-robot coverage [M]. Springer Japan, 2002: 373-382.

[104] MCLURKIN J, SMITH J. Distributed algorithms for dispersion in indoor environments using a swarm of autonomous mobile robots [M]. Berlin, Heidelberg: Springer, 2007: 399-408.

[105] UGUR E, TURGUT A E, SAHIN E. Dispersion of a swarm of robots based on realistic wireless intensity signals [C]//Proceedings of the Computer and Information Sciences, 2007 ISCIS 2007 22nd International Symposium on. Ankara, Turkey: IEEE, 2007.

[106] MATHEWS E. Self - organizing ad - hoc mobile robotic networks [D]. Paderborn: University of Paderborn, 2012.

[107] FALCONI R, SABATTINI L, SECCHI C, et al. Edge-weighted consensus-based formation control strategy with collision avoidance [J]. Robotica, 2015, 33 (02): 332-347.

[108] HOWARD A, MATARIĆ M J, SUKHATME G S. Mobile sensor network deployment using potential fields: a distributed, scalable solution to the area coverage problem [M]. Springer Japan, 2002: 299-308.

[109] PODURI S, SUKHATME G S. Constrained coverage for mobile sensor networks [C]//Proceedings of the Robotics and Automation, IEEE International Conference on. New Orleans: IEEE, 2004.

[110] SPEARS W M, SPEARS D F, HAMANN J C, et al. Distributed, physics-based control of swarms of vehicles [J]. Autonomous Robots, 2004, 17 (2-3): 137-162.

[111] MORLOK R, GINI M. Dispersing robots in an unknown environment [M]. Berlin, Heidelberg: Springer, 2007: 253-262.

[112] LEE G, NISHIMURA Y, TATARA K, et al. Three dimensional deployment of robot swarms [C]//Proceedings of the Intelligent Robots and Systems (IROS), 2010 IEEE/RSJ International Conference on. Taipei, Taiwan: IEEE, 2010.

[113] MIKKELSEN S B, JESPERSEN R, NGO T D. Probabilistic communication based potential force for robot formations: a practical approach [M]. Berlin, Heidelberg: Springer, 2013: 243-253.

[114] LEE G, CHONG N Y. Self-configurable mobile robot swarms: adaptive triangular mesh generation [J]. Networking Humans, Robots and Environments, 2013: 59-75.

[115] FRANCESCA G, BRAMBILLA M, BRUTSCHY A, et al. An experiment in automatic design of robot swarms [J]. Swarm Intelligence, 2014: 25-37.

[116] WAGNER I, LINDENBAUM M, BRUCKSTEIN A M. Distributed covering by ant-robots using evaporating traces [J]. Robotics and Automation, IEEE Transactions on, 1999, 15 (5): 918-933.

[117] SVENNEBRING J, KOENIG S. Building terrain-covering ant robots: a feasibility study [J]. Autonomous Robots, 2004, 16 (3): 313-332.

[118] OSHEROVICH E, YANOVKI V, WAGNER I A, et al. Robust and efficient covering of unknown continuous domains with simple, ant-like a (ge) nts [J]. The International Journal of Robotics Research, 2008, 27 (7): 815-831.

[119] KUYUCU T, TANEV I, SHIMOHARA K. Evolutionary optimization of pheromone-based stigmergic communication [M]. Applications of Evolutionary Computation, Springer, 2012: 63-72.

[120] RANJBAR-SAHRAEI B, WEISS G, NAKISAEE A. A multi-robot coverage approach based on stigmergic communication [M]. Multiagent System Technologies, Springer, 2012: 126-138.

[121] KUBE C R, ZHANG H. Collective robotic intelligence [C]//Proceedings of the Second International Conference on Simulation of Adaptive Behavior. Cambridge, USA: The MIT Press, 1992.

[122] KUBE C R, BONABEAU E. Cooperative transport by ants and robots [J]. Robotics and Autonomous Systems, 2000, 30 (1): 85-101.

[123] CHEN J, GAUCI M, GROSS R. A strategy for transporting tall objects with a swarm of miniature mobile robots [C]//Proceedings of the Robotics and Automation (ICRA), 2013 IEEE International Conference on. Karlsruhe, Germany: IEEE, 2013.

[124] FUJISAWA R, IMAMURA H, MATSUNO F. Cooperative transportation by swarm robots using pheromone communication [M]. Berlin, Heidelberg: Springer, 2013: 559-570.

[125] PETTINARO G C, GAMBARDELLA L M, RAMIREZ-SERRANO A. Adaptive distributed fetching and retrieval of goods by a swarm-bot [C]//Proceedings of the Advanced Robotics, 2005 ICAR'05 Proceedings, 12th International Conference on. Seattle, WA, USA: IEEE, 2005.

[126] GRO R, DORIGO M. Cooperative transport of objects of different shapes and sizes [M]. Berlin, Heidelberg: Springer, 2004: 106-117.

[127] GRO R, DORIGO M. Towards group transport by swarms of robots [J]. International Journal of Bio-Inspired Computation, 2009, 1 (1): 1-13.

[128] IJSPEERT A J, MARTINOLI A, BILLARD A, et al. Collaboration through the exploitation of local interactions in autonomous collective robotics: the stick pulling experiment [J]. Autonomous Robots, 2001, 11 (2): 149-171.

[129] LI L, MARTINOLI A, ABU-MOSTAFA Y S. Learning and measuring specialization in collaborative swarm systems [J]. Adaptive Behavior - Animals, Animats, Software Agents, Robots, Adaptive Systems, 2004, 12: 199-212.

[130] MARTINOLI A, MONDADA F. Collective and cooperative behaviours: biologically inspired experiments in robotics [C]//proceedings of the Experimental Robotics IV: Proceedings of the 4th International Symposium on Experimental Robotics, ISER'95. Berlin, Heidelberg: Springer, 1997.

[131] KHALUF Y, RAMMIG F. Task allocation strategy for time-constrained tasks in robots swarms [C]//12th European Conference on Artificial Life (ECAL 2013). Taormina, Italy: The MIT Press, 2013.

[132] PARKER L E. ALLIANCE: An architecture for fault tolerant multirobot cooperation [J]. Robotics and Automation, IEEE Transactions on, 1998, 14 (2): 220-240.

[133] LIU W, WINFIELD A F T, SA J, et al. Towards energy optimization: emergent task allocation in a swarm of foraging robots [J]. Adaptive Behavior - Animals, Animats, Software Agents, Robots, Adaptive Systems, 2007, 15 (3): 289-305.

[134] LIU W, WINFIELD A. Modelling and optimisation of adaptive foraging in swarm robotic systems [J]. The International Journal of Robotics Research, 2010, 29 (14): 1743-1760.

[135] AGASSOUNON W, MARTINOLI A, GOODMAN R. A scalable, distributed algorithm for allocating workers in embedded systems [C]//Proceedings of the Systems, Man, and Cybernetics, 2001 IEEE International Conference on. Tucson, AZ, USA: IEEE, 2001.

[136] AGASSOUNON W, MARTINOLI A. Efficiency and robustness of threshold - based distributed allocation algorithms in multi-agent systems [C]//Proceedings of the Proceedings of the First International Joint Conference on Autonomous Agents and Multi-agent Systems: Part 3. New York: ACM, 2002.

[137] LABELLA T H, DORIGO M, DENEUBOURG J L. Division of labor in a group of robots inspired by ants' foraging behavior [J]. ACM Transactions on Autonomous and Adaptive Systems (TAAS), 2006, 1 (1): 4-25.

[138] CAMPO A, DORIGO M. Efficient multi-foraging in swarm robotics [J]. Lecture Notes in Computer Science, 2006, 4648 LNAI: 696-705.

[139] JONES C, MATARIIĆ M J. Adaptive division of labor in large-scale minimalist multi-robot systems [C]//Proceedings of the Intelligent Robots and Systems, 2003 (IROS 2003) Proceedings 2003 IEEE/RSJ International Conference on. Las Vegas, NV, USA: IEEE, 2003.

[140] CASTELLO E, YAMAMOTO T, NAKAMURA Y, et al. Task allocation for a robotic swarm based on an adaptive response threshold model [C]//Proceedings of the 2013 13th International Conference on Control, Automation and Systems. Gwangju, South Korea: IEEE, 2013.

[141] BRUTSCHY A, PINI G, PINCIROLI C, et al. Self - organized task allocation to sequentially interdependent tasks in swarm robotics [J]. Autonomous Agents and Multi-Agent Systems, 2014, 28 (1): 101-125.

[142] LIU W, WINFIELD A F T, JIN S. Modelling swarm robotic systems: a case study in collective foraging [J]. Towards Autonomous Robotic Systems (TAROS 07), 2007: 25-32.

[143] LIU W, WINFIELD A F T, SA J. A macroscopic probabilistic model of adaptive foraging in swarm robotics systems [C]//6th Vienna International Conference on Mathematical Modelling. Vienna: Vienna University of Technology, 2009.

[144] HESPANHA J P, KIM H J, SASTRY S. Multiple - agent probabilistic pursuit - evasion games [C]//Proceedings of the Decision and Control, 1999 Proceedings of the 38th IEEE Conference on. Phoenix, AZ, USA: IEEE, 1999.

[145] VIDAL R, SHAKERNIA O, KIM H J, et al. Probabilistic pursuit-evasion games: theory, implementation, and experimental evaluation [J]. Robotics and Automation, IEEE Trans-

actions on, 2002, 18 (5): 662-669.
[146] ISLER V, SUN D, SASTRY S. Roadmap based pursuit-evasion and collision avoidance [C]//Proceedings of the Robotics: Science and Systems. Cambridge, USA: The MIT Press, 2005.
[147] CHEN P, SASTRY S. Pursuit controller performance guarantees for a lifeline pursuit-evasion game over a wireless sensor network [C]//Proceedings of the Decision and Control, 2006 45th IEEE Conference on. San Diego, CA, USA: IEEE, 2006.
[148] VIEIRA M A, GOVINDAN R, SUKHATME G S. Scalable and practical pursuit-evasion with networked robots [J]. Intelligent Service Robotics, 2009, 2 (4): 247-263.
[149] VIEIRA M A, GOVINDAN R, SUKHATME G. Scalable and practical pursuit-evasion [C]//Proceedings of the Robot Communication and Coordination, 2009 ROBOCOMM'09 Second International Conference on. Odense, Denmark: IEEE, 2009.
[150] VIEIRA M A, GOVINDAN R, SUKHATME G S. Optimal policy in discrete pursuit-evasion games [J]. Department of Computer Science, University of Southern California, Tech Rep, 2008: 08-900.
[151] DURHAM J W, FRANCHI A, BULLO F. Distributed pursuit-evasion with limited-visibility sensors via frontier-based exploration [C]//Proceedings of the Robotics and Automation (ICRA), 2010 IEEE International Conference on. Anchorage, AK, USA: IEEE, 2010.
[152] BOPARDIKAR S D, BULLO F, HESPANHA J P. Cooperative pursuit with sensing limitations [C]//Proceedings of the American Control Conference, 2007 ACC'07. New York: IEEE, 2007.
[153] YAMAGUCHI H. A cooperative hunting behavior by mobile-robot troops [J]. The International Journal of Robotics Research, 1999, 18 (9): 931-940.
[154] YAMAGUCHI H. A distributed motion coordination strategy for multiple nonholonomic mobile robots in cooperative hunting operations [J]. Robotics and Autonomous Systems, 2003, 43 (4): 257-282.
[155] MURO C, ESCOBEDO R, SPECTOR L, et al. Wolf-pack (canis lupus) hunting strategies emerge from simple rules in computational simulations [J]. Behavioural Processes, 2011, 88 (3): 192-197.
[156] ZAKHAR'EVA A, MATVEEV A S, HOY M, et al. A strategy for target capturing with collision avoidance for non-holonomic robots with sector vision and range-only measurements [C]//Proceedings of the Control Applications (CCA), 2012 IEEE International Conference on. Dubrovnik, Croatia: IEEE, 2012.
[157] KIM J, LEE H-C, LEE B H. Multi-robot enclosing formation for moving target capture [C]//Proceedings of the System Integration (SII), 2011 IEEE/SICE International Sympo-

sium on. Kyoto, Japan: IEEE, 2011.

[158] RUIZ U, MURRIETA-CID R, MARROQUIN J L. Time-optimal motion strategies for capturing an omnidirectional evader using a differential drive robot [J]. Robotics IEEE Transactions on, 2013, 29 (5): 1180-1196.

[159] SAYYAADI H, SABET M. Nonlinear dynamics and control of a set of robots for hunting and coverage missions [J]. International Journal of Dynamics and Control, 2014, 2 (4): 1-22.

[160] LIU F, NARAYANAN A. Collision avoidance and swarm robotic group formation [J]. International Journal of Advanced Computer Science, 2014, 4 (2): 64-70.

[161] 宋梅萍, 顾国昌, 张汝波. 多移动机器人协作任务的分布式控制系统 [J]. 机器人, 2003, 25 (5): 456-460.

[162] 苏治宝, 陆际联, 童亮. 一种多移动机器人协作围捕策略 [J]. 北京理工大学学报, 2004, 24 (5): 403-406+415.

[163] 曹志强, 张斌, 王硕, 等. 未知环境中多移动机器人协作围捕的研究 [J]. 自动化学报, 2003, 29 (4): 536-543.

[164] CAO Z, ZHOU C, CHENG L, et al. A distributed hunting approach for multiple autonomous robots [J]. International Journal of Advanced Robotic Systems, 2013, 10 (4): 1-8.

[165] 李淑琴, 王欢, 李伟, 等. 基于动态角色的多移动目标围捕问题算法研究 [J]. 系统仿真学报, 2006, 18 (2): 362-365.

[166] 王巍, 宗光华. 基于"虚拟范围"的多机器人围捕算法 [J]. 航空学报, 2007, 28 (2): 508-512.

[167] 付勇, 汪浩杰. 一种多机器人围捕策略 [J]. 华中科技大学学报: 自然科学版, 2008, 36 (2): 26-29.

[168] 周浦城, 洪炳镕, 王月海. 动态环境下多机器人合作追捕研究 [J]. 机器人, 2005, 27 (4): 289-295.

[169] WU M, HUANG F, WANG L, et al. A distributed multi-robot cooperative hunting algorithm based on limit-cycle [C]//Proceedings of the Informatics in Control, Automation and Robotics, 2009 CAR ' 09 International Asia Conference on. Bangkok, Thailand: IEEE, 2009.

[170] CAI Z S, ZHAO J, CAO J. Formation control and obstacle avoidance for multiple robots subject to wheel-slip [J]. International Journal of Advanced Robotic Systems, 2012, 9 (5): 1-15.

[171] AN Y, LI S, LIN D. Multiple robotic fish's target search and cooperative hunting strategies [J]. TELKOMNIKA Indonesian Journal of Electrical Engineering, 2014, 12 (1): 186-196.

[172] 左国玉, 张洪亮, 韩光胜, 等. 基于动态目标点的行为分解编队算法 [J]. 控制工程, 2015, 17 (5): 679-681.

[173] CHEN S. A cooperative hunting algorithm of multi-robot based on dynamic prediction of the target via consensus-based kalman filtering [J]. Journal of Information & Computational Science, 2015, 12 (4): 1557-1568.

[174] SONG Y, LI Y, LI C, et al. Mathematical modeling and analysis of multirobot cooperative hunting behaviors [J]. Journal of Robotics, 2015, 2015: 1-8.

[175] CHEN S, GENG S, HUA Y, et al. Distributed hunting control algorithm based on topology [C]//Proceedings of the Control and Decision Conference (CCDC), 2015 27th Chinese. Qingdao: IEEE, 2015.

[176] 裴惠琴, 陈世明, 孙红伟. 动态环境下可扩展移动机器人群体的围捕控制 [J]. 信息与控制, 2009, 38 (4): 437-443.

[177] HUANG T Y, CHEN X B, XU W B, et al. A self-organizing cooperative hunting by swarm robotic systems based on loose-preference rule [J]. Acta Automatica Sinica, 2013, 39 (1): 57-68.

[178] 段敏, 高辉, 宋永端. 智能群体环绕运动控制 [J]. 物理学报, 2014, 63 (14): 140204 140201-140204 140209.

[179] 杨萍, 魏征, 李春玲. 基于博弈论的群体机器人围捕策略研究 [J]. 机械制造, 2014, 52 (5): 5-7.

[180] SCHENATO L, OH S, SASTRY S, et al. Swarm coordination for pursuit evasion games using sensor networks [C]//Proceedings of the Robotics and Automation, 2005 ICRA 2005 Proceedings of the 2005 IEEE International Conference on. Barcelona, Spain: IEEE, 2005.

[181] SHI Z, ZHANG X, TU J, et al. An improved capturing algorithm based on particle swarm optimization for swarm robots system [C]//Proceedings of the Computer Science and Automation Engineering (CSAE), 2012 IEEE International Conference on. Zhangjiajie, China: IEEE, 2012.

[182] PIMENTA L C, PEREIRA G A, MICHAEL N, et al. Swarm coordination based on smoothed particle hydrodynamics technique [J]. IEEE Transactions on Robotics, 2013, 29 (2): 383-399.

[183] KUBO M, SATO H, YAMAGUCHI A, et al. Target enclosure for multiple targets [M]. Berlin, Heidelberg: Springer, 2013: 795-803.

[184] DUTTA K. Hunting in groups [J]. Resonance, 2014, 19 (10): 936-957.

[185] ISHIWATARI N, SUMIKAWA Y, TAKIMOTO M, et al. Multi-robot hunting using mobile agents [M]. Berlin, Heidelberg: Springer International Publishing, 2014: 223-232.

[186] ESCOBEDO R, MURO C, SPECTOR L, et al. Group size, individual role differentiation and effectiveness of cooperation in a homogeneous group of hunters [J]. Journal of the Royal Society Interface, 2014, 11 (95): 20140204-20140210.

[187] YASUDA T, OHKURA K, NOMURA T, et al. Evolutionary swarm robotics approach to a

pursuit problem [C]//Proceedings of the 2014 IEEE Symposium on Robotic Intelligence in Informationally Structured Space (RIISS). Orlando, FL, USA: IEEE, 2014.

[188] SAXENA A, SATSANGI C. Collective collaboration for optimal path formation and goal hunting through swarm robot [C]//Proceedings of the Confluence The Next Generation Information Technology Summit (Confluence), 2014 5th International Conference. Noida, India: IEEE, 2014.

[189] BLAZOVICS L, CSORBA K, FORSTNER B, et al. Target tracking and surrounding with swarm robots [C]//Proceedings of the Engineering of Computer Based Systems (ECBS), 2012 IEEE 19th International Conference and Workshops on. Novi Sad, Serbia: IEEE, 2012.

[190] SHAPIRA O, RABINOVICH Z, ROSENSCHEIN J S. Simulation of cooperative behavioral trends by local interaction rules [J]. Applied Intelligence, 2005: 387-396

[191] HETTIARACHCHI S. Improving Swarm Survival Using DAEDALUS [C]//Proceedings of the Proceedings of the 21st Midwest Artificial Intelligence and Cognitive Science Conference. New York: Curran Associates, 2010.

[192] SPEARS W M, SPEARS D F. Physicomimetics: physics-based swarm intelligence [M]. Berlin, Heidelberg: Springer Science & Business Media, 2012.

[193] SPEARS W M, GORDON D F. Using artificial physics to control agents [C]//Proceedings of the Information Intelligence and Systems, 1999 International Conference on. Bethesda, MD, USA: IEEE, 1999.

[194] SAUTER J A, MATTHEWS R, PARUNAK H V D, et al. Performance of digital pheromones for swarming vehicle control [C]// Proceedings of the Fourth International Joint Conference On Autonomous Agents and Multiagent Systems. New York: IEEE, 2005.

[195] DOCTOR S, VENAYAGAMOORTHY G K, GUDISE V G. Optimal PSO for collective robotic search applications [C]//Proceedings of the Evolutionary Computation, 2004 CEC2004 Congress on. Portland, OR, USA: IEEE, 2004.

[196] 张红强，章兢，周少武，等．未知动态环境下非完整移动群机器人围捕 [J]．控制理论与应用，2014，31 (9)：1151-1165.

[197] LI J, LI M, LI Y, et al. Coordinated multi-robot target hunting based on extended cooperative game [C]//Proceedings of the Information and Automation, 2015 IEEE International Conference on. Lijiang, China: IEEE, 2015.

[198] DERR K, MANIC M. Multi-robot, multi-target particle swarm optimization search in noisy wireless environments [R]. Idaho National Laboratory (INL), 2009.

[199] 张云正，薛颂东，曾建潮．群机器人多目标搜索中带闭环调节的动态任务分工 [J]．机器人，2014，36 (1)：57-68.

[200] 张红强，章兢，周少武，等．基于简化虚拟受力模型的未知复杂环境下群机器人围

捕［J］. 电子学报，2015，43（4）：665-674.

［201］ZHANG H Q, ZHANG J, ZHOU S W, et al. Hunting in unknown environments with dynamic deforming obstacles by swarm robots［J］. International Journal of Control and Automation, 2015, 8（11）: 385-406.

［202］张红强，章兢，周少武，等．未知动态复杂环境下群机器人协同多层围捕［J］. 电工技术学报，2015，30（17）：140-153.

［203］张红强，吴亮红，周游，等．复杂环境下群机器人自组织协同多目标围捕［J］. 控制理论与应用，2020，37（5）：1054-1062.

［204］周少武，张鑫，张红强，等．基于简化虚拟受力模型的群机器人多目标搜索协调控制［J］. 机器人，2016，38（6）：641-650.

［205］张红强．基于简化虚拟受力模型的群机器人自组织协同围捕研究［D］. 长沙：湖南大学，2016.

第2章 未知动态凸障碍物环境下非完整移动群机器人协作自组织围捕

2.1 引　　言

群机器人学受启发于群居动物的自组织行为，其研究的目的在于如何设计简单智能体使得通过智能体之间，以及智能体与环境之间的局部交互，涌现出期望的群体行为并具有稳健性、可扩展性，以及灵活性[1]。

经过20多年的发展，群机器人学研究人员通过使用相对简单的机器人已经实现了诸多协作型任务[2-5]。而其中具有分布式控制的群体行为被认为是自组织行为，类似于群居动物的行为[6]。自组织系统包含三种期望的特征：稳健性，灵活性，以及可扩展性[7]。根据Brambilla等[8]对群体行为的研究分类，将自组织行为分成四种：自组织导航行为，空间自组织行为，自组织决策和其他自组织行为。其中，自组织导航行为关注群机器人如何自组织协调运动，自组织围捕就属于此种。

在未知动态障碍物环境中，基于群机器人的自组织协作围捕的挑战有，如何只利用局部最少的近邻和目标位置信息来构建个体的受力及其运动模型，从而进一步简化现有围捕模型并克服现有模型理论上的缺陷；如何设计受力函数来使得系统的稳定性条件易于分析并有利于系统的参数设置；如何在未知动态障碍物环境中进行避障的同时保持围捕队形。

众所周知，由于机器人拥有自己的传感器和执行器，它们能利用它们可以感知和响应的任何或者部分人工物理力[9]。而且，虽然受启发于物理，但是允许根据自己的需要来更改物理[9]。当然，一个最大的问题是常常不知道如何去创建合适的力去控制机器人。事实上，黄天云等[10]提出的基于 LP-Rule 的围捕方法需要的信息量最少，但是由于其基于 RB，稳定性分析对系统参数没有指导作用，理论上还存在一些缺陷。而熊举峰等[11]提出的基于 AP 的群体机器人围捕策略需要的信息量大，但容易进行稳定性分析。对此，产生了一个想法，既然 AP 与 RB 和 BB 方法有一些相似之处，那么，可以将应用于围捕的 RB 或者 BB 方法建模于更坚固的物理学基础之上并进行更深入的分析和理解自组织围捕的特征，以及群体智能的涌现吗？而且，可以仅仅利用目标和最近邻两个对象（有可能是动态或静态障碍物、机器人）的位置信息来完成自组织围捕并且获得更加系统化的参数设置，以及合理的控制输出吗？

针对以上挑战，本章通过考虑未知动态障碍物环境中目标点，以及最近邻两个对象（有可能是机器人、静态或动态障碍物）的位置信息，根据群体围捕的自组织运动特点抽象出基于 AP 方法的简化虚拟受力模型。基于此模型，个体通过受力计算进行自主运动，使得群机器人快速达到围捕队形的理想状态。

2.2 模型构建

2.2.1 群机器人运动模型及相关函数

考虑一群含有 m 个完全相同的非完整移动轮式机器人，如图 2.1 所示。纯粹转动不打滑的机器人 h_j 的运动学方程如下：

$$\begin{cases}\dot{x}_j(t)=v_j(t)\cos\theta_j(t)\\ \dot{y}_j(t)=v_j(t)\sin\theta_j(t)\\ \dot{\theta}_j(t)=\omega_j(t)\end{cases}\tag{2.1}$$

式中：$v_j(t)$ 是 h_j 的线速度；$\omega_j(t)$ 是 h_j 的角速度。群机器人的线速度和角速度有如下边界限制：

$$\begin{aligned}&|v_j(t)|\leqslant v_{\mathrm{m}}^{\mathrm{H}}\,|\dot{v}_j(t)|\leqslant a_{\mathrm{m}}^{\mathrm{H}}\\ &|\omega_j(t)|\leqslant \omega_{\mathrm{m}}^{\mathrm{H}}\,|\dot{\omega}_j(t)|\leqslant \omega_{\mathrm{am}}^{\mathrm{H}}\end{aligned}\tag{2.2}$$

式中：$v_{\mathrm{m}}^{\mathrm{H}}$、$a_{\mathrm{m}}^{\mathrm{H}}$ 分别是最大线速度和最大线加速度；$\omega_{\mathrm{m}}^{\mathrm{H}}$、$\omega_{\mathrm{am}}^{\mathrm{H}}$ 分别是最大角速度

和最大角加速度。

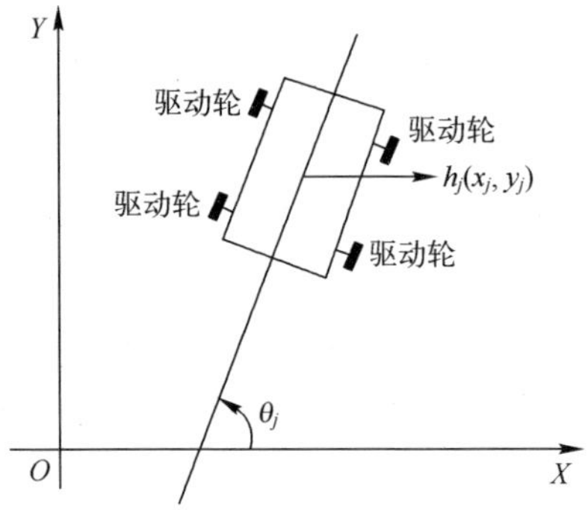

图 2.1 轮式移动机器人 h_j 的图解模型

假设 γ_i 和 γ_j 分别是有向线 l_i 和 l_j 的方向角[12]，从 l_i 到 l_j 的角 γ_{ij} 如下式计算[13]：

$$\gamma_{ij} = \mathrm{dagl}(\gamma_i - \gamma_j) \tag{2.3}$$

函数 dagl(·)详见文献［13］中式（2.1）。

为了更好避障，给定如下仿生智能避障映射函数：

$$\phi(\sigma) = [0.75+(\sigma-0.5)^2](0 \leqslant \sigma \leqslant 1) + [-0.75-(\sigma+0.5)^2](-1 \leqslant \sigma < 0) \tag{2.4}$$

式中：σ 是一个实数，$(0 \leqslant \sigma \leqslant 1)$、$(-1 \leqslant \sigma < 0)$ 为判断条件，满足时为 1，否则为 0。

围捕过程中目标和对象（包括机器人、静态或动态障碍物）的施力函数分别为

$$f_{t_1}(d) = c_1(d - c_r) + c_2(n_c < l) \tag{2.5}$$

$$f_o(d) = d_1 / [(d/a_{\mathrm{dis}}^i)^{d_2^i}] \tag{2.6}$$

式中：d 表示两点之间的距离，c_1、d_1 和 d_2^i 用于优化机器人运动路径；c_r、c_2 和 a_{dis}^i 分别是有效围捕半径、追捕接近参数和开始加强避碰或避障的距离，$i=1$, 2,3 分别表示对象是机器人、静态或动态障碍物时所用的具体参数；n_c 和 l 分别是当前围捕步数和开始向有效围捕圆周（以目标为圆心，c_r 为半径形成的圆周）上运动的步数。

2.2.2 围捕任务模型

许多机器人系统受启发于众多生物体。狼作为世界上最成功的大型捕食动

物之一，其围捕行为已经启发了多机器人系统[14-15]或群机器人系统[10]的围捕研究。本书重点关注发现目标或猎物之后的围捕行为，主要包括4个阶段捕食过程：目标锁定、对抗、追捕和围捕成功[10]。未知动态环境下目标和动态障碍物的数学模型构建如下。

定义 2.1：在全局坐标系 xOy 中，设机器人和障碍物的位置信息为$O_K=(x_K,y_K)$，$K\in\{T,H,S,U\}$包含了猎物（目标）$T=\{t_j:j=1\}$、捕食者（围捕机器人）$H=\{h_j:j=1,2,\cdots,m\}$、静态障碍物$S=\{s_j:j=1,2,\cdots,\alpha\}$，以及动态障碍物$U=\{u_j:j=1,2,\cdots,\beta\}$。$c_{\mathrm{r}}$、$p_{\mathrm{r}}^T$、$s_{\mathrm{r}}^H$和$s_{\mathrm{r}}^T$分别为有效围捕半径、目标的势域半径、机器人和目标的感知半径。a_{r}^S和a_{r}^U是目标和动态障碍物开始加强分别避开静态和动态障碍物的距离。一般取$s_{\mathrm{r}}^H>s_{\mathrm{r}}^T>c_r>p_{\mathrm{r}}^T>a_{\mathrm{r}}^U\geqslant a_{\mathrm{r}}^S$，则目标势域$G_T=\{(x,y):\|(x,y)-(x_{t_1},y_{t_1})\|\leqslant p_{\mathrm{r}}^T\}$内所有机器人的集合为：$N_{TH}=\{j\in H:h_j\in G_T\}=\{j\in H:\|(x_{h_j},y_{h_j})-(x_{t_1},y_{t_1})\|\leqslant p_{\mathrm{r}}^T\}$。未知动态复杂环境下目标和动态障碍物$u_i$需要避开的静态障碍物分别为$N_{TS}=\{j\in S:\|(x_{s_j},y_{s_j})-(x_{t_1},y_{t_1})\|\leqslant a_{\mathrm{r}}^S\}$和$N_{US}=\{j\in S:\|(x_{s_j},y_{s_j})-(x_{u_i},y_{u_i})\|\leqslant a_{\mathrm{r}}^{\mathrm{S}}\}$。目标和动态障碍物$u_i$需要避开的动态障碍物分别为$N_{TU}=\{j\in U:\|(x_{u_j},y_{u_j})-(x_{t_1},y_{t_1})\|\leqslant a_{\mathrm{r}}^{\mathrm{U}}\}$和$N_{UU}=\{j\in U,j\neq i:\|(x_{u_j},y_{u_j})-(x_{u_i},y_{u_i})\|\leqslant a_{\mathrm{r}}^U\}$。

定义 2.2：设集合$P=\{P_T,P_H,P_S,P_U\}$，其中，$P_T=\{\rho_{t_j}\}$是目标势，$P_H=\{\rho_{h_j}\}$是个体势，$P_S=\{\rho_{s_j}\}$是静态障碍物势，$P_U=\{\rho_{u_j}\}$是动态障碍物势。O_K可感知之势为$\tilde{\rho}_K=\{\rho_K^{\mathrm{ex}},\rho_K^{\mathrm{im}}:\mathrm{ex}\in N_{KK},\mathrm{im}\notin N_{KK},\mathrm{ex}\cup\mathrm{im}\in K\}$，则

$$
\max\rho_{h_i}<\rho_{t_1}<\sum\rho_{h_i},\rho_{t_1}<\rho_{u_i}\leqslant\rho_{s_i},\rho_K^*=\sum_{\mathrm{ex}\in N_{KK}}\rho_K^{\mathrm{ex}},
$$

$$
\begin{aligned}
\bar{\theta}_{pt_1}=\mathrm{angle}\Big(&\sum_{\mathrm{ex}\in N_{TH}}\rho_{h_j}^{\mathrm{ex}}\mathrm{e}^{\mathrm{j}\theta_{h_jt_1\mathrm{ex}}}+\sum_{\mathrm{ex}\in N_{TS}}\rho_{s_j}^{\mathrm{ex}}\mathrm{e}^{\mathrm{j}\theta_{s_jt_1\mathrm{ex}}}/(\|(x_{s_j},y_{s_j})-(x_{t_1},y_{t_1})\|/a_{\mathrm{r}}^S)^{d_3}+\\
&\sum_{\mathrm{ex}\in N_{TU}}\rho_{u_j}^{\mathrm{ex}}\mathrm{e}^{\mathrm{j}\theta_{u_jt_1\mathrm{ex}}}/(\|(x_{u_j},y_{u_j})-(x_{t_1},y_{t_1})\|/a_{\mathrm{r}}^U)^{d_4})\Big)
\end{aligned}
\tag{2.7}
$$

式中：ρ_K^{ex}为显势，可以被O_K所感知；ρ_H^{im}为隐势，表示在O_K势域外或避障范围外未感知之势；ρ_K^*为O_K感知显势之和；$\bar{\theta}_{pt_1}$为“势角”，其正向表示猎物感知到捕食群体、静态和动态障碍物之势最弱的方向，称为逃离方向，相反，反向称为对抗方向，表示猎物感知之势最强的方向；$\theta_{h_jt_1\mathrm{ex}}$、$\theta_{s_jt_1\mathrm{ex}}$和$\theta_{u_jt_1\mathrm{ex}}$分别表示围捕机器人、静态和动态障碍物相对于猎物的方位角，angle(·)是求角度的函数，在MATLAB中有此函数。

由定义2.1和定义2.2可得到障碍物环境下被围捕目标的运动方程[10]：

$$\begin{cases}\dot{v}_{t_1}=(v_{\omega}^{T}-v_{t_1}+v_{t_1}\cdot(\rho_{t_1}^{*}>\rho_{t_1}))\cdot(v_{\mathrm{m}}^{T}>v_{t_1})\\ \theta_{t_1}=\theta_{\omega}^{T}+(\rho_{t_1}^{*}\neq 0)\cdot(-\theta_{\omega}^{T}+\bar{\theta}_{pt_1}-\pi+\pi\cdot(\rho_{t_1}^{*}>\rho_{t_1}))\end{cases} \tag{2.8}$$

式中：v_{ω}^{T}、v_{m}^{T}分别是猎物的漫步速度和最大速度；通常机器人的最大速度 v_{m}^{H}、v_{ω}^{T}和 v_{m}^{T}满足的关系是：$v_{\omega}^{T}<v_{\mathrm{m}}^{H}\leqslant v_{\mathrm{m}}^{T}$；$(v_{\mathrm{m}}^{T}>v_{t_1})$是限速条件，成立时为 1，猎物加速，否则为 0，猎物不再加速；θ_{ω}^{T}是猎物的初始漫步方向角，当 $\rho_{t_1}^{*}=0$ 时，$(\rho_{t_1}^{*}\neq 0)$为 0，即猎物势域内无围捕机器人存在，猎物随机漫步，漫步方向角为 θ_{ω}^{T}；当$(\rho_{t_1}^{*}\neq 0)$时即猎物在其势域内发现围捕机器人，这时有两种情况：当 $\rho_{t_1}^{*}>\rho_{t_1}$时，选择逃逸，其方向为势角正向；否则，即 $\rho_{t_1}^{*}<\rho_{t_1}$时，选择对抗，其方向为势角反向。

由定义 2.1 和定义 2.2 可得到动态障碍物 u_i的运动方程为

$$\begin{cases}v_{u_i}=v_{\omega}^{U}\\ \theta_{u_i}=\mathrm{angle}\Big(v_{u_i}\mathrm{e}^{\mathrm{j}\theta_{\omega}^{u_i}}+\sum\limits_{\mathrm{ex}\in N_{TS}}\rho_{s_j}^{\mathrm{ex}}\mathrm{e}^{\mathrm{j}\theta_{s_ju_i\mathrm{ex}}}/(\|(x_{s_j},y_{s_j})-(x_{u_i},y_{u_i})\|/a_{\mathrm{r}}^{S})^{d_3}\\ \qquad+\sum\limits_{\mathrm{ex}\in N_{TU}}\rho_{u_j}^{\mathrm{ex}}\mathrm{e}^{\mathrm{j}\theta_{u_ju_i\mathrm{ex}}}/(\|(x_{u_j},y_{u_j})-(x_{u_i},y_{u_i})\|/a_{\mathrm{r}}^{U})^{d_4}\Big)\end{cases} \tag{2.9}$$

式中：$\theta_{\omega}^{u_i}$、v_{ω}^{U}分别为动态障碍物的初始设定运动角度和速度大小；$\rho_{s_j}^{\mathrm{ex}}$、$\theta_{s_ju_i\mathrm{ex}}$分别是静态障碍物的势和其相对于 u_i的方位角；$\rho_{u_j}^{\mathrm{ex}}$、$\theta_{u_ju_i\mathrm{ex}}$分别是动态障碍物的势和其相对于 u_i的方位角。

本章中定义 2.1 与文献［10］中定义 4 不同的是，定义 2.1 定义了动态杂乱障碍物环境下相关的参数，而且这里目标的势域半径 p_{r}^{T}不等于其感知半径 s_{r}^{T}，这更加符合实际情况。本章中定义 2.2 与文献［10］中定义 5 不同的是，定义 2.2 定义了动态杂乱障碍物环境下势角的计算和动态障碍物的运动方程。

本章与文献［10］所描述的围捕过程不完全一样，围捕者通常在锁定目标后靠近，靠近初期即对抗过程中围捕机器人仅仅是靠近，由参数 c_2来控制，而不敢对猎物直接攻击，因为当个体机器人太近时易受到猎物的反击而受损，而是在对抗过程中获知猎物的势域半径 p_{r}^{T}，再根据围捕者自身半径 r_j确定其有效围捕半径 c_{r}。围捕机器人会以足够多的个体在猎物势域内来迫使猎物加速至最大速度 v_{m}^{T}逃逸，捕食者通常会紧追其后（部分会在其势域内）来使猎物快速消耗体力。捕食者往往在追赶一段时间后改变策略（这由参数 l 来确定），迅速退出猎物势域，在有效围捕圆周（以猎物为圆心，有效围捕半径 c_{r}为半径形成的圆周）上追赶即作好长期围捕准备，这时猎物感觉危机解除或由于体力下降会逐渐减速至漫步速度 v_{ω}^{T}，有利于捕食者后面的迅速包抄和成功围捕。包抄时即有围捕机器人赶在猎物的前方（由虚拟受力可以分析此种行为的受力情况）并且做到与后面的机器人紧紧相连。随后即进入围捕阶段，当每个机器人都是以其左右两边的对象为两最近邻对象时即为成功围捕（此时按虚拟受力可以分析此种行为的受力情况），而理想队形生成则是到左右两最近邻对象的距离偏差小于一定范围（此时由虚拟受力可以分析此种行为的受力情况）。

2.3 围捕算法

在实际的围捕环境中，除了目标和一群围捕机器人外，还存在静态和动态障碍物。群机器人围捕研究各个个体如何根据其周边对象和猎物自主确定其运动，并在有限时间内以一定精度均匀分布在猎物的有效围捕圆周上[10]，同时避开静态和动态障碍物。基于未知动态环境下群体围捕行为和文献［10］，本书从物理学的角度出发，抽象出了在未知动态环境（包含静态和动态障碍物）下个体基于简化虚拟受力的自主运动模型（SVF-model，简称简化虚拟受力模型）使得整个群体实现自组织围捕。

2.3.1 简化虚拟受力模型

定义 2.3：在全局坐标系 xOy 中，h_j可以得到目标 t_1和两最近邻对象（可以是机器人，静态或动态障碍物）O_{aj}、O_{bj}，以及本身的位置信息，如图 2.2 所示。在以 h_j为原点的相对坐标系 $x'O'y'$中，位置矢量 $\boldsymbol{p}_{jt_1}$、$\boldsymbol{p}_{aj}$、$\boldsymbol{p}_{bj}$分别定义为 $\boldsymbol{p}_{jt_1}=(x_{t_1}-x_j)+\mathrm{i}(y_{t_1}-y_j)$，$\boldsymbol{p}_{aj}=(x_j-x_{aj})+\mathrm{i}(y_j-y_{aj})$，$\boldsymbol{p}_{bj}=(x_j-x_{bj})+\mathrm{i}(y_j-y_{bj})$，$h_j$受到目标 t_1的引力或斥力作用和两最近邻对象 O_{aj}、O_{bj}的斥力作用，其大小分别记为f_{t_1j}、f_{aj}和f_{bj}。y'轴正半轴方向为$\boldsymbol{p}_{jt_1}$所在方向，方向角 $\gamma_{y'}$是指 y'轴正半轴到 x 轴正半轴的有向角，x'轴正半轴方向角 $\gamma_{x'}=\gamma_{y'}-\pi/2$。当$f_{t_1j}\geqslant 0$ 时，目标产生引力，其方向角 $\gamma_{ft_1j}=\gamma_{y'}$；当$f_{t_1j}<0$ 时，目标产生斥力，其方向角 $\gamma_{ft_1j}=\gamma_{y'}\pm\pi$。对象的斥力角 γ_{faj}、γ_{fbj}分别是矢量$\boldsymbol{f}_{aj}$和$\boldsymbol{f}_{bj}$，即 $\boldsymbol{p}_{aj}$、$\boldsymbol{p}_{bj}$到 x 轴正半轴的有向角。h_j的两最近邻对象斥力偏角 $\gamma_{fajx'}$ 和 $\gamma_{fbjx'}$ 分别是 $\gamma_{fajx'}=\mathrm{dagl}(\gamma_{faj}-\gamma_{x'})$ 和 $\gamma_{fbjx'}=\mathrm{dagl}(\gamma_{fbj}-\gamma_{x'})$。$h_j$受到在 x'轴上的斥力 f_{abj}即是f_{aj}和f_{bj}分别在 x'轴上的投影 $f_{aj}\cdot$

$\phi(\cos(\gamma_{fajx'}))$和$f_{bj}\cdot\phi(\cos(\gamma_{fbjx'}))$之和。当$f_{abj}\geqslant 0$时，其方向角$\gamma_{fabj}=\gamma_{x'}$；当$f_{abj}<0$时，其方向角$\gamma_{fabj}=\gamma_{x'}\pm\pi$。$h_j$的整体受力矢量$\boldsymbol{f}_{x'y'j}$是由$y'$轴的分量矢量$\boldsymbol{f}_{t_1j}$和$x'$轴的分量矢量$\boldsymbol{f}_{abj}$组成，其方向角$\gamma_{fx'y'j}$是从$\boldsymbol{f}_{x'y'j}$到$x$轴正半轴的有向角。

由定义 2.3 直接得到当目标静止时h_j的需求速度为

$$\boldsymbol{v}_{x'y'j}=\boldsymbol{f}_{x'y'j}=\boldsymbol{f}_{t_1j}+\boldsymbol{f}_{abj}=|f_{t_1j}(\|\boldsymbol{p}_{jt_1}\|)|e^{j\gamma_{ft_1j}}+|f_{abj}|e^{j\gamma_{fabj}} \tag{2.10}$$

式中：$f_{abj}=f_{aj}(\|\boldsymbol{p}_{aj}\|)\cdot\phi(\cos(\gamma_{fajx'}))+f_{bj}(\|\boldsymbol{p}_{bj}\|)\cdot\phi(\cos(\gamma_{fbjx'}))$，$f_{t_1j}(\|\boldsymbol{p}_{jt_1}\|)$，$f_{aj}(\|\boldsymbol{p}_{aj}\|)$和$f_{bj}(\|\boldsymbol{p}_{bj}\|)$分别是目标$t_1$和两对象$O_{aj}$、$O_{bj}$的施力函数，按式（2.5）和式（2.6）计算。同时，如果分别将矢量$\boldsymbol{f}_{t_1j}$、$\boldsymbol{f}_{abj}$直接等效为h_j在y'轴方向速度$\boldsymbol{v}_{y'j}$和x'轴方向的速度$\boldsymbol{v}_{x'j}$，则存在关系$\boldsymbol{v}_{y'j}=\boldsymbol{f}_{t_1j}$，$\boldsymbol{v}_{x'j}=\boldsymbol{f}_{abj}$，$\boldsymbol{v}_{x'y'j}=\boldsymbol{v}_{x'j}+\boldsymbol{v}_{y'j}$，如图 2.2 所示。

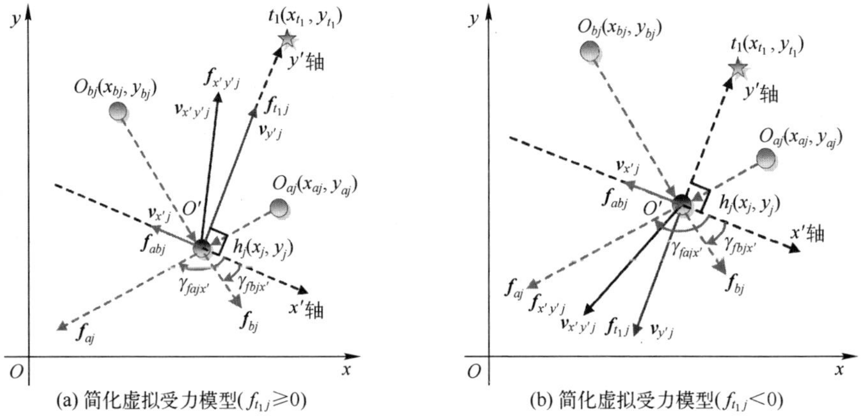

图 2.2　简化虚拟受力模型

注 2.1：在不考虑目标移动的情况下，$f_{t_1j}(\|\boldsymbol{p}_{jt_1}\|)$中的1值可以设为零，因为机器人不需要进入目标的势域消耗目标的体力，只是以目标为中心包围成均匀分布的圆形即可。

2.3.2　基于简化虚拟受力模型的个体控制输入设计

设Γ是运行周期，θ_{je}是期望运动方向，t_{ntj}是h_j转至期望运动方向θ_{je}所需时间，$\dot{\omega}_j(t)$和$\dot{v}_j(t)$分别是h_j的角加速度和线加速度，根据式（2.8）所构建的被围捕目标t_1的运动数学方程可得各机器人h_j即式（2.1）的运动控制输入：

当$\Gamma\leqslant t_{ntj}$时，有

$$\begin{cases}\dot{\omega}_j(t)=\omega_{\mathrm{am}}^H(\omega_{\mathrm{m}}^H>\omega_j(t))\\ v_j(t)=0\end{cases}\quad(k\Gamma<t\leqslant(k+1)\Gamma) \tag{2.11}$$

即机器人只进行转向。

当 $\Gamma>t_{ntj}$时，有

$$\begin{cases}\dot{\omega}_j(t)=\omega_{\text{am}}^H(\omega_{\text{m}}^H>\omega_j(t)) & \\ v_j(t)=0 & (k\Gamma<t\leqslant k\Gamma+t_{ntj}) \\ \dot{v}_j(t)=a_{\text{m}}^H(|v_{jf}|>|v_j(t)|) & \\ \omega_j(t)=0 & (k\Gamma+t_{ntj}<t\leqslant(k+1)\Gamma)\end{cases} \tag{2.12}$$

此时，机器人的运动策略是先转至期望运动方向 θ_{je}，再根据实际可达速度 v_{jf}运动。式中：θ_{je}、t_{ntj}和 v_{jf}按如下公式计算：

$$\boldsymbol{v}_{je}=\boldsymbol{v}'_{t_1}+\boldsymbol{v}_{x'y'j},\quad \theta_{je}=\text{angle}(\boldsymbol{v}_{je}) \tag{2.13}$$

$$\begin{aligned}&t_{ntj1}=\omega_{\text{m}}^H/\omega_{\text{am}}^H\\&t_{ntj2}=[\,|\theta_{je}-\theta_{jbef}|-\omega_{\text{am}}^H\cdot(t_{ntj1})^2/2]/\omega_{\text{m}}^H\\&t_{ntj}=(t_{ntj1}+t_{ntj2})(|\theta_{je}-\theta_{jbef}|\geqslant\omega_{\text{am}}^H\cdot(t_{ntj1})^2/2)+\sqrt{2|\theta_{je}-\theta_{jbef}|/\omega_{\text{am}}^H}\times\\&\qquad(|\theta_{je}-\theta_{jbef}|<\omega_{\text{am}}^H\cdot(t_{ntj1})^2/2)\end{aligned} \tag{2.14}$$

$$\Gamma_{tntj}=\Gamma-t_{ntj} \tag{2.15}$$

$$\begin{aligned}v_{jc}=&(\Gamma_{tntj}-\sqrt{\Gamma_{tntj}^2-2\|\boldsymbol{v}_{je}\|\Gamma/a_{\text{m}}^H})a_{\text{m}}^H\times(\Gamma_{tntj}^2\geqslant2\|\boldsymbol{v}_{je}\|\Gamma/a_{\text{m}}^H)+\\&v_{\text{m}}^H(\Gamma_{tnt}^2<2\|\boldsymbol{v}_{je}\|\Gamma/a_{\text{m}}^H)\end{aligned} \tag{2.16}$$

$$v_{jf}=v_{jc}(v_{jc}\leqslant v_{\text{m}}^H)+v_{\text{m}}^H(v_{jc}>v_{\text{m}}^H) \tag{2.17}$$

以上公式中不含有时间的函数均是指 $k\Gamma$ 时刻的计算量且在$[k\Gamma,(k+1)\Gamma)$上保持不变，其中，θ_{jbef}是上一步的运动方向，$\boldsymbol{v}'_{t_1}$是个体感知目标的速度矢量，$\boldsymbol{v}_{je}$是机器人 h_j 围捕过程中的期望速度矢量，v_{jc} 是按期望速度进行了补偿的速度。

2.3.3　围捕算法步骤

根据由式（2.8）所构建的被围捕目标 t_1的运动数学方程，基于简化虚拟受力模型的群机器人自组织围捕算法步骤如下。

步骤 1：设定 c_1、c_2、d_1、d_2、c_{r}、l 和 a_{dis}^i 等参数值进行轨迹控制，初始化群机器人。

步骤 2：获取目标和每个个体的两最近邻对象位置信息并计算$\|\boldsymbol{p}_{jt_1}\|$、$\|\boldsymbol{p}_{aj}\|$、$\|\boldsymbol{p}_{bj}\|$、$\gamma_{ft_1j}$、$\gamma_{fabj}$和对目标的感知速度 $\boldsymbol{v}'_{t_1}$等参数。

步骤 3：计算每个个体 y'轴上的受力$\boldsymbol{f}_{t_1j}$和 x'轴上的受力$\boldsymbol{f}_{abj}$，并确定每个

个体的需求速度 $\boldsymbol{v}_{x'y'j}$。

步骤 4：计算个体的整体期望速度 $\boldsymbol{v}_{je}$，期望运动方向 $\theta_{je}(t)$，转向时间 t_{ntj}，补偿后速度 v_{jc} 和实际可达速度 v_{jf}。

步骤 5：按式（2.11）或式（2.12）运动一个时间步长，此时如果满足 $|\|\boldsymbol{p}_{jt_1}\|-c_r|<\varepsilon_1$ 且 $|\|\boldsymbol{p}_{aj}\|-\|\boldsymbol{p}_{bj}\||<\varepsilon_2$ 时，停止；否则，返回步骤 2；按此循环直至每个个体都满足 $|\|\boldsymbol{p}_{jt_1}\|-c_r|<\varepsilon_1$ 且 $|\|\boldsymbol{p}_{aj}\|-\|\boldsymbol{p}_{bj}\||<\varepsilon_2$ 时，程序结束。

2.4 稳定性分析

本书借鉴文献［10］所用稳定性分析方法。为了推导算法在无障碍物环境中收敛时所需要的条件，系统偏差分解为个体到目标距离偏差 $\delta_{jy'}=\|\boldsymbol{p}_{jt_1}\|-c_r$[10] 和个体到两最近邻机器人距离偏差的一半 $\delta_{jabx'}=(s_{fajx'}\|\boldsymbol{p}_{aj}\|+s_{fbjx'}\|\boldsymbol{p}_{bj}\|)/2$，其中，$s_{fajx'}$ 和 $s_{fbjx'}$ 用于对两最近邻机器人在其左边或右边的方位符号判断，$s_{fajx'}=\mathrm{sgn}(-\cos(\gamma_{fajx'}))$，$s_{fbjx'}=\mathrm{sgn}(-\cos(\gamma_{fbjx'}))$，$\mathrm{sgn}(\cdot)$ 为符号判断函数。因为建立的简化虚拟受力模型在 x' 轴上的合力偏差体现在到两最近邻机器人的距离偏差，特别是在所有个体都接近或位于目标的有效围捕圆周上，并且个体机器人都是以左右两边两个机器人为其最近邻两个机器人时，如果每个个体到两最近邻机器人的距离都相等，即不存在距离偏差时，则围捕理想队形形成，如果距离存在偏差，则个体需要移动距离偏差值的一半，因此将 $\delta_{jabx'}$ 定义为到两最近邻机器人距离偏差的一半，记为 $\delta_{jabx'}=(s_{fajx'}\|\boldsymbol{p}_{aj}\|+s_{fbjx'}\|\boldsymbol{p}_{bj}\|)/2$。当 $\delta_{jy'}=0$，$\delta_{jabx'}=0(j=1,2,\cdots,m)$ 时，围捕理想队形形成。因此，获取自组织围捕系统的稳定性条件，只需要推导 $\delta_{jy'}\to 0,\delta_{jabx'}\to 0(j=1,2,\cdots,m)$ 时的条件。

将上述系统偏差定义离散化得：

$$\delta_{jy'}(k)=\|\boldsymbol{p}_{jt_1}(k)\|-c_r(j=1,2,\cdots,m)$$

$$\delta_{jabx'}(k)=(s_{fajx'}(k)\|\boldsymbol{p}_{aj}(k)\|+s_{fbjx'}(k)\|\boldsymbol{p}_{bj}(k)\|)/2(j=1,2,\cdots,m)$$

式中：$s_{fajx'}(k)=\mathrm{sgn}(-\cos(\gamma_{fajx'}(k))),s_{fbjx'}(k)=\mathrm{sgn}(-\cos(\gamma_{fbjx'}(k)))(j=1,2,\cdots,m)$。

为了研究群机器人围捕系统的稳定性，需要令动态扰动 $v_{t_1}\equiv 0$，基于简化虚拟受力模型，在不考虑机器人本身物理限制条件下（如角速度和线速度等的约束），每一步按期望的速度和方向来运动，因此得到个体的自主运动偏差方程：

$$\delta_{jy'}(k+1)=\delta_{jy'}(k)-\|\boldsymbol{v}_{y'j}(k)\|\Gamma \tag{2.18}$$

$$\delta_{jabx'}(k+1)=\delta_{jabx'}(k)-\|\boldsymbol{v}_{x'j}(k)\|\Gamma \tag{2.19}$$

式中：$\|\boldsymbol{v}_{y'j}(k)\|$、$\|\boldsymbol{v}_{x'j}(k)\|$ 分别是 $\|\boldsymbol{v}_{y'j}\|$ 和 $\|\boldsymbol{v}_{x'j}\|$ 的离散化形式，可以按式（2.20）和式（2.21）计算：

$$\|\boldsymbol{v}_{y'j}(k)\|=\|\boldsymbol{f}_{t_1j}(k)\|=c_1(\|\boldsymbol{p}_{jt_1}\|-c_r)+c_2(n_c<1) \tag{2.20}$$

$$\begin{aligned}\|\boldsymbol{v}_{x'j}(k)\|=\|\boldsymbol{f}_{abj}(k)\|=\|\boldsymbol{f}_{aj}(\|\boldsymbol{p}_{aj}(k)\|)\|\cdot\phi(\cos(\gamma_{fajx'}(k)))+\\ \|\boldsymbol{f}_{bj}(\|\boldsymbol{p}_{bj}(k)\|)\|\cdot\phi(\cos(\gamma_{fbjx'}(k)))\end{aligned} \tag{2.21}$$

◢ 2.4.1　无障碍物环境下稳定性分析

定理 2.1　在无障碍物的环境中，如果所有机器人满足 $n_c\geqslant1$、式（2.18）和 $0<c_1\Gamma<2$，则系统原点平衡状态即 $\boldsymbol{\Delta}_{y'}(k)=(\delta_{1y'},\delta_{2y'},\cdots,\delta_{my'})^{\mathrm{T}}=0$ 为大范围渐近稳定。

证明：将式（2.20）代入式（2.18），得到：

$$\delta_{jy'}(k+1)=\delta_{jy'}(k)-(c_1(\|\boldsymbol{p}_{jt_1}\|-c_r)+c_2(n_c<1))\Gamma \tag{2.22}$$

考虑到经过一段时间周期 1 后，c_2 将变为零，因此式（2.22）变为

$$\delta_{jy'}(k+1)=\delta_{jy'}(k)-(c_1(\|\boldsymbol{p}_{jt_1}\|-c_r))\Gamma \tag{2.23}$$

又因为 $\delta_{jy'}=\|\boldsymbol{p}_{jt_1}\|-c_r$，式（2.23）可写成：

$$\delta_{jy'}(k+1)=\delta_{jy'}(k)-(c_1\delta_{jy'}(k))\Gamma=\delta_{jy'}(k)(1-c_1\Gamma)$$

$$\delta_{jy'}(k+1)=\delta_{jy'}(k)(1-c_1\Gamma) \tag{2.24}$$

构造 Lyapunov 函数 $V_{y'}(\boldsymbol{\Delta}_{y'}(k))=\sum_{j=1}^{m}|\delta_{jy'}(k)|$，$\boldsymbol{\Delta}_{y'}(k)\neq0, V_{y'}(\boldsymbol{\Delta}_{y'}(k))>0$，且 $V_{y'}(0)=0$。进而，可以导出：

$$\begin{aligned}\Delta V_{y'}(\boldsymbol{\Delta}_{y'}(k))&=V_{y'}(\boldsymbol{\Delta}_{y'}(k+1))-V_{y'}(\boldsymbol{\Delta}_{y'}(k))=\sum_{j=1}^{m}|\delta_{jy'}(k+1)|-\sum_{j=1}^{m}|\delta_{jy'}(k)|\\&=\sum_{j=1}^{m}|\delta_{jy'}(k)(1-c_1\Gamma)|-\sum_{j=1}^{m}|\delta_{jy'}(k)|\\&\leqslant-(1-|(1-c_1\Gamma)|)\sum_{j=1}^{m}|\delta_{jy'}(k)|\end{aligned}$$

显然，当 $0<c_1\Gamma<2$ 时，$\Delta V_{y'}(\boldsymbol{\Delta}_{y'}(k))$ 为负定。并且当原点 $\boldsymbol{\Delta}_{y'}(k)=(\delta_{1y'},\delta_{2y'},\cdots,\delta_{my'})^{\mathrm{T}}$ 满足 $\|\boldsymbol{\Delta}_{y'}(k)\|\to\infty$，$V_{y'}(\boldsymbol{\Delta}_{y'}(k))\to\infty$。因此由离散系统 Lyapunov 稳定性相关定理得：原点平衡状态 $\boldsymbol{\Delta}_{y'}(k)=(\delta_{1y'},\delta_{2y'},\cdots,\delta_{my'})^{\mathrm{T}}=0$ 为大范围渐近稳定，而 $0<c_1\Gamma<2$ 是原点平衡状态 $\boldsymbol{\Delta}_{y'}(k)=(\delta_{1y'},\delta_{2y'},\cdots,\delta_{my'})^{\mathrm{T}}=0$ 为大范围渐近稳定的一个充分条件，定理得证。

由定理 2.1 可知群体中所有机器人最终将收敛到有效围捕圆周上，如果要实现均匀分布，还需要考虑当 $|\|\boldsymbol{p}_{jt_1}(k)\|-c_r|<\varepsilon_1(j=1,2,\cdots,m)$ 时，$\delta_{jabx'}(k)$ 即式（2.19）的收敛性。

定理 2.2 在无障碍物环境下，如果每个机器人满足式（2.19）和 $0<\Gamma d_1(a_{\text{dis}}^1)^{d_2^1}\mu<2$，则系统原点平衡状态即 $\boldsymbol{\Delta}_{abx'}(k)=(\delta_{1abx'},\delta_{2abx'},\cdots,\delta_{mabx'})^{\mathrm{T}}=0$ 为大范围渐近稳定，其中，$\mu=\max\mu_j(k)$，有

$$\mu_j(k)=[\phi(\cos(\gamma_{fajx'}(k)))/(\|\boldsymbol{p}_{aj}(k)\|^{d_2^1})+\phi(\cos(\gamma_{fbjx'}(k)))/(\|\boldsymbol{p}_{bj}(k)\|^{d_2^1})]/\delta_{jabx'}(k)>0$$
$$(j=1,2,\cdots,m,\quad n\geqslant1,\quad k=0,1,\cdots,n)$$

证明：将式（2.21）代入式（2.19）可得：

$$\begin{aligned}\delta_{jabx'}(k+1)&=\delta_{jabx'}(k)-f_{abj}(k)\Gamma\\&=\delta_{jabx'}(k)-[f_{aj}(\|\boldsymbol{p}_{aj}(k)\|)\cdot\phi(\cos(\gamma_{fajx'}(k)))+\\&\quad f_{bj}(\|\boldsymbol{p}_{bj}(k)\|)\cdot\phi(\cos(\gamma_{fbjx'}(k)))]\Gamma\\&=\delta_{jabx'}(k)-[\phi(\cos(\gamma_{fajx'}(k)))/(\|\boldsymbol{p}_{aj}(k)\|^{d_2^1})+\\&\quad\phi(\cos(\gamma_{fbjx'}(k)))/(\|\boldsymbol{p}_{bj}(k)\|^{d_2^1})]\Gamma d_1(a_{\text{dis}}^1)^{d_2^1}\end{aligned}$$

因为在有效围捕圆周上全部机器人的 $f_{abj}(k)(j=1,2,\cdots,m)$ 为零时，具有唯一的均匀分布的平衡点，特别是当每个个体都是以其左右两边机器人为其两最近邻时，$f_{abj}(k)$ 总是消除 $\delta_{jabx'}(k)$ 的存在使全部机器人达到均匀分布，$f_{abj}(k)$ 与 $\delta_{jabx'}(k)$ 符号一致，因 $d_1>0,d_2>0,a_{\text{dis}}^1>0,(a_{\text{dis}}^1)^{d_2^1}>0$，故 $[\phi(\cos(\gamma_{fajx'}(k)))/(\|\boldsymbol{p}_{aj}(k)\|^{d_2^1})+\phi(\cos(\gamma_{fbjx'}(k)))/(\|\boldsymbol{p}_{bj}(k)\|^{d_2^1})]$ 与 $\delta_{jabx'}(k)$ 符号一致，因此可以将上式写成：

$$\begin{aligned}\delta_{jabx'}(k+1)&=\delta_{jabx'}(k)-\Gamma d_1(a_{\text{dis}}^1)^{d_2^1}\mu_j(k)\delta_{jabx'}(k)\\&=\delta_{jabx'}(k)(1-\Gamma d_1(a_{\text{dis}}^1)^{d_2^1}\mu_j(k))\end{aligned}\tag{2.25}$$

其中，$\mu_j(k)$ 计算如下：

$$\mu_j(k)=[\phi(\cos(\gamma_{fajx'}(k)))/(\|\boldsymbol{p}_{aj}(k)\|^{d_2^1})+\phi(\cos(\gamma_{fbjx'}(k)))/(\|\boldsymbol{p}_{bj}(k)\|^{d_2^1})]/\delta_{jabx'}(k)>0$$

构造 Lyapunov 函数 $V_{abx'}(\boldsymbol{\Delta}_{abx'}(k))=\sum_{j=1}^{m}|\delta_{jabx'}(k)|$。易知，当 $\boldsymbol{\Delta}_{abx'}(k)\neq0$ 时，$V_{abx'}(\boldsymbol{\Delta}_{abx'}(k))>0$，即其为正定。进而，可以导出：

$$\begin{aligned}\Delta V_{abx'}(\boldsymbol{\Delta}_{abx'}(k)) &= V_{abx'}(\boldsymbol{\Delta}_{abx'}(k+1)) - V_{abx'}(\boldsymbol{\Delta}_{abx'}(k)) \\ &= \sum_{j=1}^{m} |\delta_{jabx'}(k+1)| - \sum_{j=1}^{m} |\delta_{jabx'}(k)| \\ &= \sum_{j=1}^{m} |\delta_{jabx'}(k)(1 - \Gamma d_1(a_{\text{dis}}^1)^{d_2^1}\max \mu_j(k))| - \sum_{j=1}^{m} |\delta_{jabx'}(k)| \\ &\leqslant \sum_{j=1}^{m} |\delta_{jabx'}(k)||1 - \Gamma d_1(a_{\text{dis}}^1)^{d_2^1}\mu| - \sum_{j=1}^{m} |\delta_{jabx'}(k)| \\ &= -(1 - |1 - \Gamma d_1(a_{\text{dis}}^1)^{d_2^1}\mu|)\sum_{j=1}^{m} |\delta_{jabx'}(k)|\end{aligned}$$

其中，假设 μ 在 n_1 步出现最大值，即 $\mu = \max \mu_j(k)$ $(j=1,2,\cdots,m;k=0,1,\cdots,n_1)$，如果到 n_1 步不是 μ 的最大值，则最迟在 n_1+q 步得到其最大值。令 $n=n_1+q$，有 $\mu=\max \mu_j(k)$ $(j=1,2,\cdots,m;k=0,1,\cdots,n)$。显然，当 $0<\Gamma d_1(a_{\text{dis}}^1)^{d_2^1}\mu<2$ 时，$\Delta V_{abx'}(\boldsymbol{\Delta}_{abx'}(k))$ 为负定。当 $\|\boldsymbol{\Delta}_{abx'}(k)\|\to\infty$ 时，$V_{abx'}(\boldsymbol{\Delta}_{abx'}(k))\to\infty$。根据离散系统 Lyapunov 稳定性相关定理得：原点平衡状态 $\boldsymbol{\Delta}_{abx'}(k)=(\delta_{1abx'},\delta_{2abx'},\cdots,\delta_{mabx'})^{\mathrm{T}}=0$ 为大范围渐近稳定，而 $0<\Gamma d_1(a_{\text{dis}}^1)^{d_2^1}\mu<2$ 是原点平衡状态（$\boldsymbol{\Delta}_{abx'}(k)=(\delta_{1abx'},\delta_{2abx'},\cdots,\delta_{mabx'})^{\mathrm{T}}=0$）为大范围渐近稳定的一个充分条件，定理得证。

因此，同时满足定理 2.1 和定理 2.2，在有限时间内可使围捕群机器人以一定精度收敛在有效围捕圆周上且呈均匀分布的围捕队形，而这并不是预先设定好的。这两个定理同时给出了时间步长与一些参数之间的关系，时间步长要满足 $0<\Gamma<\min(2/c_1, 2/(d_1(a_{\text{dis}}^1)^{d_2^1}\mu))$，这有利于进行参数调试，即如果不想改变时间步长 Γ（如传感器检测限制），当系统不稳定时，则可以减少 c_1、d_1 等；反之如果传感器检测时间允许，则当系统不稳定时，可以减少时间步长。另外，对于实际的围捕实验物理系统，也可以根据这个条件来自适应改变参数取值使振荡的系统变得稳定。然而需要注意的是，虽然稳定性条件是在目标静止，每一步都按期望的速度在期望的运动方向上前进一个时间步长得到的，但只要目标是静止的，则即使机器人本身有各种物理条件限制，时间步长只要满足上述条件，系统仍是稳定的，只是收敛的速度不同而已。而对于运动中的目标，要形成均匀围捕队形，Γ 的一个下限是每一步运动的时间足够使个体旋转 180°而且还可以达到相当于猎物漫步速度以上的速度运动一个时间步长的补偿速度 v_{jc}（但是不超过机器人的最大速度 v_{m}^{H}），即在式（2.14）和式（2.16）中满足

$$\begin{cases} t_{nt1}=\omega_{\mathrm{m}}^{H}/\omega_{\mathrm{am}}^{H} \\ t_{nt2}=[\pi-\omega_{\mathrm{am}}^{H}\cdot t_{nt1}^{2}/2]/\omega_{\mathrm{m}}^{H} \\ t_{nt}=t_{nt1}+t_{nt2} \\ \Gamma_{tnt}=\Gamma-t_{nt} \\ \Gamma_{tnt}^{2}-2v_{\omega}^{T}\Gamma/a_{\mathrm{m}}^{H}>0 \\ (\Gamma_{tnt}-\sqrt{{\Gamma_{tnt}}^{2}-2\|v_{je}\|\Gamma/a_{\mathrm{m}}^{H}})\cdot a_{\mathrm{m}}^{H}\leqslant v_{\mathrm{m}}^{H} \end{cases} \tag{2.26}$$

求解式（2.26）可得 $\Gamma>\max(t_{mit},t_{mahv})$，其中，$t_{mit}=(t_{nt}+v_{\omega}^{T}/a_{\mathrm{m}}^{H})+\sqrt{2v_{\omega}^{T}t_{nt}/a_{\mathrm{m}}^{H}+(v_{\omega}^{T}/a_{\mathrm{m}}^{H})^{2}}$，$t_{mahv}=(2t_{nt}v_{\mathrm{m}}^{H}+(v_{\mathrm{m}}^{H})^{2}/a_{\mathrm{m}}^{H})/(2(v_{\mathrm{m}}^{H}-v_{\omega}^{T}))$，再与上述定理结合可得动态目标以漫步速度逃逸被成功围捕的一个充分条件为

$$\max(t_{mit},t_{mahv})<\Gamma<\min(2/c_{1},2/(d_{1}(a_{\mathrm{dis}}^{1})^{d_{2}^{1}}\mu)) \tag{2.27}$$

由于猎物在实际逃逸过程中并不是每一步都转向 180°，个体也不需要每步都转动 180°，因此对于许多实例 Γ 在小于式（2.27）所给定的下限时也可以成功围捕。

2.4.2 凸障碍物环境下稳定性分析

以上是针对无障碍物环境中群机器人围捕系统的稳定性分析，而对于障碍物环境中这里进一步说明如下。障碍物环境下的稳定性分析，同样分解为两种系统偏差：一种是目标方向距离偏差，一种是两最近邻对象距离偏差。对于目标距离偏差同样采用 $\delta_{jy'}=\|\boldsymbol{p}_{jt_1}\|-c_{\mathrm{r}}$，而定理 2.1 所给出系统原点平衡状态 $\boldsymbol{\Delta}_{y'}(k)=0$的稳定性分析结论同样适用于障碍物环境，原因是障碍物在简化虚拟受力模型中并没有影响个体受到目标引力/斥力的大小，因此并不影响个体趋向有效围捕圆周的速度，所以与无障碍物环境下的稳定性分析一致。而对于两最近邻对象距离偏差采用定义 $\delta'_{jabx'}=(s_{fajx'}\|\boldsymbol{p}_{aj}\|+s_{fbjx'}\|\boldsymbol{p}_{bj}\|+d_{jo})/2$，其中，$s_{fajx'}=\mathrm{sgn}(-\cos(\gamma_{fajx'}))$，$s_{fbjx'}=\mathrm{sgn}(-\cos(\gamma_{fbjx'}))$，$d_{jo}=-s_{fajx'}\|\boldsymbol{p}_{ajox'}\|-s_{fbjx'}\|\boldsymbol{p}_{bjox'}\|$，$\|\boldsymbol{p}_{bjox'}\|$和$\|\boldsymbol{p}_{ajox'}\|$是 h_j在以 O_{bj}和 O_{aj}为左右两最近邻时受力平衡点 R_{jo}到 O_{bj}和 O_{aj}之间的距离，$\|\boldsymbol{p}_{bjox'}\|$和$\|\boldsymbol{p}_{ajox'}\|$满足式（2.28）并具有唯一解：

$$\begin{cases} \|\boldsymbol{p}_{bjox'}\|=2c_{\mathrm{r}}\cos(\gamma_{fbjox'}+\pi-\pi/2) \\ \|\boldsymbol{p}_{ajox'}\|=2c_{\mathrm{r}}\cos(\pi/2-(\gamma_{fajox'}+\pi)) \\ \|\boldsymbol{p}_{ab}\|=2c_{\mathrm{r}}\sin[(1/2)[\pi-2(\gamma_{fbjox'}+\pi-\pi/2)+\pi-2(\pi/2-(\gamma_{fajox'}+\pi))]] \\ d_{1}[-0.75-(\cos(\gamma_{fajox'})+0.5)^{2}]/(\|\boldsymbol{p}_{ajox'}\|/a_{\mathrm{dis}}^{i})^{d_{2}^{i}}= \end{cases}$$

$$\begin{cases} d_1[0.75+(\cos(\gamma_{fbjox'})-0.5)^2]/(\|\boldsymbol{p}_{bjox'}\|/a_{\text{dis}}^{i'})^{d_2^{i'}} \\ \|\boldsymbol{p}_{ab}\|=\|(x_{aj}-x_{bj})+\mathrm{i}(y_{aj}-y_{bj})\| \end{cases} \tag{2.28}$$

式中：$\gamma_{fbjox'}$、$\gamma_{fajox'}$分别是 R_{jo} 受到 O_{bj}、O_{aj} 的斥力到以 R_{jo} 为原点的 x'轴的方向角。

将系统偏差 $\delta'_{jabx'}$定义离散化得：

$$\delta'_{jabx'}(k)=(s_{fajx'}\|\boldsymbol{p}_{aj}(k)\|+s_{fbjx'}\|\boldsymbol{p}_{bj}(k)\|+d_{jo}(k))/2$$

$$s_{fajx'}(k)=\text{sgn}(-\cos(\gamma_{fajx'}(k)))$$

$$s_{fbjx'}(k)=\text{sgn}(-\cos(\gamma_{fbjx'}(k)))$$

$$d_{jo}(k)=-s_{fajx'}(k)\|\boldsymbol{p}_{ajox'}(k)\|-s_{fbjx'}(k)\|\boldsymbol{p}_{bjox'}(k)\|$$

同样令动态扰动 $v_{t_1}\equiv 0$，基于简化虚拟受力模型，在不考虑机器人本身物理限制条件下（如角速度和线速度等的约束），每一步按期望的速度和方向来运动，采用个体的自主运动偏差方程如下式：

$$\delta'_{jabx'}(k+1)=\delta'_{jabx'}(k)-v_{x'j}(k)\Gamma \tag{2.29}$$

定理 2.3　在凸障碍物环境下，如果每个机器人满足式（2.29）和 $0<\Gamma d_1\mu'<2$，则系统原点平衡状态即 $\boldsymbol{\Delta}'_{abx'}(k)=(\delta'_{1abx'},\delta'_{2abx'},\cdots,\delta'_{mabx'})^{\mathrm{T}}=0$ 为大范围渐近稳定，其中，$\mu'=\max\mu'_j(k)$，有

$$\mu'_j(k)=[\phi(\cos(\gamma_{fajx'}(k)))/((\|\boldsymbol{p}_{aj}(k)\|/a_{\text{dis}}^{i})^{d_2^{i}})+$$
$$\phi(\cos(\gamma_{fbjx'}(k)))/((\|\boldsymbol{p}_{bj}(k)\|/a_{\text{dis}}^{i'})^{d_2^{i'}})]/\delta'_{jabx'}(k)>0$$

式中：$j=1,2,\cdots,m$；$k=0,1,\cdots,n'$，$n'\geqslant 1$；$i=1,2,3$；$i'=1,2,3$。

证明：将式（2.21）代入式（2.29）可得：

$$\begin{aligned}\delta'_{jabx'}(k+1)&=\delta'_{jabx'}(k)-f_{abj}(k)\Gamma\\&=\delta'_{jabx'}(k)-[f_{aj}(\|\boldsymbol{p}_{aj}(k)\|)\cdot\phi(\cos(\gamma_{fajx'}(k)))+\\&\quad f_{bj}(\|\boldsymbol{p}_{bj}(k)\|)\cdot\phi(\cos(\gamma_{fbjx'}(k)))]\Gamma\\&=\delta'_{jabx'}(k)-[\phi(\cos(\gamma_{fajx'}(k)))/((\|\boldsymbol{p}_{aj}(k)\|/a_{\text{dis}}^{i})^{d_2^{i}})+\\&\quad\phi(\cos(\gamma_{fbjx'}(k)))/((\|\boldsymbol{p}_{bj}(k)\|/a_{\text{dis}}^{i'})^{d_2^{i'}})]\Gamma d_1\end{aligned}$$

因为在有效围捕圆周上每一个机器人的 $f_{abj}(k)(j=1,2,\cdots,m)$ 为零时，只有一种受力的平衡点，特别是当每个个体都是以其左右两边机器人为其两最近邻时，$f_{abj}(k)$ 总是消除 $\delta'_{jabx'}(k)$ 的存在使全部机器人达到受力平衡，$f_{abj}(k)$ 与 $\delta'_{jabx'}(k)$ 符号一致，因为 $d_1>0$，所以 $[\phi(\cos(\gamma_{fajx'}(k)))/((\|\boldsymbol{p}_{aj}(k)\|/a_{\text{dis}}^{i})^{d_2^{i}})+\phi(\cos(\gamma_{fbjx'}(k)))/((\|\boldsymbol{p}_{bj}(k)\|/a_{\text{dis}}^{i'})^{d_2^{i'}})]$ 与 $\delta'_{jabx'}(k)$ 符号一致，因此可以将上式

写成：

$$\begin{aligned}\delta'_{jabx'}(k+1) &= \delta'_{jabx'}(k) - \Gamma d_1 \boldsymbol{\mu}'_j(k)\delta'_{jabx'}(k) \\ &= \delta'_{jabx'}(k)(1-\Gamma d_1 \boldsymbol{\mu}'_j(k))\end{aligned} \tag{2.30}$$

其中，$\mu'_j(k)$计算如下：

$$\boldsymbol{\mu}'_j(k) = [\phi(\cos(\boldsymbol{\gamma}_{fajx'}(k)))/((\|\boldsymbol{p}_{aj}(k)\|/a^i_{\text{dis}})^{d^i_2}) +$$

$$\phi(\cos(\boldsymbol{\gamma}_{fbjx'}(k)))/((\|\boldsymbol{p}_{bj}(k)\|/a^{i'}_{\text{dis}})^{d^{i'}_2})]/\delta'_{jabx'}(k) > 0$$

构造 Lyapunov 函数 $V'_{abx'}(\boldsymbol{\Delta}'_{abx'}(k)) = \sum_{j=1}^{m} |\delta'_{jabx'}(k)|$。易知，当$\boldsymbol{\Delta}'_{abx'}(k) \neq 0$时，$V'_{abx'}(\boldsymbol{\Delta}'_{abx'}(k)) > 0$，即其为正定。进而，可以导出：

$$\begin{aligned}\Delta V'_{abx'}(\boldsymbol{\Delta}'_{abx'}(k)) &= V'_{abx'}(\boldsymbol{\Delta}'_{abx'}(k+1)) - V'_{abx'}(\boldsymbol{\Delta}'_{abx'}(k)) \\ &= \sum_{j=1}^{m} |\delta'_{jabx'}(k+1)| - \sum_{j=1}^{m} |\delta'_{jabx'}(k)| \\ &= \sum_{j=1}^{m} |\delta'_{jabx'}(k)(1 - \Gamma d_1 \max \boldsymbol{\mu}'_j(k))| - \sum_{j=1}^{m} |\delta'_{jabx'}(k)| \\ &\leqslant \sum_{j=1}^{m} |\delta'_{jabx'}(k)||1 - \Gamma d_1 \boldsymbol{\mu}'| - \sum_{j=1}^{m} |\delta'_{jabx'}(k)| \\ &= -(1 - |1 - \Gamma d_1 \boldsymbol{\mu}'|)\sum_{j=1}^{m} |\delta'_{jabx'}(k)|\end{aligned}$$

式中：假设$\boldsymbol{\mu}'$在n'_1步出现最大值，即$\boldsymbol{\mu}' = \max \boldsymbol{\mu}'_j(k)$ $(j=1,2,\cdots,m;k=0,1,\cdots,n'_1)$，如果到$n'_1$步不是$\mu'$的最大值，则最迟在$n'_1+q'$步得到$\mu'$的最大值。令$n'=n'_1+q'$，有$\mu'=\max \mu'_j(k)$ $(j=1,2,\cdots,m;k=0,1,\cdots,n')$。显然，当$0<\Gamma d_1\mu'<2$时，$\Delta V'_{abx'}(\boldsymbol{\Delta}'_{abx'}(k))$为负定。当$\|\boldsymbol{\Delta}'_{abx'}(k)\| \to \infty$时，$V'_{abx'}(\boldsymbol{\Delta}'_{abx'}(k)) \to \infty$。根据离散系统 Lyapunov 稳定性相关定理得：原点平衡状态$\boldsymbol{\Delta}'_{abx'}(k) = (\delta'_{1abx'}, \delta'_{2abx'}, \cdots, \delta'_{mabx'})^{\mathrm{T}} = 0$为大范围渐近稳定，而$0 < \Gamma d_1 \mu' < 2$是原点平衡状态$\boldsymbol{\Delta}'_{abx'}(k) = (\delta'_{1abx'}, \delta'_{2abx'}, \cdots, \delta'_{mabx'})^{\mathrm{T}} = 0$为大范围渐近稳定的一个充分条件，定理得证。

因此，在障碍物环境中目标静止时，同时满足定理 2.1 和定理 2.3，即$0<\Gamma<\min(2/c_1, 2/(d_1\mu'))$，即使有各种物理条件限制，同样在有限时间内可使围捕机器人以一定精度收敛在有效围捕圆周上且呈受力平衡的围捕队形，即不一定呈均匀分布，一般情况下避开静态障碍物、动态障碍物的参数a^2_{dis}、a^3_{dis}、d^2_2和d^3_2分别大于避开机器人的参数a^1_{dis}和d^1_2，这样做有利于机器人远离不与机器人产生协调运动的障碍物，尽量避免相撞以致损坏。这里同样给出了系统不

稳定时参数的调节方法，即调节 c_1、d_1或 Γ 等。另外，如果 $a_{\text{dis}}^1=a_{\text{dis}}^2=a_{\text{dis}}^3$，且 $d_2^1=d_2^2=d_2^3$，则 $\|\boldsymbol{p}_{ajox'}(k)\|=\|\boldsymbol{p}_{bjox'}(k)\|$，$d_{jo}(k)=0$，定理 2.3 的结果则变为定理 2.2 的形式，即定理 2.2 是定理 2.3 的特殊情况，但需要指出的是，当只有一个静态或动态障碍物而且障碍物在有效围捕圆周上时，可以做到机器人与障碍物整体上在有效围捕圆周上呈均匀分布的最终平衡状态；但当有两个及以上的静态或动态障碍物而且障碍物在有效围捕圆周上时，只能保证相邻两障碍物之间的机器人呈均匀分布，不保证整体上障碍物与机器人都呈均匀分布，原因是障碍物不与机器人产生协调运动；而当障碍物不在有效围捕圆周上但却是机器人的两个最近邻中的一个或两个时，有效围捕圆周上的机器人也并不一定呈现均匀分布，而是连续的机器人（机器人的两最近邻中无障碍物）之间呈均匀分布；当有的障碍物在有效围捕圆周上，有的障碍物不在有效围捕圆周上时同样是连续的机器人（机器人的两最近邻中无障碍物）之间呈均匀分布，有效围捕圆周上机器人和障碍物不一定呈现均匀分布。如果不包含障碍物，此时只需要避开机器人，定理 2.3 同样变为定理 2.2。

考虑到运动中的目标围捕，同样可以给出一个充分条件，只需要满足式（2.26）和 $0<\Gamma<\min(2/c_1, 2/(d_1\mu'))$，即动态目标以漫步速度逃逸被成功围捕的一个充分条件为

$$\max(t_{mit}, t_{mahv})<\Gamma<\min(2/c_1, 2/(d_1\mu')) \tag{2.31}$$

同样由于猎物在实际逃逸过程中并不是每一步都转向 180°，个体在障碍物环境中也不需要每步都转向 180°，因此对于许多实例在小于式（2.31）所给定的下限时间也可以成功围捕。

2.5　无障碍物环境下仿真与分析

根据第 2.2.2 节的围捕任务模型，本节和下一节分别考虑无障碍物环境下和未知动态环境下群机器人围捕，通过仿真来验证本章所提算法的可扩展性、稳健性、灵活性，以及避障性能，并与文献［10］作对比分析。仿真中的系统参数设置如表 2.1 所列，考虑到机器人本身具有一定的物理半径 r_j，有效围捕半径 c_{r}设置为 6，比目标的势域半径 p_{r}^T大 1.9，在保证 c_{r}大于 p_{r}^T的前提下，其大小可根据实际情况灵活设置。围捕机器人对不同近邻对象进行避碰/避障参数值如表 2.2 所列，目标和动态障碍物的避障参数值如表 2.3 所列。

表 2.1 围捕系统参数值

参数	c_1	c_2	d_1	1	c_r/m	p_r^T/m	s_r^H/m	s_r^T/m	ρ_h
数值	1	3.5	4.3	9	6	4.1	15	8	2.5
参数	ρ_t	ε_1	ε_2	v_m^T /(m · s^{-1})	v_m^H /(m · s^{-1})	a_m^H /(m · s^{-2})	ω_m^H /(rad · s^{-1})	ω_{am}^H /(rad · s^{-2})	
数值	7	0.01	0.5	1	1	25	6.5	162.5	

表 2.2 围捕机器人避碰/避障参数值

参数	a_{dis}^1	a_{dis}^2	a_{dis}^3	d_2^1	d_2^2	d_2^3
数值	1	2.5	$20\Gamma v_\omega^U$	1	2	2

表 2.3 目标和动态障碍物的避障参数值

参数	a_r^S/m	a_r^U/m	d_3	d_4	ρ_s	ρ_u
数值	1.5	$20\Gamma v_\omega^U$	2	2	7.5	7.5

表 2.4 仿真 1 中群机器人初始位置坐标

坐标	t_1	h_1	h_2	h_3	h_4	h_5	h_6	h_7	h_8	h_9	h_{10}	h_{11}	h_{12}
X/m	-4.0	0.8	3.5	-2.15	0.1	3.9	1.0	-2.2	-0.4	-3.0	-0.5	-5.3	-7.0
Y/m	1.0	-0.8	0.6	-2.5	-1.8	-6.0	-5.0	-4.6	-7.2	-3.8	-3.0	-4.8	-2.8

为了测试所提算法的基本性能和特点，第一个仿真环境中无障碍物，群机器人个数为 12 个，可以任意给定其初始位置进行围捕，表 2.4 为其初始位置。根据系统参数表 2.1 和式（2.27）所计算的 Γ 应大于 0.8719s，本次仿真中为 0.65s，因为猎物并不是每步都转向，所以也可以成功围捕。

2.5.1 仿真结果

群机器人围捕仿真轨迹如图 2.3 所示。实线圆周内部代表猎物势域，虚线圆周代表有效围捕圆周。图 2.3（a）中，初始位置由于猎物势域内机器人的合势小，猎物与邻近 h_3进行对抗，其方向为势角反向，2 步后已有 5 个机器人进入猎物势域，其合势大于猎物的势，因此猎物下一步运动方向指向机器人的势角方向，准备逃离；图 2.3（b）中，猎物加速至最大速度逃离，群机器人同样加速至最大速度追赶，在追赶一段时间即 1 = 9 步（式（2.5）中所示，1 步后第 2 项消失）快速消耗猎物体力后，集体向猎物势域外运动，11 步时猎

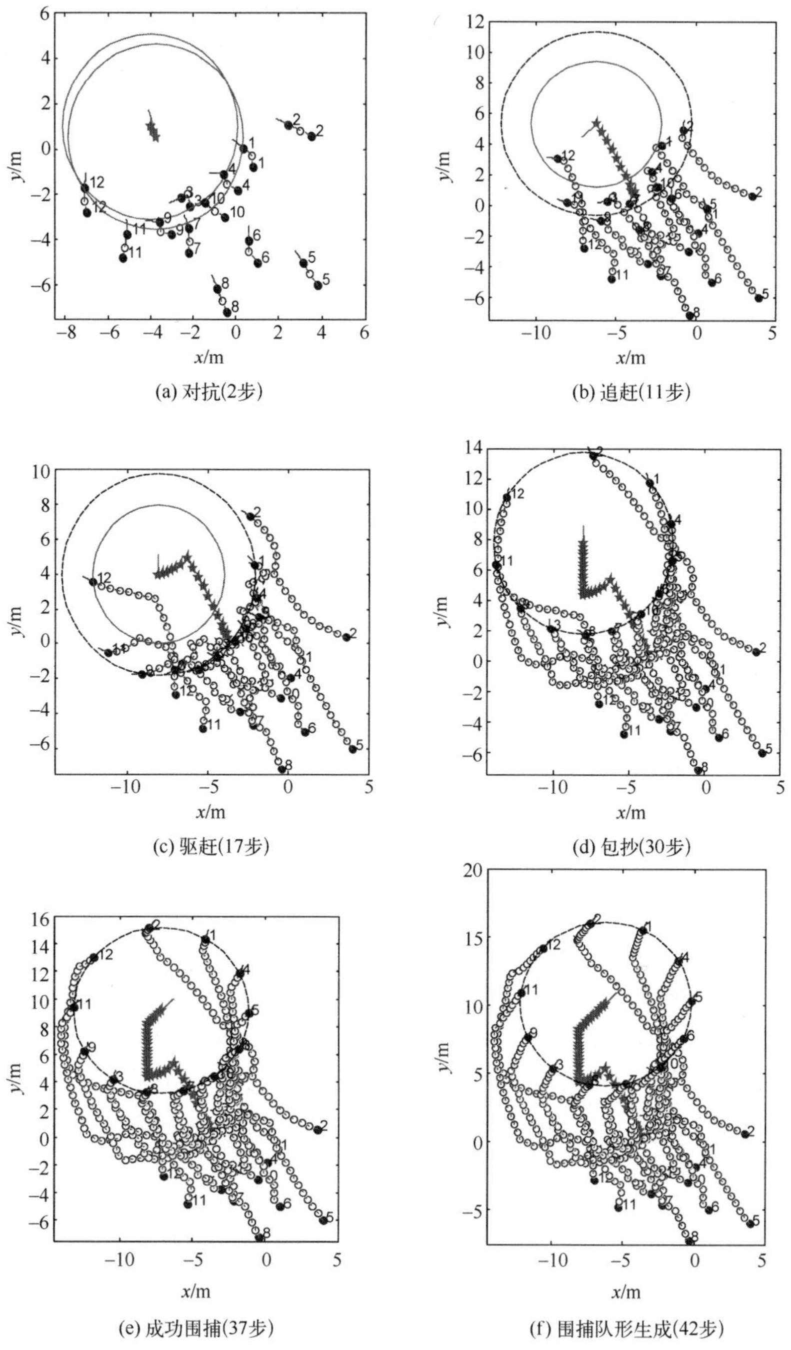

图 2.3　无障碍物环境下群机器人自组织围捕

物发现势域内只有势较小的 h_{12}，此时猎物又重新选择了对抗；从整体上来看，猎物在机器人远离时顺势勇猛地将 h_{12} 赶出其势域，其他机器人也如惧怕猎物一样远离开去，17 步时，猎物感觉威胁解除，准备减速逃离，如图 2.3（c）所示。图 2.3（d）中，猎物减速至漫步速度逃离，随后机器人在有效围捕圆周上以大于猎物速度快速包抄了猎物。图 2.3（e）中机器人在有效围捕圆周上成功包围了猎物，之后，其与猎物的运动方向保持一致，围捕队形达到理想状态，如图 2.3（f）所示。这里感到巧妙的是，个体之间的排斥力最后竟然成了围捕队形均匀分布所需要的协调行为的源动力。

另外，之所以个体之间可以良好避碰是因为个体受的力分为两部分，一部分是来自目标方向的力，另一部分是来自两最近邻的斥力，这两种力转化为个体趋向目标方向的速度和远离最近邻的速度，由式（2.6）可知，两个个体之间距离越小，产生的斥力越大，即相互远离时的速度越大，即使机器人个体同在目标方向上，由式（2.4）将其近邻产生的斥力等效为来自其左方的斥力，这样可以提前避碰。

与文献［10］相似的是，个体只是根据简化虚拟受力模型进行运动同样可以涌现出 Leader，如图 2.3（d）中的 h_2 和 h_{12}（图中用 2 和 12 表示），并且整体最终在宏观层面上涌现出均匀的围捕队形。图 2.3（c）和（e）中，猎物运动方向的改变是猎物随机选择的结果。

2.5.2 偏差收敛分析

1）目标距离偏差分析

图 2.4 中，初始时猎物与群机器人进行对抗，群体迅速靠近猎物（斜率绝对值较大）；但随着猎物在 3~10 步的加速逃离，其距离除 h_2 和 h_{12} 外又逐渐变大；在 11 步时其距离突然变大是因为群体已经向有效围捕圆周上运动所致，驱赶之后猎物以漫步速度逃离，所有个体逐渐趋近于有效围捕圆周上进行追捕，偏差大约在 38 步之后达到稳态，此时所有个体以一定精度达到猎物的有效围捕圆周上。

此外，由于目标在 32 步突然向右偏转，所有机器人在 34~37 步左右进行了加速并收敛到猎物的有效围捕圆周上。收敛过程整体上与文献［10］不完全一致，本书允许围捕机器人在有效围捕圆周内外运动更符合实际情况，而文献［10］中始终是只在收敛圆域外运动。

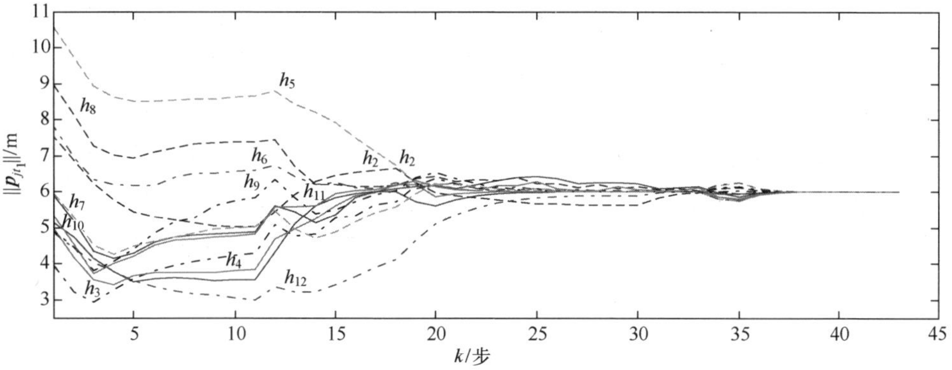

图 2.4　目标距离偏差

2）近邻对象合力偏差分析

近邻对象合力偏差是指两最近邻对象在 x' 轴方向上合力偏差即 f_{abj}，其变化体现 h_j 在 x' 轴方向上的速度大小，当 $f_{abj}=0$ 时则说明 h_j 不再在 x' 轴方向上运动，已达到均匀分布，同时也是为了体现简化虚拟受力模型的有效性，这里采用 f_{abj} 来分析群体达到理想围捕队形过程中的特点。图 2.5 中，正的偏差值表

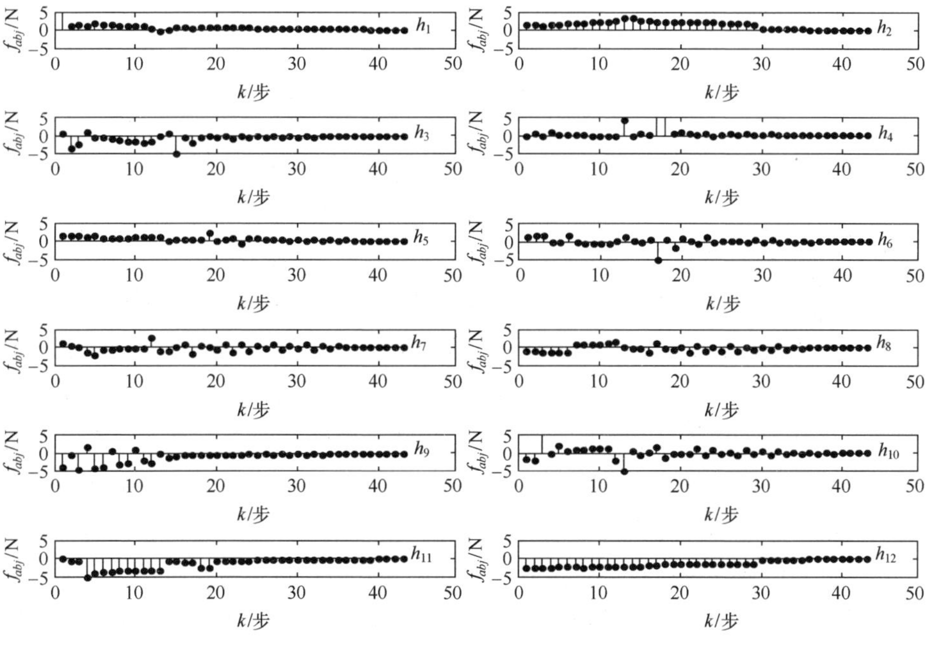

图 2.5　近邻对象合力偏差

示 h_j实际运动方向 $\theta_j(t)$ 向其右边偏转，反之表示 $\theta_j(t)$ 向其左边偏转。由图 2.5 可知，大约 36 步之后，所有个体的 f_{abj} 逼近于 0，而原来在包抄过程中涌现出来的 Leader 的 h_2 和 h_{12} 震荡最小，震荡较剧烈的是相对于 Leader 较远的 h_7、h_{10}、h_6 和 h_8，此特点与文献［10］一致。由图 2.5 可知机器人判定自己是否为 Leader 的条件是偏差值出现一个较大值后近似单调逐步衰减（这与文献［10］中确定 Leader 的规律正好相反），因此本书中 Leader 涌现时产生振荡较小。

2.6 未知动态凸障碍物环境下仿真与分析

为了测试所提算法的可扩展性、稳健性、灵活性和避障性能，本小节考虑未知动态环境，环境中包括 4 个点状静态障碍物，2 个点状动态障碍物，以及 6 个多边形或圆形障碍物，采用 6 个围捕机器人，其初始状态坐标如表 2.5 所列。群机器人、目标和动态障碍物遇到静态和/或动态障碍物时都要避障。根据系统参数和式（2.31）所计算的 Γ 应大于 0.8719s，本仿真中 Γ 为 0.9s。

表 2.5　仿真 2 中群机器人初始位置坐标

坐标	t_1	h_1	h_2	h_3	h_4	h_5	h_6
X/m	−4.0	−3.1	1.1	−2.15	1.0	3.9	1.0
Y/m	1.0	−3.7	1.6	−2.5	−1.4	−6.0	−5.0

图 2.6 所示为仿真轨迹。整体上其运动过程及原因与第一个仿真相似。不同的是障碍物的影响使得本仿真多了与静态障碍物一起成功围捕和与动态障碍物一起成功围捕过程，如图 2.6 中的（e）和（f）所示。产生图 2.6（e）的原因是这样的，包抄之后大约 55 步时，猎物突然转向右上方逃逸，而其左方和后方分别早已有原为 Leader 的 h_2 和 h_1 带领机器人正预备形成合围之势，此时前方的五边形障碍物将机器人群体分开，然而从整体上来看，群机器人与障碍物一起暂时成功围捕目标。接着，目标避开五边形障碍物，而群机器人相互协调既动态保持包围队形又顺利避开了五边形障碍物，之后左边和下边动态障碍物的到来，群机器人同样成功避障并兼顾队形的保持，从整体来看又与动态障碍物形成一起暂时成功围捕目标的奇观。这里针对成功避障的原因需要指出

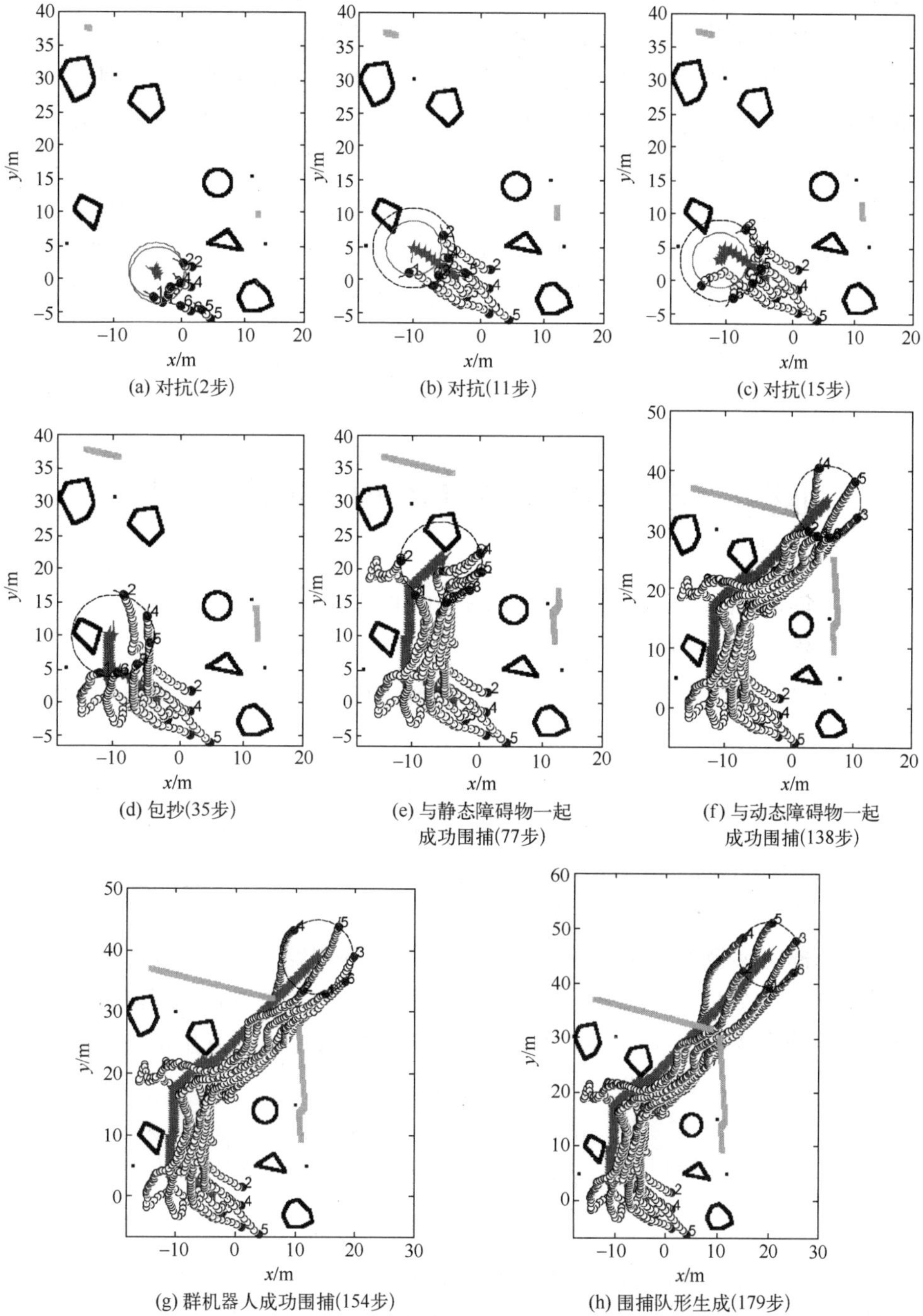

(a) 对抗(2步)　(b) 对抗(11步)　(c) 对抗(15步)

(d) 包抄(35步)　(e) 与静态障碍物一起成功围捕(77步)　(f) 与动态障碍物一起成功围捕(138步)

(g) 群机器人成功围捕(154步)　(h) 围捕队形生成(179步)

图 2.6　未知动态凸障碍物环境下群机器人自组织围捕

的是，在包抄过程中，当 h_1 感应到左上方的四边形障碍物时（这里只需要感应到一至两个最近点），由式（2.4）将其映射为近似来自其左方的较大的斥力，这样处理有利于 h_1 提前做避障运动，而机器人之间的相互协调使得整个群体成功避障的同时又兼顾包围队形的保持。避开五边形及动态障碍物的原因与此相似。

由于复杂的障碍物环境本仿真涌现出了众多 Leaders，按出现顺序分别是 h_1、h_2 和 h_4，如图 2.6 中的（d）、（e）和（f）所示。整个群体在机器人数目减少了一半并且环境未知动态的情况下仍然可以严格避碰/避障顺利完成围捕任务，体现本算法除了与基于 LP-Rule 的方法[10]一样具有良好的可伸展性、稳健性以外，还具有较好的灵活性和避碰/避障性能。

2.7 SVF-Model 与 LP-Rule 的比较分析

基于 SVF-Model 的围捕算法与基于 LP-Rule 的算法[10]相比优势如下：

1）模型比较简单

SVF-Model 将群体围捕行为分解为 y' 轴方向上的引力/斥力驱动行为和 x' 轴方向上的个体间斥力驱动行为，模型直观，所用公式简单，物理含义明确，只需要对目标和两最近邻简单的力学分析就可以得出需求的运动速度大小和方向。不需要像 LP-Rule 一样把直角坐标系空间分成 4 个象限，再把 16 种不同运动情况的松散空间指向都分别确定之后再建立统一的规则。

2）机器人较少时也可以均匀分布

SVF-Model 模型即使机器人较少时也可以做到均匀分布，而 LP-Rule 当机器人为 3 或 4 个时易出现不均匀分布的平衡点，这与 LP-Rule 规则有关。当群体为 3 个机器人时，理论上有两个平衡点。这与 LP-Rule 中互联特征变量 Γ_i 的计算原理有关。Γ_i 按式（2.32）来计算：

$$\Gamma_i=[\,|cl_{pi}|\,|cl_{qi}|\,]\left(\begin{bmatrix}\operatorname{sgn}(\theta_{pti})\\ \operatorname{sgn}(\theta_{qti})\end{bmatrix}+\begin{bmatrix}\sin\theta_{pti}-\operatorname{sgn}(\theta_{pti})\\ \sin\theta_{qti}-\operatorname{sgn}(\theta_{qti})\end{bmatrix}\cdot(\,|cl_{ti}|-r_c\neq 0)\right) \tag{2.32}$$

其实无论是在实际物理实验中还是仿真中，$|cl_{ti}|-r_c=0$ 都是比较难以做到的，总是有少许误差，因此式（2.32）就成为 $\Gamma_i=|cl_{pi}|\cdot\sin\theta_{pti}+|cl_{qi}|\cdot\sin\theta_{qti}$，此时要使 $\Gamma_i\to 0$，即达到稳定状态，有两种可能：第一种是 $|cl_{pi}|\to$

$|cl_{qi}|$，$\sin\theta_{pti}\to-\sin\theta_{qti}$；第二种是 $|\sin\theta_{pti}|\to 0$，$|cl_{qi}|\to 0$ 或 $|\sin\theta_{qti}|\to 0$，$|cl_{pi}|\to 0$。第一种是会使整个群机器人趋近于均匀分布的情况，第二种是一个近邻与 h_i 近似位于围捕圆周的一条直径上的两端，另一个近邻与 h_i 靠在一起，这在只有 3 个机器人的群体围捕中很容易发生，这也是文献［10］中 3 个机器人进行围绕的物理实验时经常会出现两个机器人碰撞现象的主要原因。另外，在大量群机器人围捕过程中如出现上述第二种情况则容易导致与邻近机器人发生相碰，如近邻是障碍物时则容易碰到障碍物。当机器人个数为 4 个时最终状态也会出现不均匀分布现象。图 2.7 所示为给定任意初始位置且只有 3 个机器人进行围捕静态目标的仿真结果，图 2.7（a）和图 2.7（b）所示分别为采用 LP-Rule 方法和 SVF-Model 方法的机器人围捕轨迹。时间步长 $\Gamma=0.3$s。

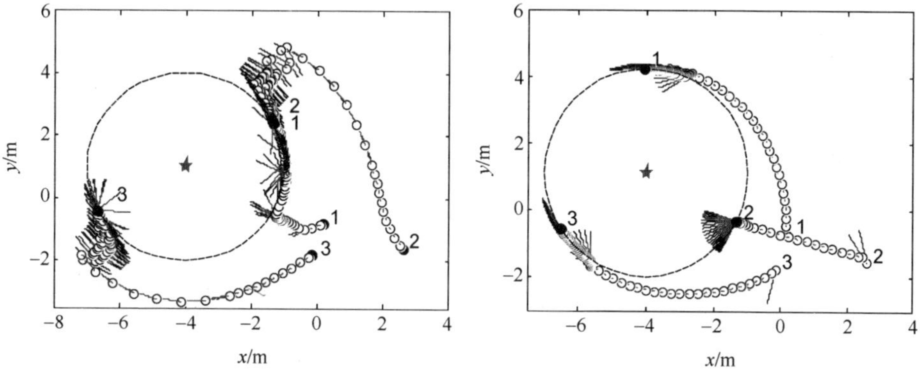

(a) LP-Rule方法　　(b) SVF-Model方法

图 2.7　围捕静态目标轨迹

3）处理了特殊情况

SVF-Model 处理了两最近邻在目标方向上时的特殊情况，而 LP-Rule 没有处理，易导致相碰发生。图 2.8 和图 2.9 所示为 3 个机器人初始位置与静态目标在同一方向上时分别采用基于 LR-Rule 的方法和本书方法的仿真结果。时间步长 $\Gamma=0.3$s。由图 2.8 知，基于 LP-Rule 的围捕最终聚集在一起，没有实现对目标的围捕。而处理了特殊情况的基于 SVF-Model 的围捕没有影响其收敛性，最终形成均匀围捕队形。

4）速度设置更合理

针对文献［10］中图 4 所列举的“松散”空间中，当两最近邻同在 S^+ 或 S^- 时，SVF-Model 使得 h_j 离两最近邻对象距离越近，远离时速度越大，有利于良好避碰或避障；距离越远，远离时速度越小，使得领导涌现时振荡较小，这更符合群体围捕运动过程中的现象。而基于 LP-Rule 的速度设置恰恰相反，这也是为什么 SVF-Model 与 LP-Rule 的 leader 涌现规律正好相反的原因。

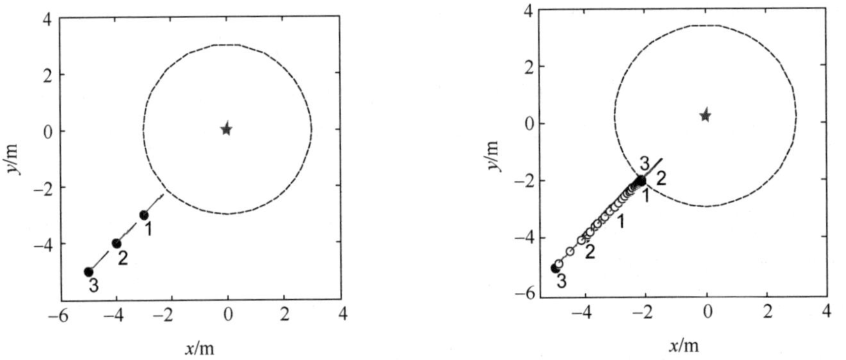

(a) 初始状态　　(b) 最终状态

图 2.8　基于 LP-Rule 的围捕轨迹

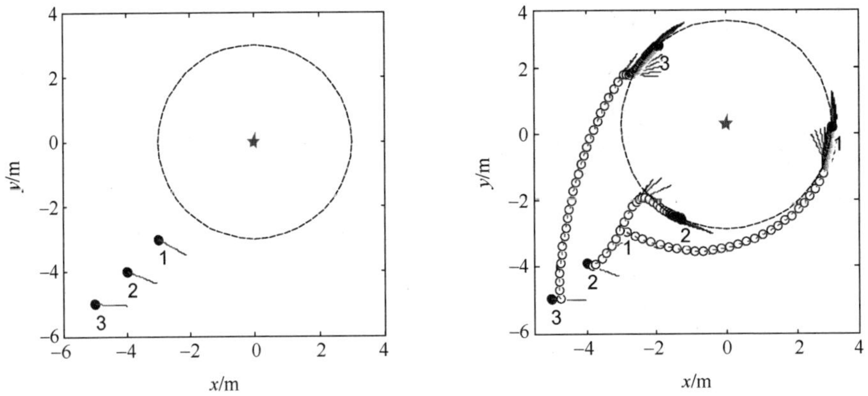

(a) 初始状态　　(b) 最终状态

图 2.9　基于 SVF-Model 的围捕轨迹

5）可以较好地避障

由第 4 节仿真可知，基于 SVF-Model 的围捕算法具有较好的避开静态、动态障碍物性能，而 LP-Rule 没有考虑如何避障。

6）易于实现更高级自组织行为

对于基于 SVF-Model 的更高级自组织行为，可以在简化虚拟受力模型基础上再加上简单的规则来实现，而如果基于 LP-Rule 则需要更加复杂的规则来实现。

7）系统参数易于设置

基于 SVF-Model 的围捕系统稳定性分析对系统参数设置有很好的指导作

用，可以使其围捕过程中的振荡较小，轨迹较优。而基于 LP-Rule 的围捕系统稳定性分析对系统参数设置没有指导作用。

2.8 本章小结

本章给出了一种将 RB 围捕方法建模于 AP 方法之上的基于 SVF-Model 的非完整移动群机器人自组织协作围捕方法，完成工作如下：①基于未知动态环境下群体围捕行为建立了简单有效的、具有避障能力的个体虚拟受力模型，有效抽象出群体围捕行为的一般力学规律。②在理论上对围捕系统的稳定性进行了分析，并给出了稳定性条件，有利于围捕系统的参数设置及围捕曲线的优化。③验证了通过 SVF-Model 可以使群机器人自组织系统涌现出期望的群体行为，有助于涌现控制建模的研究。④给出了 Leader 涌现的判断条件。⑤验证了个体的 SVF-Model 使得个体不存在局部极小值的问题。⑥与基于 LP-Rule 的围捕方法进行了对比研究[16-17]。

参考文献

[1] ŞAHIN E. Swarm robotics: from sources of inspiration to domains of application [J]. Lecture notes in Computer Science, 2005: 10-20.

[2] PHAN T A, RUSSELL R A. A swarm robot methodology for collaborative manipulation of non-identical objects [J]. The International Journal of Robotics Research, 2012, 31 (1): 101-122.

[3] 程磊，俞辉，吴怀宇，等．一类有序化多移动机器人群集运动控制系统 [J]. 控制理论与应用，2008，25 (6): 1117-1120.

[4] 楚天广，杨正东，邓魁英，等．群体动力学与协调控制研究中的若干问题 [J]. 控制理论与应用，2010，27 (1): 86-93.

[5] 杨帆，刘士荣，仲朝亮，等．起伏地形环境中多移动机器人协作运输策略 [J]. 控制理论与应用，2012，29 (7): 857-866.

[6] NAVARRO I, MATÍA F. Review article: an introduction to swarm robotics [J]. ISRN Robotics, 2013, 2013 (2013): 1-10.

[7] BAYINDIR L, SAHIN E. A review of studies in swarm robotics [J]. Turkish Journal of Electrical Engineering, 2007, 15 (2): 115-147.

[8] BRAMBILLA M, FERRANTE E, BIRATTARI M, et al. Swarm robotics: a review from the swarm engineering perspective [J]. Swarm Intelligence, 2013, 7 (1): 1-41.

[9] SPEARS W M, GORDON D F. Using artificial physics to control agents [C]// Proceedings of the Information Intelligence and Systems, 1999 International Conference on. Bethesda, MD, USA: IEEE, 1999.

[10] HUANG T Y, CHEN X B, XU W B, et al. A self-organizing cooperative hunting by swarm robotic systems based on loose-preference rule [J]. Acta Automatica Sinica, 2013, 39 (1): 57-68.

[11] XIONG J F, TAN G Z. Virtual Forces based approach for target capture with swarm robots [C]// Proceedings of the Control and Decision Conference, CCDC'09 Chinese. Guilin, China: IEEE, 2009.

[12] 徐望宝，陈雪波．组群机器人队形控制的人工力矩法 [J]. 中国科学 (E 辑：信息科学)，2008，51 (10)：1521-1531.

[13] XU W B, CHEN X B, ZHAO J, et al. A decentralized method using artificial moments for multi-robot path-planning [J]. International Journal of Advanced Robotic Systems, 2013, 10 (24): 1-12.

[14] MADDEN J D, ARKIN R C, MACNULTY D R. Multi-robot system based on model of wolf hunting behavior to emulate wolf and elk interactions [C]// Proceedings of the Robotics and Biomimetics (ROBIO), 2010 IEEE International Conference on. Tianjin, China: IEEE, 2010.

[15] MURO C, ESCOBEDO R, SPECTOR L, et al. Wolf-pack (canis lupus) hunting strategies emerge from simple rules in computational simulations [J]. Behavioural Processes, 2011, 88 (3): 192-197.

[16] 张红强，章兢，周少武，等．未知动态环境下非完整移动群机器人围捕 [J]. 控制理论与应用，2014，31 (9)：1151-1165.

[17] 张红强．基于简化虚拟受力模型的群机器人自组织协同围捕研究 [D]. 长沙：湖南大学，2016.

第3章 未知动态非凸障碍物环境下群机器人协作自组织围捕

3.1 引　言

群机器人的优势在于通过简单个体之间的协作可以实现复杂的任务并具有稳健性、可扩展性，以及灵活性[1]。其灵活性提高要求之一是群机器人能够适应于不同的环境。

在第2章当中，设计了具有避障能力的个体简化虚拟受力模型和围捕算法，实现了未知动态凸障碍物环境中的非完整移动群机器人自组织协作围捕，但实际环境中除了存在凸障碍物外，还常常存在非凸障碍物，本章中研究包含非凸静态障碍物的未知环境下非完整移动群机器人的自组织协作围捕问题，进一步提高围捕系统的灵活性。

在包含非凸障碍物、动态障碍物，以及凸障碍物的复杂环境下群机器人进行围捕的挑战在于，当有围捕机器人个体陷入非凸障碍物时，如何根据最少的近邻位置信息和目标位置信息实现对非凸障碍物的循障；面对不易避开的凸障碍物，群机器人个体如何循障；在整个复杂环境中，群机器人整体又该如何在进行避障的同时保持好围捕队形。

本章根据未知动态非凸复杂环境中群体围捕的运动特点，基于目标点，以及最近邻两个对象（有可能是机器人、动态障碍物、静态非凸或凸障碍物）的位置信息，在第2章提出的简化虚拟受力模型的基础上，设计了围捕控制算法和静态非凸障碍物循障算法，使得群机器人可以在包含动态凸障碍物、静态非凸或凸障碍物等复杂环境中做到良好避障并保持围捕队形。在理论上对系统的稳定性进行分析，给出系统稳定的条件，使得整个围捕系统易于设置参数，便于实际应用。研究了 Leader 涌现的规律，给出了 Leader 涌现的判断条件。

3.2 模型构建

3.2.1 群机器人运动模型及相关函数

m 个完全相同的非完整移动轮式机器人组成围捕群机器人，个体模型与第 2 章中所用模型一致，如图 2.1 所示。纯粹转动不打滑的机器人 h_j 的运动学方程与式（2.1）一致（轮式机器人的概率运动模型请参考文献［2］）。

围捕过程中目标和对象（包括机器人、静态或动态障碍物）的施力函数分别对应第 2 章中式（2.5）和式（2.6）。

对于不满足循障条件的障碍物，采用的映射函数如式（2.4）所示。其中，σ 是一个实数。通过此函数可以使前方的障碍物产生较大斥力，这有效实现了仿生避障特点。

假设有向线 l_i 和 l_j 的方向角分别是 γ_i 和 γ_j，为了确定两有向线之间的角度，按式（2.3）计算从 l_i 到 l_j 的角 γ_{ij}[3]。

3.2.2 围捕任务模型

本章同样基于狼群围捕进行研究[4-5]，其捕食过程是：目标锁定、对抗、追捕和围捕成功[5]。目标和动态障碍物的数学模型构建如下。

围捕环境与 2.2.2 节定义 2.1 描述基本一致，不同之处在于静态障碍物 $S=\{s_j:j=1,2,\cdots,\alpha\}$ 中包含了非凸障碍物。注意，这里的围捕机器人只需要识别动态障碍物和静态障碍物[6]，不需要区分非凸和凸障碍物。

围捕环境中势的描述与势角的计算与 2.2.2 节定义 2.2 基本一致，不同之处是第 2 章中 $P_S=\{\rho_{s_j}\}$ 表示的静态障碍物势不包含非凸静态障碍物的势，而这里的静态障碍物包含了非凸障碍物。势角的计算公式与 2.2.2 节的定义 2.2 中式（2.7）一致。

由上述描述和式（2.7）给定复杂环境下目标的运动方程与 2.2.2 节的式（2.8）一致。由上述描述给定复杂障碍物环境下动态障碍物 u_i 的运动方程与式（2.9）一致。

本章给出了包含非凸静态障碍物的环境下相关的参数，这与文献［5］不同。此外本章给定了包含非凸静态障碍物环境下势角的计算，以及目标和动态障碍物的运动方程。

3.3 围捕算法

本章围捕研究机器人个体在未知非凸动态复杂环境中，如何根据其周边对象和猎物自主确定其运动，避开静态非凸和凸障碍物，以及动态障碍物并保持围捕队形，而且在有限时间内以一定精度均匀分布在猎物的有效围捕圆周上。本章在第 2 章提出的简化虚拟受力的自主运动模型的基础上，给出循障算法，使得整个群体实现复杂环境下的自组织围捕。

3.3.1 简化虚拟受力模型

本章所用的简化虚拟受力模型与第 2 章 2.3.1 节的定义 2.3 中描述基本一致，不同之处在于两最近邻对象 O_{aj}、O_{bj} 除了有可能是机器人、凸障碍物以及动态障碍物之外，还有可能是静态非凸障碍物。简化虚拟受力模型图请参阅第 2 章 2.3.1 节中图 2.2 所示。具体的观测器模型的设计请参阅文献［2］。

当目标静止时 h_j 的需求速度 $\boldsymbol{v}_{x'y'j}$ 按式（2.10）计算。

3.3.2 基于简化虚拟受力模型的个体控制输入设计

设 θ_{je} 是期望运动方向，t_{ntj} 是 h_j 转至期望运动方向 θ_{je} 所需时间，Γ 是运行周期，未知复杂环境中围捕时各机器人 h_j 即式（2.1）的运动控制输入为：

当 $\Gamma \leqslant t_{ntj}$ 时，按式（2.11）控制运动，即机器人只进行转向；

当 $\Gamma > t_{ntj}$ 时，按式（2.12）控制运动。此时，机器人的运动策略是先转至期望运动方向 θ_{je} 再根据实际可达速度 v_{jf} 运动。

为了确定 v_{jf}，还需要计算 $\boldsymbol{v}_{je}$，下面说明 $\|\boldsymbol{v}_{je}\|$ 和 θ_{je} 的确定。当处于循障状态时，设简化虚拟受力模型中 $\|\boldsymbol{p}_{aj}\| < \|\boldsymbol{p}_{bj}\|$，$f_{\mathrm{dis}}$ 为循障运动时与 O_{aj} 之间的距离，按机器人循障非凸静态障碍物算法流程图（图 3.1）确定 h_j 整体期望速度

$\|v_{je}\|$和θ_{je}，从而避开非凸障碍物和较难避开的凸障碍物，其中，循障条件是O_{aj}、O_{bj}均为障碍物和$\|p_{aj}\|<\|p_{bj}\|<1.5$且$\|p_{ab}\|<2$，循障结束条件是$\cos(\mathrm{dagl}(\gamma_{faj}-\gamma_{y'}))>0$且$\cos(\mathrm{dagl}(\gamma_{fbj}-\gamma_{y'}))>0$。循障过程中机器人个体需要尽量与障碍物保持距离$f_{\mathrm{dis}}$，如果靠近了或远离了障碍物上$O_{aj}$点，则以与直线（包含$h_j$和$O_{aj}$两点）相垂直的线夹角为$\pi/12$的角度远离或靠近障碍物，这个角度越小越有利于快速走出静态非凸障碍物或难以避开的静态凸障碍物，但考虑到初始循障位置离障碍物太近时需要尽快远离的情况，选择了$\pi/12$这个不算太小的角度。注意循障过程中的最近邻O_{aj}有可能是机器人及各种障碍物。

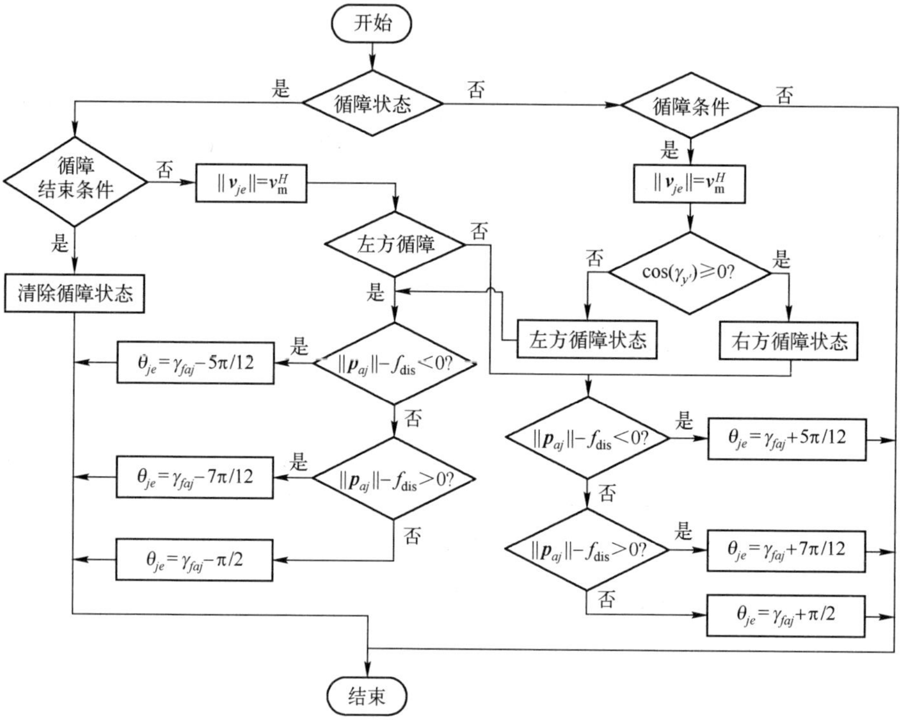

图 3.1　机器人循障非凸静态障碍物算法流程图

如果处于非循障状态并且不满足循障条件或已结束循障状态，则v_{je}、θ_{je}按式（2.13）来确定。

无论是否处于循障状态，t_{ntj}和v_{jf}都按式（2.14）至式（2.17）计算。以上公式中不含有时间的函数均是指$k\Gamma$时刻的计算量且在$[k\Gamma,(k+1)\Gamma)$上保持不变，其中，θ_{je}和θ_{jbef}分别是下一步期望的运动方向和上一步的运动方向，t_{ntj}是计算按ω_{am}^H和ω_{m}^H进行转向所需时间，t_{ntj1}是按ω_{am}^H加速至ω_{m}^H所需时间，t_{ntj2}是

由达到 ω_{m}^{H} 后至转向 θ_{je} 所需时间，$\boldsymbol{v}'_{t_1}$ 是机器人对目标的感知速度，$\boldsymbol{v}_{je}$ 是机器人 h_j 围捕过程中的期望速度矢量，v_{jc} 是按 $\boldsymbol{v}_{je}$ 进行了补偿的速度。

3.3.3 围捕算法步骤

根据 3.2.2 节构建的围捕环境和由式（2.8）构建的围捕目标 t_1 的运动数学方程，基于简化虚拟受力模型的未知动态非凸障碍物环境下的群机器人围捕算法流程图如图 3.2 所示。

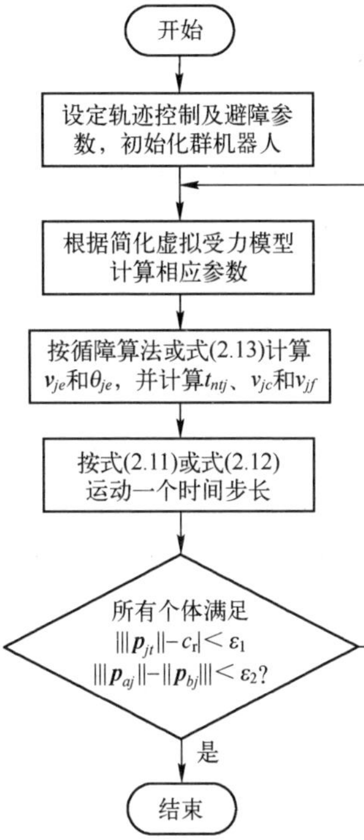

图 3.2　群机器人围捕算法流程图

3.4 稳定性分析

本书借鉴文献［5］所用稳定性分析方法。为了推导算法在不满足循障条件的环境中收敛时所满足的条件，系统偏差分解为目标距离偏差 $\delta_{jy'}=\|\boldsymbol{p}_{jt_1}\|-c_r$[5] 和两个最近邻机器人距离偏差 $\delta_{jabx'}=(s_{fajx'}\|\boldsymbol{p}_{aj}\|+s_{fbjx'}\|\boldsymbol{p}_{bj}\|+d_{jo})/2$，其中，

$s_{fajx'}=\text{sgn}(-\cos(\gamma_{fajx'}))$，$s_{fbjx'}=\text{sgn}(-\cos(\gamma_{fbjx'}))$，$\text{sgn}(\cdot)$为符号判断函数，$d_{jo}=-s_{fajx'}\|\boldsymbol{p}_{ajox'}\|-s_{fbjx'}\|\boldsymbol{p}_{bjox'}\|$，$\|\boldsymbol{p}_{bjox'}\|$和$\|\boldsymbol{p}_{ajox'}\|$是$h_j$在以$O_{bj}$和$O_{aj}$为左右两个最近邻时受力平衡点$h_{jo}$到$O_{bj}$和$O_{aj}$之间的距离，如果以$h_j$左边近邻为$O_{bj}$，$h_j$右边近邻为$O_{aj}$，$\|\boldsymbol{p}_{bjox'}\|$和$\|\boldsymbol{p}_{ajox'}\|$满足有效围捕圆周上三角形角边之间的关系，即式（2.28），并具有唯一解。本章目标距离偏差$\delta_{jy'}$的定义与第 2 章中$\delta_{jy'}$的定义在形式上是一致的，与第 2 章不同的是，本章的系统偏差分解是在非凸障碍物环境下进行的；本章两个最近邻机器人距离偏差$\delta_{jabx'}$所指的两个最近邻O_{aj}、O_{bj}有可能是非凸静态障碍物，而第 2 章中$\delta_{jabx'}$所指的两个最近邻O_{aj}、O_{bj}没有包含这种障碍物。

当$\delta_{jy'}=0,\delta_{jabx'}=0(j=1,2,\cdots,m)$时，围捕理想队形形成。因此，获取自组织围捕系统的稳定性条件，只需要推导$\delta_{jy'}\to 0,\delta_{jabx'}\to 0(j=1,2,\cdots,m)$时系统所需满足的条件。

将上述系统偏差定义离散化得：

$$\delta_{jy'}(k)=\|\boldsymbol{p}_{jt_1}(k)\|-c_{\text{r}}(j=1,2,\cdots,m)$$

$$\delta_{jabx'}(k)=(s_{fajx'}(k)\|\boldsymbol{p}_{aj}(k)\|+s_{fbjx'}(k)\|\boldsymbol{p}_{bj}(k)\|+d_{jo}(k))/2(j=1,2,\cdots,m)$$

式中：$s_{fajx'}(k)=\text{sgn}(-\cos(\gamma_{fajx'}(k)))$，$s_{fbjx'}(k)=\text{sgn}(-\cos(\gamma_{fbjx'}(k)))$，$d_{jo}(k)=-s_{fajx'}(k)\|\boldsymbol{p}_{ajox'}(k)\|-s_{fbjx'}(k)\|\boldsymbol{p}_{bjox'}(k)\|$。

令动态扰动$v_{t_1}\equiv 0$，基于简化虚拟受力模型，在不考虑机器人本身物理限制条件下（如角速度和线速度等的约束），每一步按期望的速度和方向来运动，$v_{y'j}$和$v_{x'j}$的离散化形式$v_{y'j}(k)$、$v_{x'j}(k)$分别是：

$$v_{y'j}(k)=f_{t_1j}(k)=c_1(\|\boldsymbol{p}_{jt_1}\|-c_{\text{r}})+c_2(n_c<1) \tag{3.1}$$

$$\begin{aligned}v_{x'j}(k)=f_{abj}(k)=&f_{aj}(\|\boldsymbol{p}_{aj}(k)\|)\cdot\phi(\cos(\gamma_{fajx'}(k)))+\\&f_{bj}(\|\boldsymbol{p}_{bj}(k)\|)\cdot\phi(\cos(\gamma_{fbjx'}(k)))\end{aligned} \tag{3.2}$$

因此得到个体的自主运动偏差方程为

$$\delta_{jy'}(k+1)=\delta_{jy'}(k)-v_{y'j}(k)\Gamma \tag{3.3}$$

$$\delta_{jabx'}(k+1)=\delta_{jabx'}(k)-v_{x'j}(k)\Gamma \tag{3.4}$$

与第 2 章不同的是，式（3.1）~式（3.4）均是在非凸环境下给定的相应方程。而且式（3.2）和式（3.4）中所指的两最近邻O_{aj}、O_{bj}有可能是非凸静态障碍物。

定理 3.1 在不满足循障条件的非凸静态障碍物环境中，如果所有机器人满足$n_c\geqslant 1$、$0<c_1\Gamma<2$和式（3.3），则$\boldsymbol{\Delta}_{y'}(k)=(\delta_{1y'},\delta_{2y'},\cdots,\delta_{my'})^{\text{T}}=0$为大范围渐近稳定。

定理 3.1 的证明过程与定理 2.1 相似，这里省去。此外，由定理 3.1 所给出系统原点平衡状态 $\boldsymbol{\Delta}_{y'}(k)=0$ 的稳定性分析结论同样适用于无障碍物环境，原因是在简化虚拟受力模型中无论是否有障碍物都不影响个体受到目标引力/斥力的大小，因此并不影响个体趋向有效围捕圆周的速度，所以与无障碍物环境下的稳定性分析一致。这一结论也可以由定理 3.1 与定理 2.1 的对比中得到。在定理 2.1 中的环境里没有障碍物，而其结论与定理 3.1 一致。而且，在第 2 章中对定理 2.1 进行了附加说明，其同样适用于凸障碍物环境中。与定理 2.1 不同的是，定理 3.1 还适用于不满足循障条件的存在静态非凸障碍物的环境，而定理 2.1 的环境中不包含静态非凸障碍物，说明了定理 3.1 进一步扩大了系统原点平衡状态 $\boldsymbol{\Delta}_{y'}(k)=0$ 为大范围渐近稳定的条件的适用范围。

由定理 3.1 可知群体中所有机器人在满足循障条件的障碍物环境中最终将收敛到以目标为中心，c_{r}为半径的圆周上，如果要实现均匀分布，还要考虑当 $|\|\boldsymbol{p}_{jt_1}(k)\|-c_{\mathrm{r}}|<\varepsilon_1(j=1,2,\cdots,m)$ 时 $\delta_{jabx'}(k)$ 即式（3.4）的收敛性。

定理 3.2　在不满足循障条件的非凸静态障碍物环境中，如果每个机器人满足 $0<\Gamma d_1\mu<2$ 和式（3.4），则系统原点平衡状态即 $\boldsymbol{\Delta}_{abx'}(k)=(\delta_{1abx'},\delta_{2abx'},\cdots,\delta_{mabx'})^{\mathrm{T}}=0$ 为大范围渐近稳定，其中，$\mu=\max\mu_j(k)$，

$$\mu_j(k)=[\phi(\cos(\gamma_{fajx'}(k)))/((\|\boldsymbol{p}_{aj}(k)\|/a_{\mathrm{dis}}^{i})^{d_2^i})+\phi(\cos(\gamma_{fbjx'}(k)))/((\|\boldsymbol{p}_{bj}(k)\|/a_{\mathrm{dis}}^{i'})^{d_2^{i'}})]/\delta_{jabx'}(k)>0$$
$$(j=1,2,\cdots,m;n\geqslant1,k=0,1,\cdots,n;i=1,2,3;i'=1,2,3)$$

由于定理 3.2 的推导过程与定理 2.3 相似，这里省去。由定理 3.2 与定理 2.3 的对比，还可以发现，不满足循障条件的非凸环境下与凸环境下的系统原点平衡状态 $\boldsymbol{\Delta}_{abx'}(k)=0$ 为大范围内渐近稳定的充分条件是一致的，这说明当不发生循障时，非凸与凸环境对机器人来说是没有区别的，其实在 3.2.2 节围捕环境中，也指出机器人只需要区别动态或静态障碍物，不需要区别非凸或凸障碍物。因此定理 3.2 进一步扩大了定理 2.3 的适用范围。

在不满足循障条件的障碍物环境中目标静止时，同时满足定理 3.1 和定理 3.2，即 $0<\Gamma<\min(2/c_1,2/(d_1\mu))$，虽然由于实际物理系统（如速度和加速度）的限制会使收敛速度变慢，但在有限时间内可使围捕机器人以一定精度收敛在有效围捕圆周上且呈受力平衡的围捕队形，即不一定呈均匀分布，但系统是稳定的。一般情况下 a_{dis}^2、a_{dis}^3、d_2^2和 d_2^3分别大于 a_{dis}^1和 d_2^1，这样做有利于机器人远离不产生协调运动的障碍物，尽量避免相撞以致损坏。特别地，这里给出了系统不稳定时参数调节方法，即减小 c_1、d_1或 Γ 等。而且，对于实际的

围捕实验物理系统，也可以根据这个条件来自适应改变参数取值使振荡的系统变得稳定。

另外，如果 $a_{\rm dis}^1 = a_{\rm dis}^2 = a_{\rm dis}^3$ 并且 $d_2^1 = d_2^2 = d_2^3$ 或者在无障碍物环境中，则 $\|\boldsymbol{p}_{ajox'}(k)\| = \|\boldsymbol{p}_{bjox'}(k)\|$，$d_{jo}(k) = 0$，定理 3.2 的结果则变为定理 3.3 的形式，即为如下所描述。

定理 3.3 在不满足循障条件的非凸静态障碍物环境中，并且 $a_{\rm dis}^1 = a_{\rm dis}^2 = a_{\rm dis}^3$、$d_2^1 = d_2^2 = d_2^3$ 或无障碍物环境下，如果所有机器人满足式（3.4）并且 $0 < \Gamma d_1(a_{\rm dis}^1)^{d_2^1}\mu' < 2$，则系统原点平衡状态即 $\Delta_{abx'}(k) = (\delta_{1abx'}, \delta_{2abx'}, \cdots, \delta_{mabx'})^{\rm T} = 0$ 为大范围渐近稳定，其中，$\mu' = \max \mu_j'(k)$，

$$\begin{aligned}\mu_j'(k) = [\,&\phi(\cos(\gamma_{fajx'}(k)))/(\|\boldsymbol{p}_{aj}(k)\|^{d_2^1}) + \\ &\phi(\cos(\gamma_{fbjx'}(k)))/(\|\boldsymbol{p}_{bj}(k)\|^{d_2^1})\,]/\delta_{jabx'}(k) > 0 \\ &(j = 1, 2, \cdots, m; n' \geqslant 1, k = 0, 1, \cdots, n')\end{aligned}$$

由于定理 3.3 的推导过程与定理 2.2 相似，这里省去。由定理 3.3 和定理 2.2 说明在不满足循障条件的非凸环境下或凸环境下并且 $a_{\rm dis}^1 = a_{\rm dis}^2 = a_{\rm dis}^3$、$d_2^1 = d_2^2 = d_2^3$ 与无障碍物环境下系统原点平衡状态 $\Delta_{abx'}(k) = 0$ 为大范围渐近稳定的条件是一致的。定理 3.3 适用于不满足循障条件的非凸环境，进一步扩大了定理 2.2 的适用范围。

上面是对于静止目标稳定性分析，而对于运动中的目标，要形成受力平衡的围捕队形，Γ 的一个下限是每一步运动的时间足够使个体旋转 180°而且还可以达到相当于猎物 v_ω^T 以上的速度运动一个时间步长的速度（但是不超过 $v_{\rm m}^H$），即 $\Gamma > \max(t_{mit}, t_{mahv})$，$t_{mit}$ 和 t_{mahv} 参照式（2.26）求解结果计算。与上述定理 3.1 和定理 3.2 结合即不满足循障条件的障碍物环境中目标静止时时间步长限制 $0 < \Gamma < \min(2/c_1, 2/(d_1\mu))$，可得动态目标以 v_ω^T 逃逸被成功围捕的一个充分条件为

$$\max(t_{mit}, t_{mahv}) < \Gamma < \min(2/c_1, 2/(d_1\mu)) \tag{3.5}$$

如果式（2.26）与上述定理 3.1、定理 3.3 结合，则可得动态目标以 v_ω^T 逃逸被成功围捕的另一个特例的充分条件为

$$\max(t_{mit}, t_{mahv}) < \Gamma < \min(2/c_1, 2/(d_1(a_{\rm dis}^1)^{d_2^1}\mu')) \tag{3.6}$$

由于猎物在实际逃逸过程中并不是每一步都转 180°，个体也不需要每步都转 180°，因此对于多数实例 Γ 在小于式（3.5）或式（3.6）所给定的下限时也可以成功围捕。

式（3.5）和式（3.6）在形式上分别与式（2.31）和式（2.27）一致，

但式（3.5）和式（3.6）所指的两最近邻有可能是存在非凸静态障碍物的环境，而式（2.31）和式（2.27）没有包含这一情况，因此式（3.5）和式（3.6）分别进一步扩大了式（2.31）和式（2.27）的适用范围。

此外，对于满足循障条件的障碍物环境中系统的稳定性分析，需指出只要循障机器人可以保持对目标位置的即时更新（可以通过自己感知或同伴的通信来获得目标的即时位置），就可以安全避开非凸障碍物，之后只要机器人时间步长 Γ 满足式（3.5）或式（3.6），则系统同样是稳定的。退一步讲，对于循障机器人如果失去了对目标的感知或同伴的通信来感知目标位置而走失了，如果走失个数较少，因为群机器人一般是比较多的，也不会影响系统的稳定性，这也体现群机器人系统良好的稳健性。

3.5　无障碍物环境下仿真与分析

为了与文献［5］作对比分析，本节和下一节分别考虑无障碍物环境下和未知复杂环境下群机器人对于 3.2.2 节构建的目标进行围捕。系统参数设置如表 3.1 所列，表 3.2 是机器人避碰/避障参数值，表 3.3 是目标和动态障碍物的避障参数值。

第一个仿真环境中无障碍物。表 3.4 为群机器人初始位置。本仿真中 Γ 为 0.5s，小于根据系统参数表 3.1 和式（3.6）所计算的 Γ 下限值 0.7416s，因为猎物并不是每步都转向，所以也可以成功围捕。

表 3.1　围捕系统参数值

参数	c_1	c_2	d_1	1	c_r/m	p_r^T/m	s_r^H/m	s_r^T/m	ρ_h
数值	0.9	2.9	4.5	10	6.5	4.6	20	8.5	2.8
参数	ρ_t	ε_1	ε_2	v_ω^T /(m·s^{-1})	v_m^T /(m·s^{-1})	v_m^H /(m·s^{-1})	a_m^H /(m·s^{-2})	ω_m^H /(rad·s^{-1})	ω_{am}^H /(rad·s^{-2})
数值	6	0.009	0.4	0.3	1.5	1.5	30	7.0	170

表 3.2　围捕机器人避碰/避障参数值

参数	a_{dis}^1	a_{dis}^2	a_{dis}^3	d_2^1	d_2^2	d_2^3	f_{dis}/m
数值	1.2	2	$15\Gamma v_\omega^U$	1	1.8	1.8	2

表 3.3　目标和动态障碍物的避障参数值

参数	a_r^S/m	a_r^U/m	d_3	d_4	ρ_s	ρ_u
数值	1. 3	$15\Gamma v_\omega^U$	2. 2	2. 2	6. 5	6. 5

表 3.4　仿真 1 中群机器人初始位置坐标

坐标	t_1	h_1	h_2	h_3	h_4	h_5	h_6	h_7	h_8	h_9	h_{10}	h_{11}	h_{12}
X/m	-3. 0	-11. 0	-12. 0	-2. 05	-13. 0	2. 5	0. 1	-2. 1	-4. 1	-3. 1	-0. 6	-5. 4	-7. 1
Y/m	2. 0	-6. 0	-7. 0	-4. 6	-8. 0	-0. 8	-1. 8	-6. 4	-1. 5	-3. 6	-3. 1	-4. 2	-2. 9

3.5.1 仿真结果

群机器人围捕仿真轨迹如图 3.3 所示，其中，虚线圆周代表有效围捕圆周，

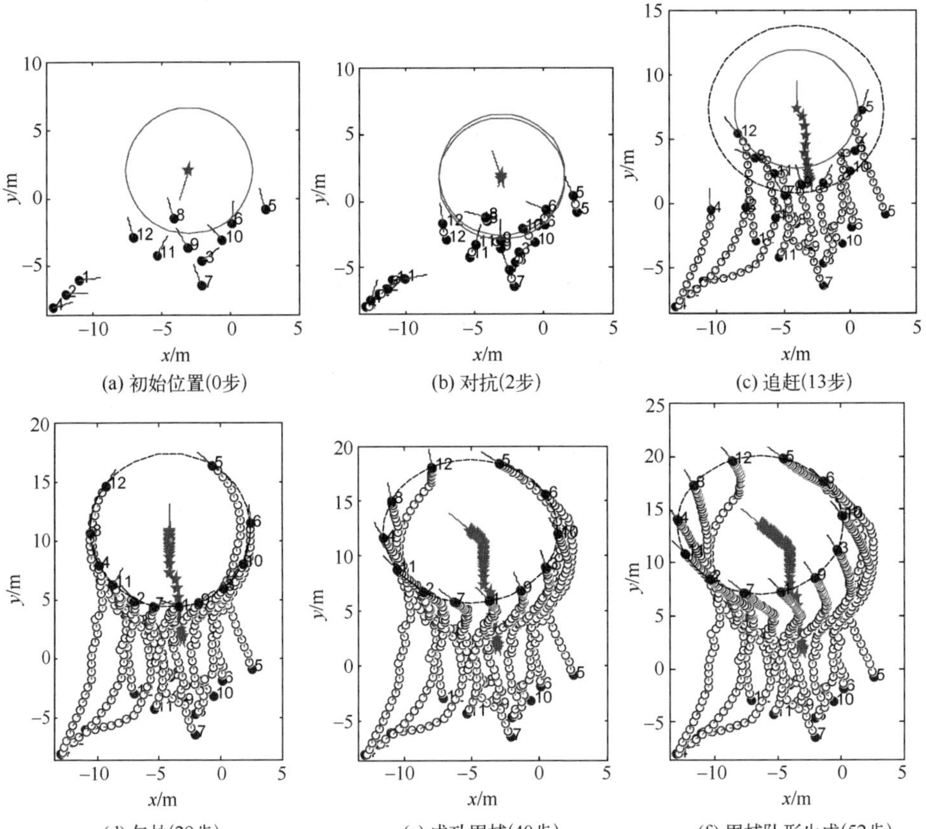

(a) 初始位置(0步)　(b) 对抗(2步)　(c) 追赶(13步)

(d) 包抄(29步)　(e) 成功围捕(40步)　(f) 围捕队形生成(52步)

图 3.3　无障碍物环境下群机器人自组织围捕

实线圆周内部代表猎物势域。如图 3.3（d）中的 h_{12} 和 h_5 为涌现出的 Leader（图中用 12，5 表示）。本仿真中处理了两个最近邻在目标方向上时的特殊情况，如图 3.3（a）中 h_1、h_2 和 h_4 所示（图中用 1，2，4 表示），而 LP-rule 没有处理。

具体围捕过程与第 2 章中 2.5 节的图 2.3 基本一致，不同的是本仿真中没有驱赶过程。没有驱赶过程的原因是这样的，在追赶结束时即 13 步时，在猎物势域内没有围捕机器人个体，猎物感觉威胁解除，于是准备减速逃离。

3.5.2　偏差收敛分析

1）目标距离偏差分析

图 3.4 中围捕机器人在有效围捕圆周内外运动的轨迹与第 2 章 2.5.2 节的图 2.4 基本一致。而在文献［5］中始终只是在收敛圆域外运动。另外，本仿真中达到稳态的时间与第 2 章 2.5.2 节的图 2.4 也基本一致。具体的收敛过程与第 2 章 2.5.2 节的图 2.4 也基本一致。

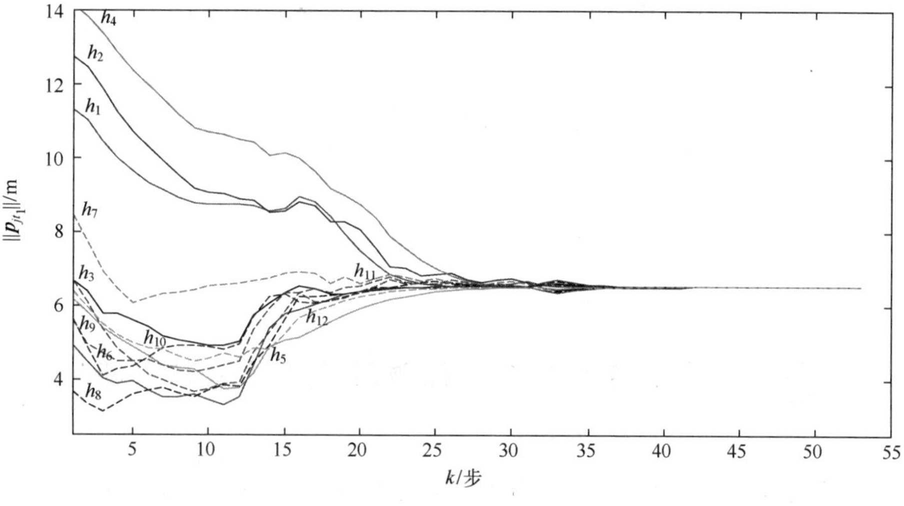

图 3.4　目标距离偏差

2）近邻对象合力偏差分析

本章同样采用 f_{abj} 来分析群体达到理想围捕队形过程中的特点。图 3.5 中，$f_{abj}<0$ 表示 h_j 实际运动方向 $\theta_j(t)$ 向其左边偏转，反之表示 $\theta_j(t)$ 向其右边偏转。由图 3.5 可知大约 41 步之后，所有个体的 f_{abj} 逼近于 0，而涌现出来的 Leaders，h_5 和 h_{12} 震荡最小，振荡最剧烈的是相对于 Leaders 最远的 h_1 和 h_7，此特点与文

献［5］一致，也与第 2 章 2.5 节的图 2.5 一致。由图 3.5 可知机器人判定自己是否为 Leader 的条件同样是偏差值出现一个较大值后近似单调逐步衰减(这与文献［5］正好相反，与第 2 章中判定条件一致)。

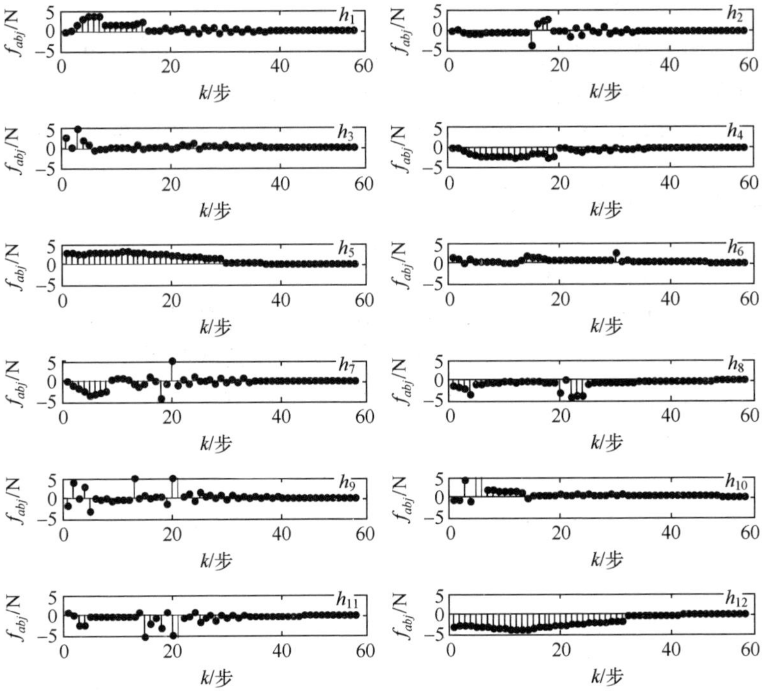

图 3.5　近邻对象合力偏差

3.6　未知动态非凸障碍物环境下仿真与分析

本节考虑未知复杂环境，用于测试所提算法的可扩展性、稳健性、灵活性和避障性能。群机器人初始状态坐标如表 3.5 所列。Γ 为 0.78s，大于由系统参数表 3.1 和式（3.5）所计算的 Γ 下限值 0.7416s。

表 3.5　仿真 2 中群机器人初始位置坐标

坐标	t_1	h_1	h_2	h_3	h_4	h_5	h_6
X/m	-3.0	3.5	6.6	-1.1	-4.1	-5.4	-7.1
Y/m	2.0	-5.5	-2.5	-2.3	-1.5	-6.4	-1.9

仿真轨迹如图 3.6 所示，其运动过程及原因整体上与第一个仿真相似。不

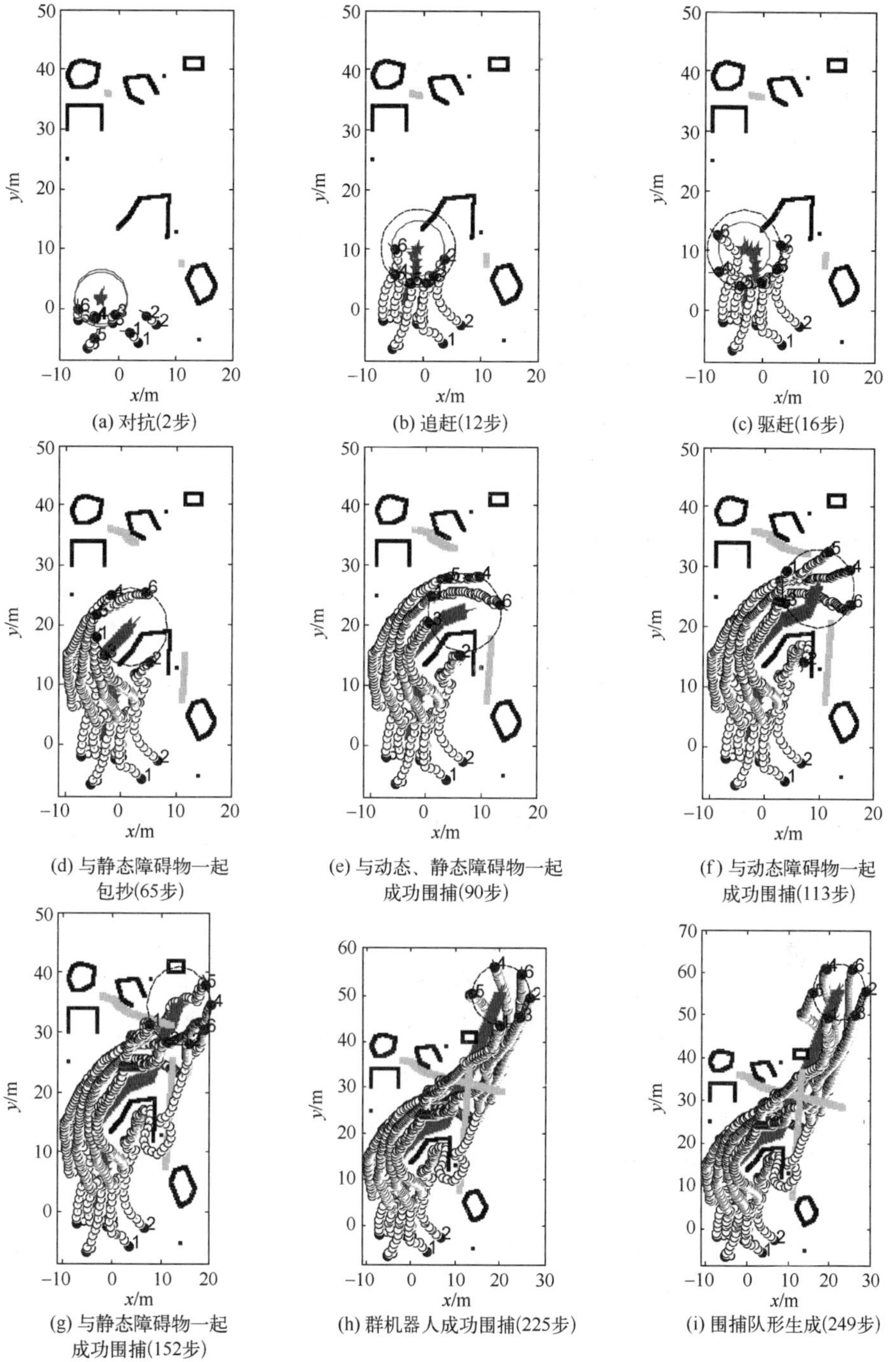

(a) 对抗(2步)　(b) 追赶(12步)　(c) 驱赶(16步)

(d) 与静态障碍物一起包抄(65步)　(e) 与动态、静态障碍物一起成功围捕(90步)　(f) 与动态障碍物一起成功围捕(113步)

(g) 与静态障碍物一起成功围捕(152步)　(h) 群机器人成功围捕(225步)　(i) 围捕队形生成(249步)

图 3.6　未知非凸复杂环境下群机器人自组织围捕

同的是本仿真多了驱赶过程（图3.6（c）），另外还多了与动态、静态障碍物一起成功围捕，与动态障碍物一起成功围捕和与静态障碍物一起成功围捕等过程，如图3.6中的（e）、（f）和（g）所示。

仿真中，基于SVF-Model的循障算法成功避开非凸障碍物的过程是这样的，在包抄过程中，h_2不幸陷入了近似U形非凸障碍物中，但是仍然使自己在目标的有效围捕圆周附近运动，但随着目标向右上方逃离后，h_2离有效围捕圆周越来越远，而其受到的虚拟力使其在110步之时满足了循障条件，根据此时$\cos(\gamma_{y'})$值确定了右方循障状态进行循障。在循障过程中按照循障算法尽可能与最近障碍物保持距离f_{dis}并尽可能以最大速度v_{m}^{H}运动，因而这里出现加速现象，然而这里的加速并不异常。在128步时满足循障结束条件后采取围捕控制方法运动，迅速加入围捕队形中，如图3.6（g）所示。而当h_2不在围捕队形中时，剩下的群体仍能自组织围捕目标，如图3.6（f）所示。对于较难避开的凸形障碍物同样可以采取循障算法来避障，对于较易避开的凸形、非凸和动态障碍物，主要依据式（2.4）避障。

本仿真涌现出了众多Leaders，按出现顺序分别是h_6、h_3、h_5和h_1，如图3.6中的（d）、（e）和（f）所示。本仿真体现本章算法除了与基于LP-Rule的方法一样具有良好的稳健性、可扩展性，还具有较好的避碰/避障性能和灵活性，而LP-Rule根本没有考虑如何避障。

3.7 本章基于SVF-Model的围捕算法与其他算法的比较分析

本章基于SVF-Model的围捕算法与基于LP-Rule的围捕算法相比优势如下：

（1）第2章算法与基于LP-Rule的围捕算法相比的优势，本章算法同样具有；

（2）本章算法还可以循障静态非凸障碍物和较难避开的静态凸障碍物，而基于LP-Rule的围捕算法没有考虑避障；

（3）本章算法比基于LP-Rule的围捕算法具有更好的灵活性。

基于SVF-Model的围捕算法与第2章基于SVF-Model的围捕算法相比优势如下：

（1）本章考虑了如何避开静态非凸障碍物，而第2章围捕算法没有考虑；

（2）本章算法同样可以循障较难避开的静态凸障碍物，但第2章围捕算法的避障能力有限；

（3）本章算法的灵活性优于第2章算法的灵活性。

3.8 本章小结

本章研究未知动态非凸复杂环境下非完整移动群机器人自组织协作围捕问题，在第 2 章简化虚拟受力模型的基础上，设计了静态非凸障碍物循障算法，它也适用于对不易避开的凸障碍物的循障，由仿真验证了其避障效果，并对循障过程进行了详细分析。在理论上分析了整个围捕系统的稳定性，给出了稳定性条件，对系统参数设置有较好的指导作用。验证了基于简化虚拟受力模型并具有循障算法的围捕算法具有更好的灵活性。最后给出了本章基于 SVF-Model 的围捕算法与其他围捕算法的比较分析[7-8]。

参考文献

[1] ŞAHIN E. Swarm robotics: from sources of inspiration to domains of application [J]. Lecture Notes in Computer Science, 2005: 10-20.

[2] THRUN S, BURGARD W, FOX D. Probabilistic robotics [M]. Cambridge, Massachusetts, USA: MIT Press, 2005.

[3] XU W B, CHEN X B, ZHAO J, et al. A Decentralized method using artificial moments for multi-robot path-planning [J]. International Journal of Advanced Robotic Systems, 2013, 10 (24): 1-12.

[4] MURO C, ESCOBEDO R, SPECTOR L, et al. Wolf-pack (canis lupus) hunting strategies emerge from simple rules in computational simulations [J]. Behavioural Processes, 2011, 88 (3): 192-197.

[5] HUANG T Y, CHEN X B, XU W B, et al. A self-organizing cooperative hunting by swarm robotic systems based on loose-preference rule [J]. Acta Automatica Sinica, 2013, 39 (1): 57-68.

[6] 蔡自兴，肖正，于金霞．基于激光雷达的动态障碍物实时检测 [J]．控制工程，2008，15 (2): 200-203.

[7] 张红强，章兢，周少武，等．基于简化虚拟受力模型的未知复杂环境下群机器人围捕 [J]．电子学报，2015，43 (4): 665-674.

[8] 张红强．基于简化虚拟受力模型的群机器人自组织协同围捕研究 [D]．长沙：湖南大学，2016.

第 4 章
未知动态变形障碍物环境下群机器人自组织协作围捕

4.1 引　言

在第 3 章中设计了基于简化虚拟受力模型的非凸障碍物循障算法，实现了包含非凸静态障碍物的复杂环境下非完整移动群机器人自组织协作围捕。为了进一步提高基于简化虚拟受力模型的群机器人围捕适应于不同环境的灵活性，以及可扩展性，本章研究在未知动态变形障碍物复杂环境下的非完整移动群机器人自组织协作围捕。目前现有文献中，很少有涉及在动态变形障碍物环境中用群机器人进行围捕的研究。

在包含动态变形障碍物、非凸静态障碍物，以及凸障碍物的复杂环境下群机器人进行围捕的挑战在于，当有围捕机器人个体陷入动态变形障碍物时，如何根据最少的近邻位置信息和目标位置信息实现对一边作平移运动一边做旋转运动的动态变形障碍物的循障；当有效围捕圆周上的机器人数量饱和时，其余的机器人如何运动；在整个复杂环境中，群机器人整体又该如何进行在避障的同时保持好围捕队形。

本章根据包含未知动态变形障碍物的复杂环境中群体围捕的运动特点，基于目标点，以及最近邻两个对象（有可能是机器人、动态变形障碍物、静态非凸或凸障碍物等）的位置信息，在第 2 章简化虚拟受力模型的基础上，设计了围捕控制算法和动态变形障碍物循障算法，使得群机器人可以在包含动态变形等复杂障碍物环境中做到良好避障并保持围捕队形。在理论上对系统的稳定性进行分析，给出系统稳定的条件，使得整个围捕系统易于设置参数，进一步提高围捕系统的灵活性、避障性能，以及可扩展性，便于实际应用。

4.2 模型构建

4.2.1 群机器人运动模型及相关函数

m 个完全相同的非完整移动轮式机器人组成围捕群机器人，个体与第 2 章中所用模型一致，如图 2.1 所示。纯粹转动不打滑的机器人 h_j 的运动学方程与式（2.1）一致。

围捕过程中目标和对象（包括机器人、静态或动态障碍物）的施力函数分别为式（2.5）和式（2.6）。对于不满足循障条件的障碍物，给定仿生智能避障映射函数如式（2.4）所示。

假设有向线 l_i 和 l_j 的方向角分别是 γ_i 和 γ_j，为了确定两有向线之间的角度，按式（2.3）计算从 l_i 到 l_j 的角 γ_{ij}[1]。

4.2.2 围捕任务模型

本章同样基于狼群围捕进行研究[2-3]，其捕食过程是：目标锁定、对抗、追捕和围捕成功[3]。目标和动态障碍物的数学模型构建如下。

围捕环境与定义 2.1 描述基本一致，不同之处在于静态障碍物 $S=\{s_j:j=1,2,\cdots,\alpha\}$ 中包含了非凸障碍物；动态障碍物 $U=\{u_j:j=1,2,\cdots,\beta\}$ 中包含了动态非凸变形障碍物、动态凸变形障碍物、动态非凸非变形障碍物，以及动态凸非变形障碍物等。注意，这里的围捕机器人只需要识别动态障碍物和静态障碍物[4]，不需要区分非凸和凸、变形和非变形障碍物。

围捕环境中势的描述与势角的计算与 2.2.2 节定义 2.2 基本一致，不同之处是 $P_S=\{\rho_{s_j}\}$ 原来表示静态障碍物势不包含非凸静态障碍物的势，这里的静态障碍物包含了非凸静态障碍物；$P_U=\{\rho_{u_j}\}$ 是动态障碍物势，这里的动态障碍物包含了动态非凸变形障碍物、动态凸变形障碍物、动态非凸非变形障碍物，以及动态凸非变形障碍物等。势角的计算公式与式（2.7）一致。由上述描述和式（2.7）给定复杂环境下目标的运动方程为式（2.8）。

本章给出了包含非凸静态障碍物和动态变形障碍物环境下相关的参数，这与文献［3］不同。此外本章给定了动态变形障碍物复杂环境下势角的计算以及目标的运动方程。

4.3 围捕算法

本章围捕研究机器人个体在未知动态变形障碍物复杂环境中，如何根据其周边对象和猎物自主确定其运动，避开动或静态、非凸或凸、变形或非变形障碍物并保持围捕队形，而且在有限时间内以一定精度均匀分布在猎物的有效围捕圆周上。本章在第 2 章提出的简化虚拟受力的自主运动模型的基础上，给出动态变形障碍物循障算法和围捕算法，使得整个群体实现复杂环境下的自组织围捕。

4.3.1 简化虚拟受力模型

本章所用的简化虚拟受力模型与定义 2.3 中描述基本一致，不同之处在于两最近邻对象 O_{aj}、O_{bj}除了有可能是机器人、静态非凸和凸障碍物，还有可能是动态非凸变形障碍物、动态凸变形障碍物、动态非凸非变形障碍物，以及动态凸非变形障碍物等。简化虚拟受力模型图请参阅图 2.2。

当目标静止时 h_j 的需求速度 $\boldsymbol{v}_{x'y'j}$为式（2.10）。其中，$f_{t_1j}(\|\boldsymbol{p}_{jt_1}\|)$是目标 t_1 的施力函数按式（2.5）计算，$f_{abj}=f_{aj}(\|\boldsymbol{p}_{aj}\|)\cdot\phi(\cos(\gamma_{fajx'}))+f_{bj}(\|\boldsymbol{p}_{bj}\|)\cdot\phi(\cos(\gamma_{fbjx'}))$，$f_{aj}(\|\boldsymbol{p}_{aj}\|)$和$f_{bj}(\|\boldsymbol{p}_{bj}\|)$分别是两对象 O_{aj}、O_{bj}的施力函数，按式（2.6）计算。同时，可将$\boldsymbol{f}_{abj}$，$\boldsymbol{f}_{t_1j}$直接等效为 h_j 在 x'轴方向的速度 $\boldsymbol{v}_{x'j}$和 y'轴方向速度 $\boldsymbol{v}_{y'j}$，则存在关系 $\boldsymbol{v}_{x'j}=\boldsymbol{f}_{abj}$，$\boldsymbol{v}_{y'j}=\boldsymbol{f}_{t_1j}$，$\boldsymbol{v}_{x'y'j}=\boldsymbol{v}_{x'j}+\boldsymbol{v}_{y'j}$。

4.3.2 基于简化虚拟受力模型的个体控制输入设计

设 θ_{je}是期望运动方向，t_{ntj}是 h_j 转至期望运动方向 θ_{je}所需时间，Γ 是运行周期，未知复杂环境中围捕时各机器人 h_j 即式（2.1）的运动控制输入为：

当 $\Gamma\leqslant t_{ntj}$时，按式（2.11）控制运动，即机器人只进行转向；

当 $\Gamma>t_{ntj}$时，按式（2.12）控制运动。此时，机器人的运动策略是先转至期望运动方向 θ_{je}再根据实际可达速度 v_{jf}运动。

为了确定 $\boldsymbol{v}_{jf}$，还需要计算 $\boldsymbol{v}_{je}$，下面说明$\|\boldsymbol{v}_{je}\|$和 θ_{je}的确定。当处于循障状态时，设简化虚拟受力模型中$\|\boldsymbol{p}_{aj}\|<\|\boldsymbol{p}_{bj}\|$，$f_{\text{dis}}$为循障运动时与 O_{aj}之间的距离，按机器人循障动态变形障碍物算法流程图 4.1 确定 h_j 整体期望速度$\|\boldsymbol{v}_{je}\|$和 θ_{je}，从而避开最近邻对象（如机器人、动态变形障碍物、非凸静态障碍物和较难

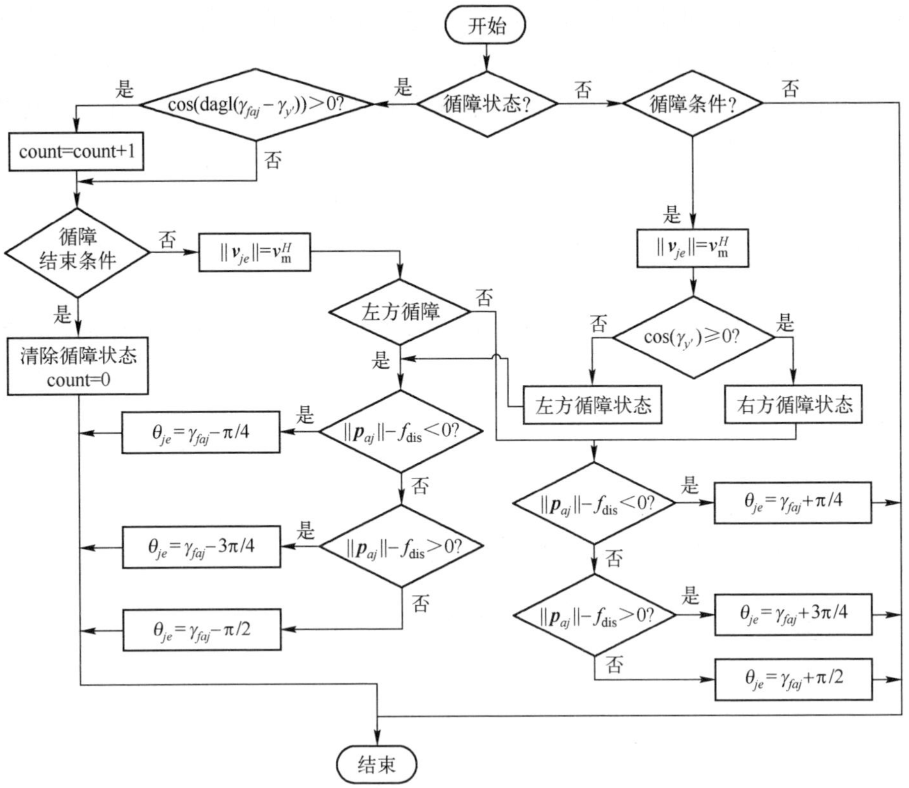

图 4.1　机器人循障动态变形障碍物算法流程图

避开的凸障碍物)，即 O_{aj}、O_{bj} 可以为机器人或障碍物，循障条件是 $\|\boldsymbol{p}_{aj}\|\leqslant\|\boldsymbol{p}_{bj}\|<f_{\mathrm{dis}}$ 且 $\|\boldsymbol{p}_{ab}\|<2f_{\mathrm{dis}}$，循障结束条件是 $\cos(\mathrm{dagl}(\gamma_{faj}-\gamma_{y'}))>0$ 出现三次(count>2）或 $\|\boldsymbol{p}_{jt_1}\|-c_{\mathrm{r}}<-1$ 或 $\|\boldsymbol{p}_{aj}\|>f_{\mathrm{dis}}$ 且 $\|\boldsymbol{p}_{ab}\|>2f_{\mathrm{dis}}$。$\cos(\mathrm{dagl}(\gamma_{faj}-\gamma_{y'}))>0$ 出现三次可以防止因在 U 形障碍物夹角处刚满足循障条件就又满足了循障结束条件从而误判退出循障。$\|\boldsymbol{p}_{jt_1}\|-c_{\mathrm{r}}<-1$ 则是说明当机器人循障进入了有效围捕圆周则要及时按围捕控制算法来运动以防被猎物损坏。$\|\boldsymbol{p}_{aj}\|>f_{\mathrm{dis}}$ 且 $\|\boldsymbol{p}_{ab}\|>2f_{\mathrm{dis}}$ 则说明当两最近邻障碍物之间距离大于两倍的 f_{dis} 并且离最近邻大于 f_{dis} 则立即停止循障，快速按围捕控制算法来运动从而可以使脱离围捕队形的机器人快速加入围捕队形。循障过程中机器人个体需要尽量与障碍物保持距离 f_{dis}，如果靠近了或远离了障碍物上 O_{aj} 点，则以与直线（包含 h_j 和 O_{aj} 两点）相垂直的线夹角为 π/4 的角度远离或靠近障碍物，这个角度的选择既要做到快速循障又要做到快速远离障碍物，虽然这是对动态非凸或凸障碍物循障时要满足的特点，但同样适用于静态非凸和较难避开的凸障碍物的循障，当然对静态障碍物

循障时，这个角度不是最优的。这也说明本章提出的循障算法相比第 3 章提出的循障算法适应范围更广。

如果处于非循障状态并且不满足循障条件或已结束循障状态，则 $\boldsymbol{v}_{je}$、θ_{je} 按式（2.13）来确定。

无论是否处于循障状态，t_{ntj} 和 v_{jf} 都按式（2.14）~式（2.17）计算。

4.3.3 围捕算法流程图

根据 4.2.2 节构建的围捕环境和由式（2.8）构建的围捕目标 t_1 的运动数学方程，基于简化虚拟受力模型的未知非凸动态变形障碍物环境下的群机器人围捕算法流程图如图 4.2 所示。

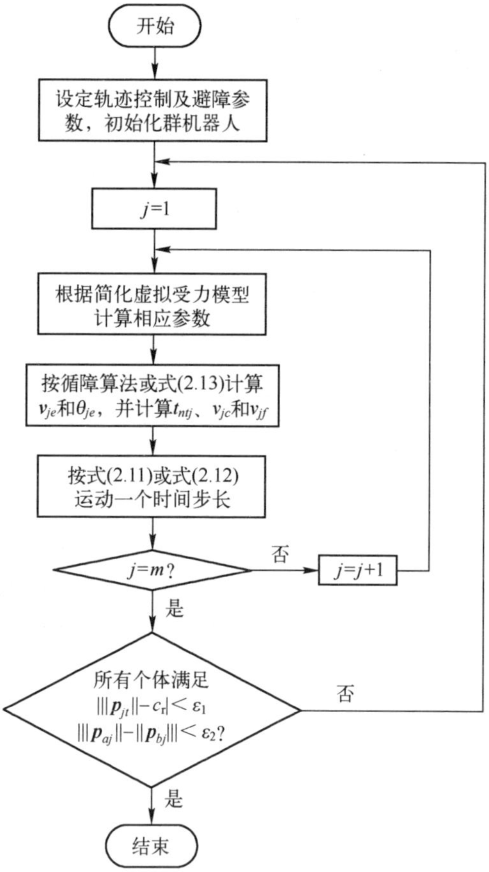

图 4.2　群机器人围捕算法流程图

4.4 稳定性分析

本章同样借鉴文献［3］所用稳定性分析方法。为了推导算法在不满足循障条件的环境中收敛时所满足的条件，系统偏差分解为目标距离偏差 $\delta_{jy'}=\|\boldsymbol{p}_{jt_1}\|-c_{\mathrm{r}}$[3] 和两个最近邻机器人距离偏差 $\delta_{jabx'}=(s_{fajx'}\|\boldsymbol{p}_{aj}\|+s_{fbjx'}\|\boldsymbol{p}_{bj}\|+d_{jo})/2$，其中，$s_{fajx'}=\mathrm{sgn}(-\cos(\gamma_{fajx'}))$，$s_{fbjx'}=\mathrm{sgn}(-\cos(\gamma_{fbjx'}))$，$\mathrm{sgn}(\cdot)$ 为符号判断函数，$d_{jo}=-s_{fajx'}\|\boldsymbol{p}_{ajox'}\|-s_{fbjx'}\|\boldsymbol{p}_{bjox'}\|$，$\|\boldsymbol{p}_{bjox'}\|$和$\|\boldsymbol{p}_{ajox'}\|$是 h_j 在以 O_{bj}和 O_{aj}为左右两个最近邻时受力平衡点 h_{jo}到 O_{bj}和 O_{aj}之间的距离，如果以 h_j 左边近邻为 O_{bj}，h_j 右边近邻为 O_{aj}，$\|\boldsymbol{p}_{bjox'}\|$和$\|\boldsymbol{p}_{ajox'}\|$满足有效围捕圆周上三角形角边之间的关系，即式（2.28）并具有唯一解。本章目标距离偏差 $\delta_{jy'}$的定义与第 2 章、第 3 章中 $\delta_{jy'}$的定义在形式上是一致的，与第 2 章和第 3 章不同的是，本章的系统偏差分解是在存在动态非凸变形障碍物、动态凸变形障碍物、动态非凸非变形障碍物，以及动态凸非变形障碍物等环境下进行的；本章两个最近邻机器人距离偏差 $\delta_{jabx'}$所指的两个最近邻 O_{aj}、O_{bj}有可能是上述障碍物，而第 2 章、第 3 章中 $\delta_{jabx'}$所指的两个最近邻 O_{aj}、O_{bj}没有包含这些障碍物。

当 $\delta_{jy'}=0$，$\delta_{jabx'}=0(j=1,2,\cdots,m)$时，围捕理想队形形成。因此，欲获取自组织围捕系统的稳定性条件，只需要推导 $\delta_{jy'}\to 0$，$\delta_{jabx'}\to 0(j=1,2,\cdots,m)$时系统所需满足的条件。

将上述系统偏差定义离散化可得

$$\delta_{jy'}(k)=\|\boldsymbol{p}_{jt_1}(k)\|-c_{\mathrm{r}}\quad (j=1,2,\cdots,m)$$

$$\delta_{jabx'}(k)=(s_{fajx'}(k)\|\boldsymbol{p}_{aj}(k)\|+s_{fbjx'}(k)\|\boldsymbol{p}_{bj}(k)\|+d_{jo}(k))/2\quad (j=1,2,\cdots,m)$$

式中：$s_{fajx'}(k)=\mathrm{sgn}(-\cos(\gamma_{fajx'}(k)))$；$s_{fbjx'}(k)=\mathrm{sgn}(-\cos(\gamma_{fbjx'}(k)))$；$d_{jo}(k)=-s_{fajx'}(k)\|\boldsymbol{p}_{ajox'}(k)\|-s_{fbjx'}(k)\|\boldsymbol{p}_{bjox'}(k)\|$。

令动态扰动 $v_{t_1}\equiv 0$，基于简化虚拟受力模型，在不考虑机器人本身物理限制条件下（如角速度和线速度等的约束），每一步按期望的速度和方向来运动，$v_{y'j}$和 $v_{x'j}$的离散化形式 $v_{y'j}(k)$、$v_{x'j}(k)$分别为

$$v_{y'j}(k)=f_{tyj}(k)=c_1(\|\boldsymbol{p}_{jt_1}\|-c_{\mathrm{r}})+c_2(n_c<l)\tag{4.1}$$

$$\begin{aligned}v_{x'j}(k)&=f_{abj}(k)\\&=f_{aj}(\|\boldsymbol{p}_{aj}(k)\|)\cdot\phi(\cos(\gamma_{fajx'}(k)))+f_{bj}(\|\boldsymbol{p}_{bj}(k)\|)\cdot\phi(\cos(\gamma_{fbjx'}(k)))\end{aligned}\tag{4.2}$$

因此得到个体的自主运动偏差方程：

$$\delta_{jy'}(k+1)=\delta_{jy'}(k)-v_{y'j}(k)\Gamma \tag{4.3}$$

$$\delta_{jabx'}(k+1)=\delta_{jabx'}(k)-v_{x'j}(k)\Gamma \tag{4.4}$$

与第 2 章、第 3 章不同的是，式（4.1）~式（4.4）均是在存在动态非凸变形障碍物、动态凸变形障碍物、动态非凸非变形障碍物，以及动态凸非变形障碍物等环境下给定的相应方程。而且式（4.2）和式（4.4）中所指的两最近邻 O_{aj}、O_{bj}有可能是上述这些障碍物。

4.4.1 基本定理

定理 4.1 在不满足循障条件的动态变形障碍物环境中，如果所有机器人满足 $n_c \geqslant l$、$0<c_1\Gamma<2$ 和式（4.3），则系统原点平衡状态即 $\boldsymbol{\Delta}_{y'}(k)=(\delta_{1y'},\delta_{2y'},\cdots,\delta_{my'})^{\mathrm{T}}=0$ 为大范围渐近稳定。

定理 4.1 的推导过程与定理 3.1 相同，这里不再重复。定理 4.1 的表述与定理 3.1 的表述基本一致，不同的是定理 4.1 中的不满足循障条件的障碍物环境中可以包含非凸动态变形或非变形障碍物，以及凸动态变形或非变形障碍物等，而定理 3.1 中所指的障碍物环境中不包括这些。由此说明定理 4.1 进一步扩大了定理 3.1 所给出的系统原点平衡状态即 $\boldsymbol{\Delta}_{y'}(k)=0$ 为大范围渐近稳定的条件的适用范围，说明了定理 3.1 给出的稳定条件适用于存在不满足循障条件的动态变形障碍物等的环境中。另外，定理 4.1 的稳定性分析结论同样适用于无障碍物环境，其原因与对定理 3.1 的说明一致。

由定理 4.1 可知群体中所有机器人最终将收敛到以目标为中心，c_{r}为半径的圆周上，如果要实现均匀分布，还要考虑当$|\,\|\boldsymbol{p}_{jt_1}(k)\|-c_{\mathrm{r}}\,|<\varepsilon_1(j=1,2,\cdots,m)$时 $\delta_{jabx'}(k)$即式（4.4）的收敛性。

定理 4.2 在不满足循障条件的动态变形障碍物环境中，如果每个机器人满足 $0<\Gamma d_1\mu<2$ 和式（4.4），则系统原点平衡状态即 $\boldsymbol{\Delta}_{abx'}(k)=(\delta_{1abx'},\delta_{2abx'},\cdots,\delta_{mabx'})^{\mathrm{T}}=0$ 为大范围渐近稳定，其中，$\mu=\max\mu_j(k)$，

$$\mu_j(k)=[\phi(\cos(\gamma_{fajx'}(k)))/((\|\boldsymbol{p}_{aj}(k)\|/a^{i}_{\mathrm{dis}})^{d^{i}_{2}})+\phi(\cos(\gamma_{fbjx'}(k)))/((\|\boldsymbol{p}_{bj}(k)\|/a^{i'}_{\mathrm{dis}})^{d^{i'}_{2}})]/\delta_{jabx'}(k)>0$$

$$(j=1,\cdots,m;\ n\geqslant 1,k=0,1,\cdots,n;\ i=1,2,3;\ i'=1,2,3)$$

定理 4.2 的推导过程与定理 3.2 相同，这里不再重复。定理 4.2 的表述与定理 3.2 的表述基本一致，不同的是定理 4.2 中的不满足循障条件的障碍物环境中可以包含非凸动态变形或非变形障碍物，以及凸动态变形或非变形障碍

物，而定理 3. 2 中所指的障碍物环境中不包括这些。但定理 4. 2 与定理 3. 2 给出的系统原点平衡状态即 $\boldsymbol{\Delta}_{abx'}(k)=0$ 为大范围内渐近稳定的充分条件是一致的，说明定理 4. 2 进一步扩大了定理 3. 2 给出的稳定性条件的适用范围。

在不满足循障条件的障碍物环境中目标静止时，同时满足定理 4. 1 和定理 4. 2，即 $0<\Gamma<\min(2/c_1, 2/(d_1\mu))$，虽然由于实际物理系统（如速度和加速度）的限制会使收敛速度变慢，但在有限时间内可使围捕机器人以一定精度收敛在有效围捕圆周上且呈受力平衡的围捕队形，即不一定呈均匀分布，但系统是稳定的。对定理 3. 1 和定理 3. 2 的参数分析同样适用于这里。另外，如果 $a_{\mathrm{dis}}^1=a_{\mathrm{dis}}^2=a_{\mathrm{dis}}^3$ 并且 $d_2^1=d_2^2=d_2^3$ 或者在无障碍物环境中，则 $\|\boldsymbol{p}_{ajox'}(k)\|=\|\boldsymbol{p}_{bjox'}(k)\|$，$d_{jo}(k)=0$，定理 4. 2 的结果则变为定理 4. 3 的形式，即为如下所描述。

定理 4. 3　在不满足循障条件的动态变形障碍物环境中并且 $a_{\mathrm{dis}}^1=a_{\mathrm{dis}}^2=a_{\mathrm{dis}}^3$、$d_2^1=d_2^2=d_2^3$ 或无障碍物环境下，如果所有机器人满足式（4. 4）并且 $0<\Gamma d_1(a_{\mathrm{dis}}^1)^{d_2^1}\mu'<2$，则系统原点平衡状态即 $\boldsymbol{\Delta}_{abx'}(k)=(\delta_{1abx'},\delta_{2abx'},\cdots,\delta_{mabx'})^{\mathrm{T}}=0$ 为大范围渐近稳定，
其中

$$\mu'=\max\mu_j'(k)$$

$$\mu_j'(k)=[\phi(\cos(\gamma_{fajx'}(k)))/(\|\boldsymbol{p}_{aj}(k)\|^{d_2^1})+\phi(\cos(\gamma_{fbjx'}(k)))/(\|\boldsymbol{p}_{bj}(k)\|^{d_2^1})]/\delta_{jabx'}(k)>0$$

$$(j=1,2,\cdots,m;\ n'\geqslant 1,\ k=0,1,\cdots,n')$$

由于定理 4. 3 的推导过程与定理 4. 2 相似，这里省去。定理 4. 3 与定理 3. 3 给出系统原点平衡状态即 $\boldsymbol{\Delta}_{abx'}(k)=0$ 为大范围内渐近稳定的充分条件是一致的，而定理 4. 3 适用的不满足循障条件的障碍物环境比定理 3. 3 的更复杂，说明了定理 4. 3 进一步扩大了定理 3. 3 给出的稳定性条件的适用范围。

上面是对于静止目标稳定性分析，而对于运动中的目标，要形成受力平衡的围捕队形，Γ 的一个下限是每一步运动的时间足够使个体旋转 180°而且还可以达到相当于猎物 v_{ω}^T 以上的速度运动一个时间步长的速度（但是不超过 v_{m}^H），即 $\Gamma>\max(t_{mit}, t_{mahv})$，其中，$t_{mit}$ 和 t_{mahv} 按式（2. 26）的求解结果来计算。将 $\Gamma>\max(t_{mit}, t_{mahv})$ 与上述定理 4. 1、定理 4. 2 结合即不满足循障条件的障碍物环境中目标静止时间步长限制 $0<\Gamma<\min(2/c_1, 2/(d_1\mu))$，可得动态目标以 v_{ω}^T 逃逸被成功围捕的一个充分条件为

$$\max(t_{mit}, t_{mahv}) < \Gamma < \min(2/c_1, 2/(d_1\mu)) \tag{4.5}$$

如果 $\Gamma > \max(t_{mit}, t_{mahv})$ 与上述定理 4.1、定理 4.3 结合，可得动态目标以 v_{ω}^{T} 逃逸被成功围捕的另一个特例的充分条件为

$$\max(t_{mit}, t_{mahv}) < \Gamma < \min(2/c_1, 2/(d_1(a_{\text{dis}}^{1})^{d_2^1}\mu')) \tag{4.6}$$

由于猎物在实际逃逸过程中并不是每一步都转 180°，个体也不需要每步都转动 180°，因此对于多数实例 Γ 在小于式（4.5）或式（4.6）所给定的下限时也可以成功围捕。

式（4.5）和式（4.6）在形式上分别与式（3.5）和式（3.6）一致，但式（4.5）和式（4.6）所指的两最近邻有可能是非凸动态变形或非变形障碍物以及凸动态变形或非变形障碍物等，而式（3.5）和式（3.6）没有包含这些情况，因此式（4.5）和式（4.6）分别进一步扩大了式（3.5）和式（3.6）的适用范围。

4.4.2 特殊情况 1

对于满足循障条件的含有静态非凸和凸障碍物环境中系统的稳定性分析，这里需要指出的是只要循障的机器人可以保持对目标位置的即时更新（可以通过自己感知或同伴的通信来获得目标的即时位置），循障机器人就可以安全避开非凸和凸障碍物，之后只要机器人时间步长 Γ 满足式（4.5）或式（4.6），则系统同样是稳定的。

退一步讲，对于循障的机器人如果失去了对目标的感知和同伴的通信来感知目标位置而走失了，如果走失个数较少，因为群机器人一般是比较多的，也不会影响系统的稳定性，这也体现群机器人系统良好的稳健性。

4.4.3 特殊情况 2

对于满足循障条件的动态变形障碍物环境中系统的稳定性分析，机器人要避开变形障碍物就要分析机器人与变形障碍物之间的运动特点，机器人与变形障碍物之间的运动分两种最极端的情况：一种是两者同向运动；另一种是两者相向运动。

在第一种情况中对于机器人来说最苛刻的状况是，机器人与障碍物很靠近，机器人需要转向 180°，再以与最大速度成 45°角远离障碍物，而障碍物则是以最大速度运动，这样可以确定一个对障碍物运动最大速度的限制。

在第二种情况中对于机器人来说最苛刻的状况是，机器人与障碍物之间距

离近似为 f_{dis}，作相向运动，机器人不用转向，而是迅速加速至最大速度与障碍物作相向运动，而障碍物一直在以最大速度运动。因此，这里同样对障碍物的最大速度有一个限制。

因此，只要满足了上述两种情况下的障碍物允许运动的速度最大值（取两种情况下的较小值作为障碍物速度最大值），只要障碍物的任何部分的线速度不大于该值，而不管其作何种运动，由于机器人在与当前障碍物点 O_{aj} 连线的垂直方向都有一个分量的速度并且始终保持对目标位置的更新，机器人都可以循障成功并最终加入围捕队形，这样整个系统都是稳定的。

为了确定动态变形障碍物的最大速度 v_{m}^{U}，根据 Γ 的取值，这里需要分三种情形进行讨论。首先定义 $t_{nt1}=\omega_{\mathrm{m}}^{H}/\omega_{\mathrm{am}}^{H}$，$t_{nt2}=[\pi-\omega_{\mathrm{am}}^{H}\cdot t_{nt1}{}^{2}/2]/\omega_{\mathrm{m}}^{H}$，$t_{nt}=t_{nt1}+t_{nt2}$，$\Gamma_{tnt}=\Gamma-t_{nt}$。

（1）当 $\Gamma_{tnt}\leqslant 0$ 时，因为此种情形下循障机器人除了转动没有时间使得其再做平移运动，则

$$v_{\mathrm{m}}^{U}=0 \tag{4.7}$$

（2）当 $0<\Gamma_{tnt}\leqslant v_{\mathrm{m}}^{H}/a_{\mathrm{m}}^{H}$ 时，v_{m}^{U} 可以由下式来确定：

$$v_{\mathrm{m}}^{U}=\min(v_{hol},v_{opl}) \tag{4.8}$$

式中：v_{hol} 和 v_{opl} 分别表示当 $0<\Gamma_{tnt}\leqslant v_{\mathrm{m}}^{H}/a_{\mathrm{m}}^{H}$ 时，动态变形障碍物与循障机器人一起作同向运动和相向运动时不发生碰撞情况下变形障碍物允许的最大速度。v_{hol} 和 v_{opl} 可以由下式（4.9）计算：

$$\begin{cases} v_{hol}=a_{\mathrm{m}}^{H}\Gamma_{tnt}^{2}\cos(\pi/4)/(2\Gamma) \\ v_{opl}=((f_{\mathrm{dis}}-a_{\mathrm{m}}^{H}\Gamma^{2}/2)/\Gamma)(\Gamma\leqslant v_{\mathrm{m}}^{H}/a_{\mathrm{m}}^{H})+((f_{\mathrm{dis}}-(a_{\mathrm{m}}^{H}(v_{\mathrm{m}}^{H}/ \\ \quad a_{\mathrm{m}}^{H})^{2}/2+v_{\mathrm{m}}^{H}(\Gamma-v_{\mathrm{m}}^{H}/a_{\mathrm{m}}^{H})))/\Gamma)(\Gamma>v_{\mathrm{m}}^{H}/a_{\mathrm{m}}^{H}) \end{cases} \tag{4.9}$$

（3）当 $\Gamma_{tnt}>v_{\mathrm{m}}^{H}/a_{\mathrm{m}}^{H}$ 时，v_{m}^{U} 由下式（4.10）计算：

$$v_{\mathrm{m}}^{U}=\min(v_{hob},v_{opb}) \tag{4.10}$$

式中：v_{hob} 和 v_{opb} 分别表示当 $\Gamma_{tnt}>v_{\mathrm{m}}^{H}/a_{\mathrm{m}}^{H}$ 时，动态变形障碍物与循障机器人一起作同向运动和相向运动时不发生碰撞情况下变形障碍物允许的最大速度。v_{hob} 和 v_{opb} 可以由下式（4.11）计算：

$$\begin{cases} v_{hob}=(a_{\mathrm{m}}^{H}(v_{\mathrm{m}}^{H}/a_{\mathrm{m}}^{H})^{2}/2+v_{\mathrm{m}}^{H}(\Gamma_{tnt}-v_{\mathrm{m}}^{H}/a_{\mathrm{m}}^{H}))\cos(\pi/4)/\Gamma \\ v_{opb}=(f_{\mathrm{dis}}-(a_{\mathrm{m}}^{H}(v_{\mathrm{m}}^{H}/a_{\mathrm{m}}^{H})^{2}/2+v_{\mathrm{m}}^{H}(\Gamma-v_{\mathrm{m}}^{H}/a_{\mathrm{m}}^{H})))/\Gamma \end{cases} \tag{4.11}$$

由以上可知，这里给出了机器人成功避开变形障碍物的一个充分条件。而这里的动态变形障碍物包括动态非凸和凸变形障碍物，该充分条件同样也适用

于动态非凸和凸非变形障碍物环境。另外需要说明的是，对于循障的机器人如果失去了对目标的感知或同伴的通信来感知目标位置而走失了，或者因变形障碍物的实际速度远大于上述结论中所给定的速度导致循障机器人循障过程中被障碍物损坏，如果走失或损坏个数较少，因为群机器人一般是比较多的，也不会影响系统的稳定性，这也体现群机器人系统良好的稳健性。

4.4.4 特殊情况3

对于机器人的近邻为机器人并满足循障条件时则要分几种情况来分析其稳定性。当循障发生在远离有效围捕圆周的地方时，由于被循障的是机器人，循障机器人可以保持对目标位置的更新并与被循障机器人保持一定的距离从而避免相碰，这样在循障过程中会因满足循障结束条件而退出循障状态进入围捕队形。即使由于机器人较多或环境复杂致使循障机器人没有退出循障状态或退出了又进入循障状态都不影响循障机器人结束循障状态之后的围捕运动。

当循障发生在有效围捕圆周附近时，理论上有效围捕圆周上可以容纳 $m=\lfloor 2\pi c_r/f_{dis} \rfloor$ 个机器人，$\lfloor \cdot \rfloor$ 表示向下取整数。这与循障机器人停止循障的条件（$\|\boldsymbol{p}_{aj}\|>f_{dis}$ 并且 $\|\boldsymbol{p}_{ab}\|>2f_{dis}$）有关。但实际上往往因为当机器人数量增多时，整体上协调起来困难增加，机器人由循障状态转入围捕状态达到有效围捕圆周的难度增加，从而有效围捕圆周上的机器人个数少于 $m=\lfloor 2\pi c_r/f_{dis} \rfloor$ 个机器人。①当 $0<m\leqslant\lceil 2\pi c_r/(2f_{dis}) \rceil$，此时机器人均可较容易地达到有效围捕圆周上，$\lceil \cdot \rceil$ 表示向上取整数。因为当 $0<m\leqslant\lfloor 2\pi c_r/(2f_{dis}) \rfloor$ 时，有效围捕圆周上存在足够大的空间允许增加一个机器人进入。②当 $\lceil 2\pi c_r/(2f_{dis}) \rceil<m\leqslant\lfloor 2\pi c_r/f_{dis} \rfloor$ 时，随着机器人的增多，机器人由循障状态较难进入围捕状态从而达到有效围捕圆周上，除了特殊情况下全部循障机器人会停止循障状态从而达到有效围捕圆周上以外，大多数情况下往往形成大部分机器人在有效围捕圆周上，较少部分机器人在有效围捕圆周外作循障运动，而这里的“障碍物”是指机器人。③当 $m>\lfloor 2\pi c_r/f_{dis} \rfloor$ 时，这时一定有一部分机器人在有效围捕圆周上，一部分机器人在有效围捕圆周外一直作循障运动，而这里的“障碍物”同样是机器人。由以上分析可知，针对不同的 m，系统总可以达到围捕的效果，即系统是稳定的并具有较好的可扩展性。

由定理4.1、定理4.2、定理4.3及各种特殊情况的分析可以推断出整个围捕群机器人系统无论是在动态的变形障碍物复杂环境中还是静态的非凸和凸障碍物环境中，以及无障碍物环境中都是稳定的并具有良好的可扩展性。

4.5　无障碍物环境下仿真与分析

根据 4.2.2 节的围捕任务模型，本节和下一节分别考虑无障碍物环境下和含有动态变形障碍物的未知复杂环境下群机器人围捕，通过仿真来验证本章所提算法的可扩展性、稳健性、灵活性，以及避障性能，并与文献［3］作对比分析。仿真中的系统参数设置如表 4.1 如示，考虑到机器人本身具有一定的物理半径 r_j，循障距离 f_{dis} 设置为 2.5，有效围捕半径 c_r 设置为 9，比目标的势域半径 p_r^T 大，在保证 c_r 大于 p_r^T 的前提下，其大小可根据实际情况灵活设置。围捕机器人对不同近邻对象进行避碰/避障参数值如表 4.2 所列，目标避障参数值如表 4.3 所列。

表 4.1　围捕系统参数值

参数	c_1	c_2	d_1	l	c_r/m	p_r^T/m	s_r^H/m	s_r^T/m	ρ_h
数值	0.8	3.2	5.1	12	9	6.4	50	10.5	3.5
参数	ρ_t	ε_1	ε_2	v_ω^T /($\mathrm{m \cdot s^{-1}}$)	v_m^T /($\mathrm{m \cdot s^{-1}}$)	v_m^H /($\mathrm{m \cdot s^{-1}}$)	a_m^H /($\mathrm{m \cdot s^{-2}}$)	ω_m^H /($\mathrm{rad \cdot s^{-1}}$)	ω_{am}^H /($\mathrm{rad \cdot s^{-2}}$)
数值	8	0.02	0.6	0.25	0.9	0.9	40	8.0	180

表 4.2　围捕机器人避碰/避障参数值

参数	a_{dis}^1	a_{dis}^2	a_{dis}^3	d_2^1	d_2^2	d_2^3	f_{dis}/m
数值	1.1	1.8	3.5	1.2	2.2	2.2	2.5

表 4.3　目标避障参数值

参数	a_r^S/m	a_r^U/m	d_3	d_4	ρ_s	ρ_u
数值	1.8	3.5	2.3	3.2	8.5	8.5

本节仿真环境中无障碍物，群机器人个数为 12 个，主要用于测试所提算法的基本性能和特点。表 4.4 为群机器人初始位置，其初始位置可以任意给定。本仿真中 Γ 为 0.45s，小于根据系统参数表 4.1 和式（4.6）所计算的 Γ 下限值 0.59s，然而猎物并不是每步都转向，所以也可以成功围捕。由 $f_{dis}=2.5\mathrm{m}$，$c_r=9\mathrm{m}$ 可知 $2\pi c_r/(2f_{dis})=11.3097$ 个，$m=12=\lceil 2\pi c_r/(2f_{dis}) \rceil$个，根据 4.4.4 节稳定性分析第（1）种情况可知，全部机器人最终都可以到达有效围

捕圆周形成均匀围捕队形。

表 4.4　仿真 1 中群机器人初始位置坐标

坐标	t_1	h_1	h_2	h_3	h_4	h_5	h_6	h_7	h_8	h_9	h_{10}	h_{11}	h_{12}
X/m	-3. 1	7. 75	-8. 5	-4. 1	6. 2	9. 3	-8. 1	-2. 2	-2. 4	-6. 0	-0. 5	-5. 3	-6. 5
Y/m	2. 1	-5. 25	-1. 9	-5. 9	-4. 2	-6. 3	-3. 1	-4. 9	-7. 2	-2. 0	-3. 8	-4. 8	-4. 1

4.5.1　仿真结果

群机器人围捕仿真轨迹如图 4.3 所示，其中，虚线圆周代表有效围捕圆周，实线圆周内部代表猎物势域。如图 4.3（e）中的 h_2 和 h_4 为涌现出的 Leader。本仿真中同样处理了两个最近邻在目标方向上时的特殊情况，如图 4.3（a）中 h_1、h_4 和 h_5 所示，而 LP-Rule 没有处理。

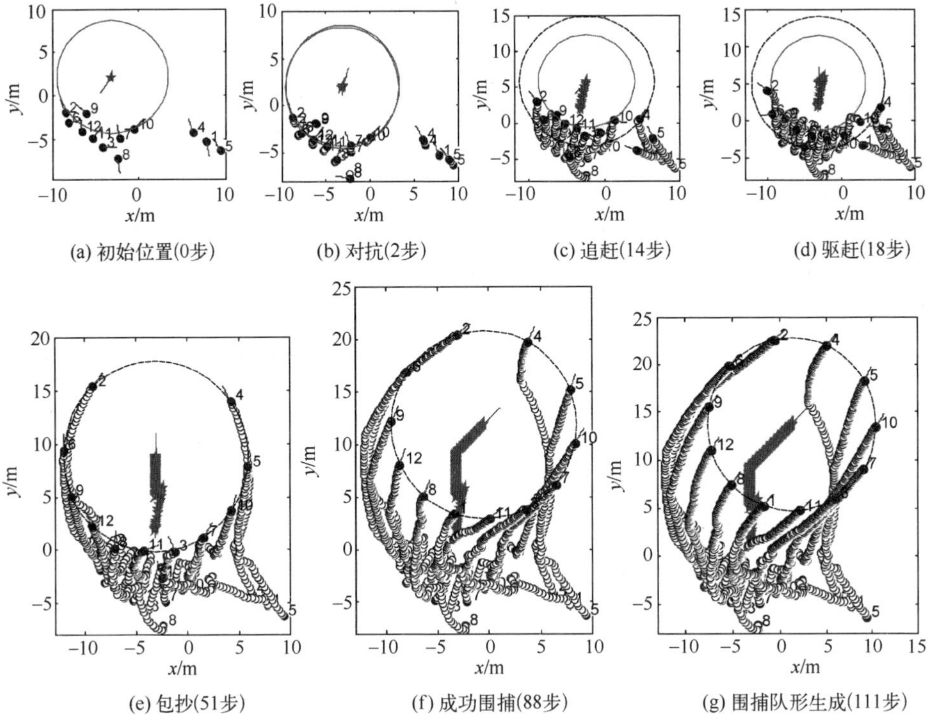

图 4.3　无障碍物环境下群机器人自组织围捕

具体围捕过程与图 2.3 基本一致。不同之处在于这里的拥挤情况下机器人会循障“机器人”。具体过程是这样的，h_1 由于在初始位置感觉到自己所处地方较拥挤，在作右循障（把机器人当作障碍物）运动，接着由于有效围捕圆周上机器人较拥挤，其无法到达有效围捕圆周，一直在作右循障运动，如图 30~70 步所示，等其找到了较宽松的 h_8 和 h_{11} 之间的空隙时便迅速达到有效围捕圆周上，这是 LP-Rule 所不具备的拥挤条件下循障运动以避免机器人之间相碰。

4.5.2 偏差收敛分析

1. 目标距离偏差分析

图 4.4 中围捕机器人在有效围捕圆周内外运动的轨迹与图 2.4 基本一致。而在文献［3］中始终只是在收敛圆域外运动。另外，本仿真中达到稳态的时间大约在 90 步之后，比图 2.4 要长很多，这除了与本仿真中群机器人初始位置与目标初始位置距离较远有关外，还与本仿真中有效围捕半径 c_r 较大有关。

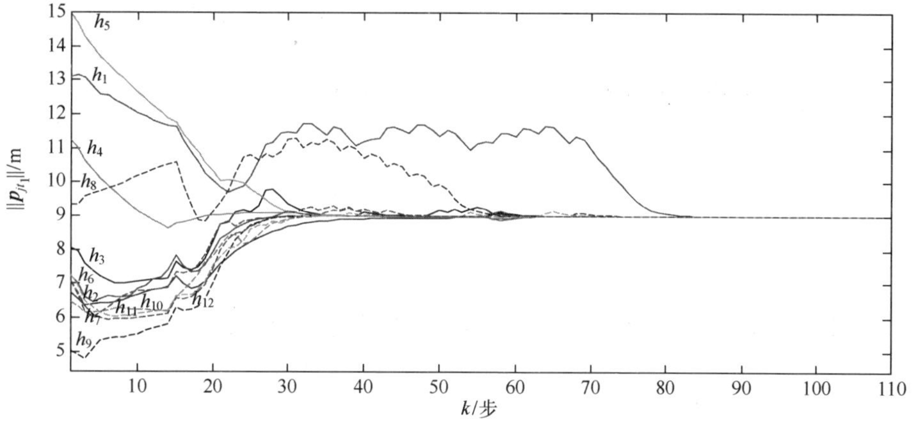

图 4.4　目标距离偏差

具体的收敛过程与图 2.4 也基本一致。不同之处在于 h_1 出现了长期远离有效围捕圆周的情况，这与 h_1 在拥挤情况下会循障其他“机器人”有关。具体过程参见 4.5.1 节仿真结果分析。

2. 近邻对象合力偏差分析

本章同样采用 f_{abj} 来分析群体达到理想围捕队形过程中的特点。图 4.5 中，$f_{abj}<0$ 表示 h_j 实际运动方向 $\theta_j(t)$ 向其左边偏转，反之表示 $\theta_j(t)$ 向其右边偏转。由图 4.5 可知大约 101 步之后，所有个体的 f_{abj} 逼近于零，而涌现出来的 Leaders h_2 和 h_4 震荡最小，振荡最剧烈的是相对于 Leaders 最远的 h_1 和 h_{11}，此特点与文献［3］一致，也与 2.5 节图 2.5 一致。由图 4.5 可知机器人判定自

己是否为 Leader 的条件同样是偏差值出现一个较大值后近似单调逐步衰减（这与文献［3］正好相反，与第 2 章中判定条件一致）。

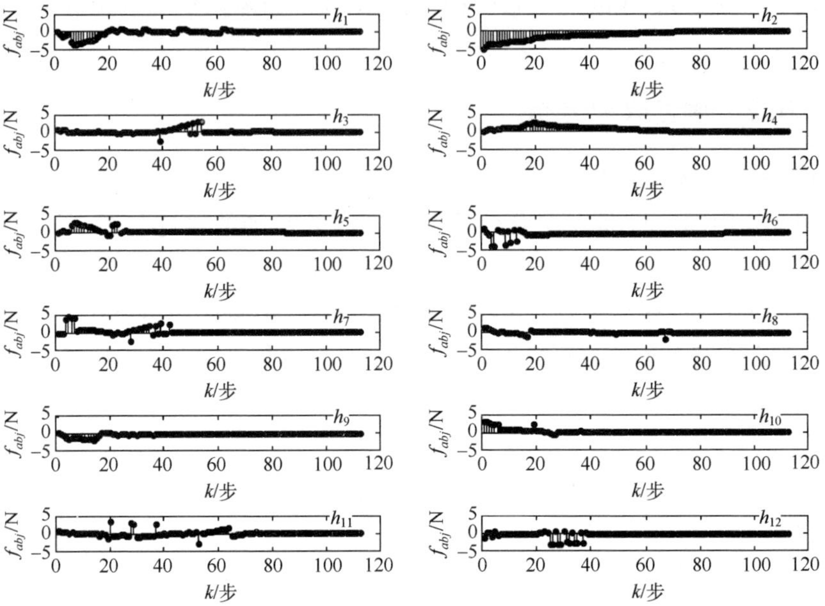

图 4.5　近邻对象合力偏差

4.6　未知动态变形障碍物环境下仿真与分析

本节考虑含有动态变形障碍物的未知复杂环境，环境中包括 4 个点状静态障碍物、一个旋转十字门，3 个静态凸多边形障碍物和 3 个静态非凸障碍物，采用 8 个围捕机器人，用于测试所提算法的可扩展性、稳健性、灵活性和避障性能。群机器人初始状态坐标如表 4.5 所列。Γ 为 0.6s，大于由系统参数和式（4.5）所计算的 Γ 下限值 0.59s。环境中一边旋转一边平移的变形障碍物十字门的旋转方向是逆时针，平移方向是左下方，旋转角速度是 0.0462rad/s，平移速度是 0.05m/s，十字门旋转半径是 6 m，因此其最大线速度为 0.3272m/s，由 4.4.3 节式（4.10）可以计算出 $v_{\mathrm{m}}^{U}=0.3350$m/s，由于 $v_{\mathrm{m}}^{U}>0.3272$m/s，只要保持对目标的位置时刻更新，循障机器人可以成功循障并且最终加入围捕队形。目标遇到静态和/或动态障碍物时要避障。由于 $m=8<\lceil 2\pi c_{\mathrm{r}}/(2f_{\mathrm{dis}})\rceil=12$ 个，根据 4.4.4 节稳定性分析第①种情况可知，全部机器人最终都可以到达有

效围捕圆周形成均匀围捕队形。

表 4.5　仿真 2 中群机器人初始位置坐标

坐标	t_1	h_1	h_2	h_3	h_4	h_5	h_6	h_7	h_8
X/m	-3.1	3.5	10	0.5	-5.5	-5.4	-7.5	2.1	-2.1
Y/m	2.1	-5.5	-2.5	-4.9	-3.5	-6.4	-5.1	-2.5	-5.5

未知动态变形障碍物环境下群机器人自组织围捕仿真轨迹如图 4.6 所示，其运动过程及原因整体上与第一个仿真相似。不同的是本仿真少了驱赶过程，另外由于障碍物的影响还出现了与变形障碍物一起包抄，与变形障碍物一起成功围捕，与静态障碍物一起成功围捕，再次与静态障碍物一起成功围捕，第三次与静态障碍物一起成功围捕等过程，如图 4.6（c）~图 4.6（g）所示。

少了驱赶过程的原因是这样的，在加速追赶到 14 步时（图 4.6（b）），猎物发现其势域内已无机器人，感觉威胁解除，所以开始减速至漫步速度前进，而所有机器人这时已经由第一次迅猛追击后变为消磨战术，开始向有效围捕圆周上运动。

产生图 4.6（c）的原因是驱赶之后猎物向上漫步逃离，大约在 55 步时开始向右上方向逃离，靠近变形障碍物，而围捕机器人迅速形成超越，在大约 66 步时与变形障碍物一起形成包抄之势。大约 72 步时，猎物突然转向上方逃离，而其前方和下方分别早已有原为 Leader 的 h_6 带领余下机器人和变形十字门障碍物一起在大约 99 步左右形成了暂时成功围捕猎物的奇观，如图 4.6（d）所示。随后猎物在大约 114 步时又转向右上方逃离，逐渐靠近静态点状、凸多边形以及非凸障碍物等，而围捕机器人成功躲避障碍物并保持围捕队形，整体上在大约 240 步左右与障碍物一起形成了暂时成功围捕目标的奇观，如图 4.6（e）所示。

紧接着，猎物转向左上方逃离，进入了包含各种障碍物的较窄的通道，而围捕机器人成功避障兼顾队形保持，再次于大约 295 步左右从整体上出现了与各种静态障碍物一起暂时成功围捕目标的景象，如图 4.6（f）所示。随着猎物持续向左上方向逃离，围捕机器人紧紧围绕其周围，这时又涌现出了 Leaderh_5 带领其他机器人成功避障并保持围捕队形，在大约 402 步左右整体上与静态非凸、点状，以及凸多边形障碍物一起形成了第三次暂时成功围捕目标的奇观，如图 4.6（g）所示。

仿真中，基于 SVF-Model 的循障算法成功避开动态变形障碍物的过程是这样的，在包抄结束之时即 65 步之时，由于 h_2 左右两最近邻 h_3、h_7 之间距离太小，使其满足了循障条件，又因此时 $\cos(\gamma_{y'})>0$，所以按右循障运动，而接着 h_2 不幸在右循障中陷入了变形障碍物——旋转十字门里，旋转的十字门是一边作逆时针旋转运动，一边向左下方作平移运动，由于十字门速度满足 4.4.3 节特殊情况 2 中的条件，h_2 一边躲避运动的变形障碍物一边成功完成了循障运动，在循障过程中按照循障算法尽可能与最近障碍物保持距离 f_{dis} 并尽可能以最大速度 v_{m}^{H} 运动，然后于 130 步满足循障结束条件之一，即 $\cos(\mathrm{dagl}(\gamma_{faj}-\gamma_{y'}))>0$ 出现三次，之后重新按照围捕控制进行运动，快速进入围捕队形中，如图 4.6（e）所示。

基于 SVF-Model 的循障算法同样可以成功避开静态非凸 U 形障碍物。h_8 大约在 326 步左右陷入 U 形障碍物中，其一直按照围捕控制方法来运动，虽然身陷 U 形障碍物，仍然使自己在目标的有效围捕圆周附近运动，但随着目标向左上方逃离后，h_8 离有效围捕圆周越来越远，而其受到的虚拟力使其在 392 步之时满足了循障条件，根据此时 $\cos(\gamma_{y'})<0$ 确定了左方循障状态进行循障。在循障过程中同样按照循障算法尽可能与最近障碍物保持距离 f_{dis} 并尽可能以最大速度 v_{m}^{H} 运动。h_8 在 496 步时满足循障结束条件（即 $\cos(\mathrm{dagl}(\gamma_{faj}-\gamma_{y'}))>0$ 出现 3 次）后采取围捕控制方法运动，迅速加入围捕队形中，如图 4.6（h）所示。而当 h_2，h_8 不在围捕队形中时，剩下的群体仍能自组织围捕目标，如图 4.6（d）和图 4.6（g）所示，这体现本算法具有良好的稳健性。

对于较难避开的凸形障碍物同样可以采取循障算法来避障，对于较易避开的凸形障碍物，主要依据式（2.4）避障。例如图 4.6（f）中，h_6 在感应到前方的七边形障碍物上一至两个最近点时，经式（2.4）将其等效为近似来自 h_6 右方（注意这里是相对于 h_6 面向目标而言的）的较大的斥力，这样做有利于 h_6 提前做避障运动，而机器人之间的斥力促使它们相互协调既成功避障又兼顾包围队形保持。对于较易避开的非凸及动态凸障碍物均可依据式（2.4）进行避障。

另外，值得引起兴趣的是，每当机器人在有效围捕圆周上太拥挤时，根据循障条件，一些机器人会自动离开有效围捕圆周以其最近邻机器人为中心进行循障运动，从而避开与近邻机器人发生碰撞的危险，如图 4.6（g）中，当目标向左上方运动后，由于障碍物太多，机器人为躲避障碍物变得十分拥挤，h_1 在 334 步满足了右循障条件后以其最近邻 h_3 为障碍物进行右循障运动，当机器人 h_3 和 h_7 之间距离变得宽松时，h_1 于 388 步结束循障运动，又迅速加入围捕队形中。

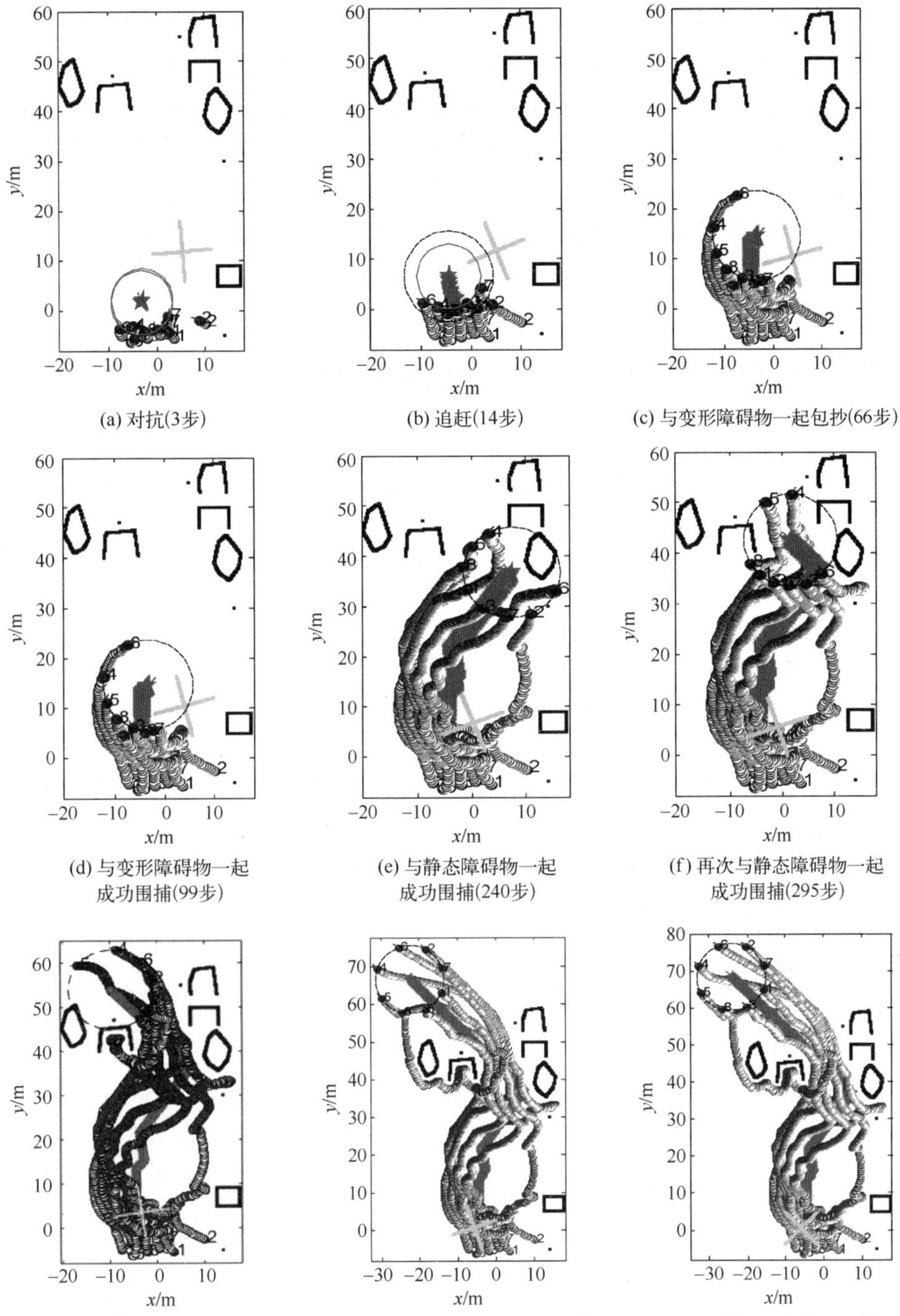

(a) 对抗(3步)　(b) 追赶(14步)　(c) 与变形障碍物一起包抄(66步)

(d) 与变形障碍物一起成功围捕(99步)　(e) 与静态障碍物一起成功围捕(240步)　(f) 再次与静态障碍物一起成功围捕(295步)

(g) 第三次与静态障碍物一起成功围捕(402步)　(h) 群机器人成功围捕(522步)　(i) 围捕队形生成(538步)

图 4.6　未知动态变形障碍物环境下群机器人自组织围捕

障碍物环境的复杂性导致本仿真涌现出了众多 Leaders，按出现顺序分别是 h_6、h_7、h_4、h_5 和 h_3，如图 4.6 中的（c）、（d）、（f）和（g）所示（图中以 6、7、4、5、3 来表示）。整个群体在机器人数目减少了三分之一后并且环境内存在静态非凸和凸，以及动态变形障碍物的情况下仍然可以严格避障避碰顺利完成围捕任务，体现本算法除了与基于 LP-Rule 的方法一样具有良好的稳健性，还具有较好的避碰/避障性能，可扩展性，以及灵活性，而 LP-Rule 没有考虑如何避障。

4.7 本章基于 SVF-Model 的围捕算法与其他算法的比较分析

本章基于 SVF-Model 的围捕算法与基于 LP-Rule 的围捕算法相比优势如下。

（1）第 3 章算法与基于 LP-Rule 的围捕算法相比的优势，本章算法同样具有。

（2）本章算法还可以循障动态非凸变形障碍物、动态凸变形障碍物、动态非凸非变形障碍物，以及动态凸非变形障碍物等，而基于 LP-Rule 的围捕算法没有考虑避障。

（3）本章算法还可以循障其他机器人，而基于 LP-Rule 的围捕算法没有考虑。

（4）考虑了实际机器人的尺寸对有效围捕圆周上机器人个数的限制，更加符合围捕实际情况，而 LP-Rule 没有考虑有效围捕圆周上机器人个数的限制。

（5）本章算法比基于 LP-Rule 的围捕算法具有更好的可扩展性、避障性能，以及灵活性。

本章基于 SVF-Model 的围捕算法与第 3 章基于 SVF-Model 的围捕算法相比优势如下。

（1）本章考虑了如何避开动态非凸变形障碍物、动态凸变形障碍物、动态非凸非变形障碍物，以及动态凸非变形障碍物等，而第 3 章围捕算法没有考虑。

（2）本章算法同样可以循障较难避开的机器人，但第 3 章围捕算法没有考虑。

（3）考虑了实际机器人的尺寸对有效围捕圆周上机器人个数的限制，更加符合围捕实际情况，而第 3 章围捕算法没有考虑。

（4）本章算法比第 3 章算法的可扩展性、避障性能，以及灵活性更好。

4.8 本章小结

本章研究未知动态变形障碍物复杂环境下非完整移动群机器人自组织协作围捕问题，在第 2 章简化虚拟受力模型的基础上，设计了适用范围更广的机器人循障动态变形障碍物算法，由仿真验证了其避障效果。在理论上分析了整个围捕系统的稳定性，重点分析了当循障动态变形障碍物和机器人时系统的稳定性和特点，并给出了稳定性条件，对系统参数设置有较好的指导作用。验证了具有动态变形障碍物循障算法的围捕算法具有更好的灵活性、避障性能，以及可扩展性。最后给出了本章基于 SVF-Model 的围捕算法与其他围捕算法的比较分析[5-6]。

参考文献

［1］ XU W B，CHEN X B，ZHAO J，et al. A decentralized method using artificial moments for multi-robot path-planning［J］. International Journal of Advanced Robotic Systems，2013，10(24)：1-12.

［2］ MURO C，ESCOBEDO R，SPECTOR L，et al. Wolf-pack（canis lupus）hunting strategies emerge from simple rules in computational simulations［J］. Behavioural Processes，2011，88(3)：192-197.

［3］ HUANG T Y，CHEN X B，XU W B，et al. A Self-organizing cooperative hunting by swarm robotic systems based on loose-preference rule［J］. Acta Automatica Sinica，2013，39(1)：57-68.

［4］ 蔡自兴，肖正，于金霞．基于激光雷达的动态障碍物实时检测［J］. 控制工程，2008，15(2)：200-203.

［5］ ZHANG H Q，ZHANG J，ZHOU S W，et al. Hunting in unknown environments with dynamic deforming obstacles by swarm robots［J］. International Journal of Control and Automation，2015，8(11)：385-406.

［6］ 张红强．基于简化虚拟受力模型的群机器人自组织协同围捕研究［D］. 长沙：湖南大学，2016.

第5章 未知动态复杂障碍物环境下群机器人自组织协同多层围捕

5.1 引　　言

在第2章、第3章和第4章中研究了凸障碍物、非凸障碍物和动态变形障碍物等复杂环境中的围捕问题，提出了基于简化虚拟受力模型的围捕和循障算法，提高了围捕算法的灵活性、避障性能和可扩展性。为了进一步提高基于简化虚拟受力模型的群机器人围捕系统的可扩展性、避障性能和围捕的可靠性，本章研究在未知动态复杂障碍物（包含凸与非凸、动态与静态、变形或非变形障碍物）环境下的非完整移动群机器人自组织协同多层围捕问题。

实现大规模群机器人多层围捕的挑战在于如何使得每个机器人自组织地实现层与层之间的移动，即在内层机器人拥挤时自动移动到外层，内层机器人稀少时自动移动到内层，并在有复杂障碍物环境中实现大规模机器人避障的同时保持多层围捕队形，而且每个机器人的自组织移动仅根据目标点和两个最近邻位置信息来决策。

本章根据未知凸、非凸和动态变形障碍物环境中群体协同多层围捕的运动特点，基于目标点，以及最近邻两个对象（有可能是机器人、动态变形障碍物、静态凸或非凸障碍物）的位置信息，完善第2章基于AP方法的简化虚拟受力模型，再依据第4章的循障算法，设计多层围捕控制算法，可以在包含动态变形等复杂障碍物环境中做到良好避障的同时保持好多层围捕队形。在理论上对系统的稳定性进行分析，给出系统稳定的条件，使得整个围捕系统易于设置参数，进一步提高围捕系统的可靠性、避障性能和可扩展性，便于实际应用。

5.2 模型构建

5.2.1 群机器人运动模型及相关函数

m 个完全相同的非完整移动轮式机器人组成围捕群机器人，个体与第 2 章中所用模型一致，如图 2.1 所示。纯粹转动不打滑的机器人 h_j 的运动学方程与式（2.1）一致。

围捕过程中两最近邻对象（包括机器人、静态或动态障碍物）的施力函数为式（2.6），目标的施力函数为式（5.1）：

$$f_t(z)=(c_1(d-c_r)+c_2)(n_c<l)+c_1(d-(c_r+l_1\cdot(l_j-1)))(n_c\geq l) \tag{5.1}$$

式中：d 为两点之间的距离；c_1 用于优化机器人运动路径；c_r 和 c_2 分别为最内层有效围捕半径和追捕接近参数；l_1 和 l_j 分别为多层围捕的层间距离和 h_j 所在的层数，n_c 和 l 分别是当前围捕步数和开始向多层有效围捕圆周（以目标为圆心，c_r 为最内层半径，l_1 为层间距离形成的圆周）上运动的步数。目标施力函数与第 2 章中的不一样，这是由于多层围捕产生的，目标施力函数计算了位于目标任意层上的机器人的受力大小，是实现多层围捕的重要基础。

对于不满足循障条件的障碍物，采用仿生智能避障函数如式（2.4）。假设有向线 l_i 和 l_j 的方向角分别是 γ_i 和 γ_j，为了确定两有向线之间的角度，按式（2.3）计算从 l_i 到 l_j 的角 γ_{ij}[1]。

5.2.2 围捕任务模型

本章同样基于狼群围捕进行研究[2-3]，其捕食过程是目标锁定、对抗、追捕和围捕成功[3]。目标和动态障碍物的数学模型构建如下。

围捕环境中包含有动态变形障碍物、静态非凸障碍物和凸障碍物等，具体描述与 4.2.2 节中描述一致。围捕环境中势的描述与势角的计算与 4.2.2 节中描述一致。势角的计算公式与式（2.7）一致。由上述描述和式（2.7）给定复杂环境下目标的运动方程为式（2.8）。

5.3 围捕算法

本章围捕研究机器人个体在未知动态复杂环境中，如何根据其周边对象和猎物自主确定其在层与层之间的移动从而形成多层围捕队形，围捕过程中避开动态或静态、非凸或凸、变形或非变形障碍物并保持多层围捕队形，而且在有限时间内以一定精度均匀分布在猎物的多层有效围捕圆周上。本章在完善第 2 章提出的简化虚拟受力的自主运动模型（SVF-Model）的基础上，给出多层围捕算法，使得整个群体实现复杂环境下的自组织协同多层围捕。

5.3.1 简化虚拟受力模型

本章所用的简化虚拟受力模型与定义 2.3 中描述不完全一致，不同之处在于两最近邻对象 O_{aj}、O_{bj}除了有可能是机器人、静态非凸和凸障碍物，还有可能是动态非凸变形障碍物、动态凸变形障碍物、动态非凸非变形障碍物以及动态凸非变形障碍物等；另外，当 O_{aj}、O_{bj}是机器人时，则有可能为同层两个最近邻或全局两最近邻，而前述各章中两个最近邻为同层两个最近邻，同时也是全局两个最近邻。最重要的不同之处是目标的施力函数为式（5.1），这与上述各章均不相同。简化虚拟受力模型图参阅图 2.2 所示。

当目标静止时 h_j 的需求速度 $\boldsymbol{v}_{x'y'j}$按式（2.10）计算，其中，$f_{t_1j}(\|\boldsymbol{p}_{jt_1}\|)$是目标 t_1 的施力函数按式（5.1）计算，$f_{abj}=f_{aj}(\|\boldsymbol{p}_{aj}\|)\cdot\phi(\cos(\gamma_{fajx'}))+f_{bj}(\|\boldsymbol{p}_{bj}\|)\cdot\phi(\cos(\gamma_{fbjx'}))$，$f_{aj}(\|\boldsymbol{p}_{aj}\|)$和$f_{bj}(\|\boldsymbol{p}_{bj}\|)$分别是两对象 O_{aj}、O_{bj}的施力函数，按式（2.6）计算。同时，可将 $\boldsymbol{f}_{abj}$、$\boldsymbol{f}_{t_1j}$直接等效为 h_j 在 x'轴方向的速度 $\boldsymbol{v}_{x'j}$和 y'轴方向速度 $\boldsymbol{v}_{y'j}$，则存在关系 $\boldsymbol{v}_{x'j}=\boldsymbol{f}_{abj}$、$\boldsymbol{v}_{y'j}=\boldsymbol{f}_{t_1j}$、$\boldsymbol{v}_{x'y'j}=\boldsymbol{v}_{x'j}+\boldsymbol{v}_{y'j}$。

更改的简化虚拟受力模型通过将个体目标方向上原来只有单层围捕圆周上的受力分析扩展为可以有任意层围捕圆周上的受力分析，从而使个体产生了多层围捕圆周上的受力基础，为形成多层围捕队形奠定了重要基础。

5.3.2 基于简化虚拟受力模型的个体控制输入设计

设 θ_{je}是期望运动方向，t_{ntj}是 h_j 转至期望运动方向 θ_{je}所需时间，Γ 是运行周期，未知复杂环境中围捕时各机器人 h_j，即式（2.1）的运动控制输入如下：

当 $\Gamma \leqslant t_{ntj}$ 时，按式（2.11）控制运动，即机器人只进行转向；

当 $\Gamma > t_{ntj}$ 时，按式（2.12）控制运动。此时，机器人的运动策略是先转至期望运动方向 θ_{je} 再根据实际可达速度 v_{jf} 运动。

为了确定 v_{jf}，还需要计算 $\boldsymbol{v}_{je}$，下面说明 $\|\boldsymbol{v}_{je}\|$ 和 θ_{je} 的确定。当处于循障状态时，设简化虚拟受力模型中 $\|\boldsymbol{p}_{aj}\| < \|\boldsymbol{p}_{bj}\|$，$f_{\text{dis}}$ 为循障运动时与 O_{aj} 之间的距离，按机器人循障算法流程图（图 4.1）确定 h_j 整体期望速度 $\|\boldsymbol{v}_{je}\|$ 和 θ_{je}，从而避开满足循障条件的最近邻对象（如机器人、动态变形障碍物、静态非凸和凸障碍物等），即 O_{aj}、O_{bj} 可以为机器人或障碍物。图 4.1 中循障条件是 $\|\boldsymbol{p}_{aj}\| \leqslant 1.3$ 且 $\|\boldsymbol{p}_{ab}\| < 2.6$，循障结束条件是 $\cos(\text{dagl}(\gamma_{faj} - \gamma_{y'})) > 0$ 出现 3 次（count>2）或 $\|\boldsymbol{p}_{jt_1}\| - c_{\text{r}} < -1$ 或 $\|\boldsymbol{p}_{aj}\| > 2$ 且 $\|\boldsymbol{p}_{ab}\| > 4$。如果处于非循障状态并且不满足循障条件或已结束循障状态，则 $\boldsymbol{v}_{je}$、θ_{je} 按式（2.13）确定。无论是否处于循障状态，t_{ntj} 和 v_{jf} 都按式（2.14）~式（2.17）计算。

5.3.3 多层围捕算法流程图

根据 5.2.2 节构建的围捕环境和由式（2.8）构建的围捕目标 t_1 的运动数学方程，基于简化虚拟受力模型的未知动态复杂环境下的群机器人协同多层围捕算法主流程图如图 5.1 所示。重新设置 h_j 两最近邻流程图如图 5.2 所示。

图 5.1 中 d_{slab} 是两个最近邻之间的距离，d_{siab} 是内层两个最近邻之间距离，d_{s} 是允许 h_j 外移一层时的同层两个最近邻之间允许的最大距离，$d_{\text{s}} = 5$；d_{i} 是允许 h_j 内移一层时内层两最近邻机器人之间的最小距离，$d_{\text{i}} = 8$。$d_{\text{s}} < d_{\text{i}}$ 是按照“难进难出”的策略让机器人在层与层之间的移动有利于先稳定内层从而有利于由内层到外层逐层稳定。由此可以知道，机器人个体在层与层之间的移动最多只需要内层两个最近邻或同层两个最近邻的位置信息即可确定，算法实现简单高效。再由更改的简化虚拟受力模型可以使机器人个体停留在任意层有效围捕圆周上。因此，整体上形成了动态多层围捕队形，即当围捕环境变得狭窄或宽松时可以根据内层或同层两个最近邻位置信息时而增加有效围捕圆周的层数时而减少有效围捕圆周的层数，为群机器人自组织多层围捕的同时进行避障提供了强有力的变化层数保障。重新设置 h_j 两个最近邻流程图是为了在机器人个体同层没有两个最近邻时确定全局两最近邻作为其两最近邻。

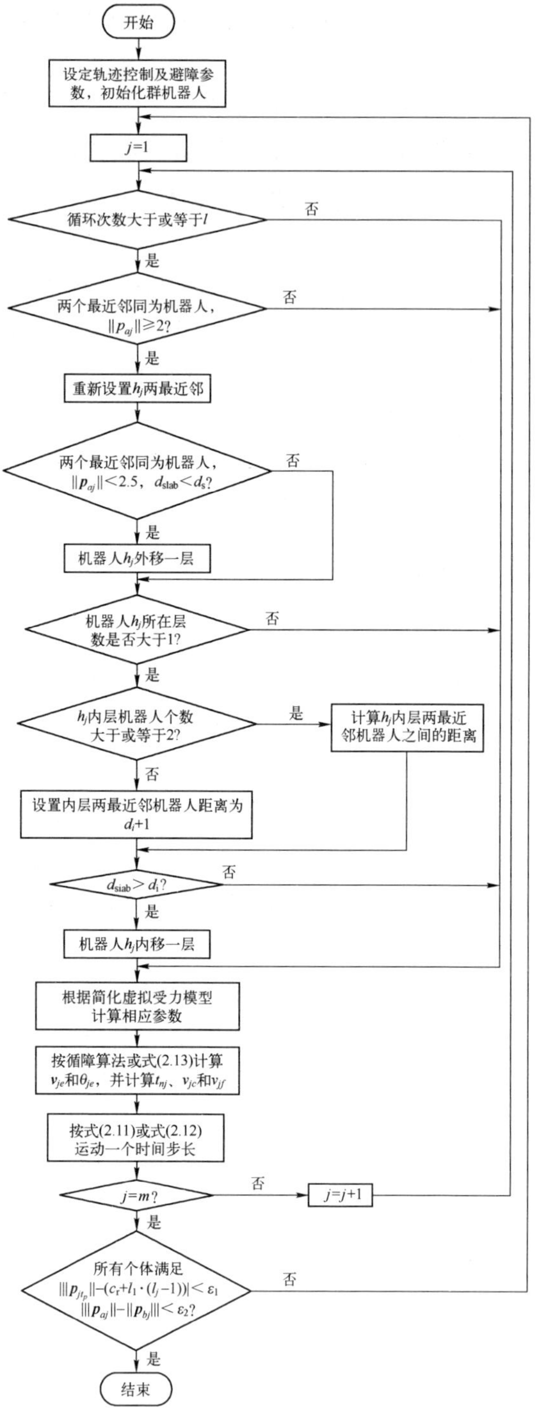

图 5.1　群机器人多层协同围捕算法主流程图

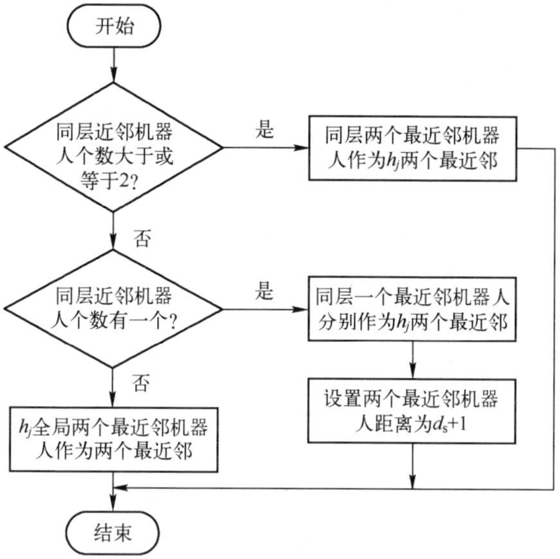

图 5.2　重新设置 h_j 两个最近邻流程图

5.4　稳定性分析

系统的稳定性分析需要分三部分进行：第一部分首先说明群机器人的自组织动态层与层之间移动算法是稳定并合理的；第二部分在不满足循障条件的障碍物环境下或无障碍物环境下，对群机器人个体确定了自己的具体有效围捕圆周层数后的多层围捕系统进行稳定性分析；第三部分对被循障的对象是非凸或凸静态障碍物、动态变形障碍物和机器人时的群机器人多层围捕系统稳定性进行说明。

5.4.1　层与层之间移动稳定性分析

群机器人在实现多层围捕时，需要动态地实现层与层之间的移动，从而达到从内到外每层有效围捕圆周上存在合适数量的机器人，而且在障碍物环境中，层与层之间的有效移动再配合循障算法，可以避开各种各样障碍物或通过狭窄环境。

实现层与层之间的移动策略有四种基本情况：①“易进易出”策略；②“易进难出”策略；③“难进易出”策略；④“难进难出”策略。这里的

“进”和“出”可以分别指进入任意一层有效围捕圆周和移出任意一层有效围捕圆周，也可以分别指机器人个体进入相邻内层和移出到相邻外层；这里的“易”和“难”分别是指容易和困难，是相对的，可以通过设置参数来实现。

这里来分析一下这四种策略的特点。①“易进易出”策略可以使得机器人个体频繁移动于层与层之间或任一层有效围捕圆周上的机器人数量频繁变化，可见这种策略会使得机器人不但浪费能量，也不利于多层稳定围捕队形的形成。②“易进难出”策略可以使得机器人群体大密度地聚集在较内层的有效围捕圆周上，减少了能量浪费，但当群体进行避障时，由于同层机器人的密度过大不易实现个体快速在层与层之间的移动，不利于避障。③“难进易出”策略则会使得机器人群体分散于更多层的有效围捕圆周上，从一定程度来说易于避障和通过狭窄通道，但需要在更大半径上的圆周上运动，浪费能量。④“难进难出”策略可以有效控制机器人在层与层之间的移动，既可以保证机器人在每层上保持一定的数量，又可以保持动态移动的相对稳定性，减少能量消耗。因此，本书采用了第四种策略。对于机器人个体来说，当内层有足够大的空间才进去；当同层的空间足够小时才移出。

d_s 是允许 h_j 外移一层时的同层两个最近邻之间允许的最大距离，d_i 是允许 h_j 内移一层时内层两个最近邻机器人之间的最小距离。这里以 d_i 为参考标准，给出相对“困难”和“容易”的区间。$6>d_i \geqslant 4$ 为“容易”进入区间，如果此时满足 $d_s>d_i$ 则为“易进易出”区间；如果此时满足 $d_s<d_i$ 则为“易进难出”区间。$d_i \geqslant 6$ 为“困难”进入区间，如果此时满足 $d_s>d_i$ 则为“难进易出”区间；如果此时满足 $d_s<d_i$ 则为“难进难出”区间。对于参数的具体设置，可参见5.3.3节。

5.4.2 基本定理

本节对于在不满足循障条件的障碍物环境下和无障碍物环境下，对群机器人个体确定了自己的具体有效围捕圆周层数后的多层围捕系统进行稳定性分析并给出基本定理。本章同样借鉴文献［3］所用的稳定性分析方法。为了推导算法在不满足循障条件的环境中收敛时所满足的条件，系统偏差分解为目标距离偏差 $\delta_{jy'}=\|\boldsymbol{p}_{jt_1}\|-(c_r+l_1\cdot(l_j-1))$ 和两最近邻机器人距离偏差 $\delta_{jabx'}=(s_{fajx'}\|\boldsymbol{p}_{aj}\|+s_{fbjx'}\|\boldsymbol{p}_{bj}\|+d_{jo})/2$，其中，$s_{fajx'}=\mathrm{sgn}(-\cos(\gamma_{fajx'}))$，$s_{fbjx'}=\mathrm{sgn}(-\cos(\gamma_{fbjx'}))$，$\mathrm{sgn}(\cdot)$ 为符号函数，$d_{jo}=-s_{fajx'}\|\boldsymbol{p}_{ajox'}\|-s_{fbjx'}\|\boldsymbol{p}_{bjox'}\|$，$\|\boldsymbol{p}_{bjox'}\|$ 和 $\|\boldsymbol{p}_{ajox'}\|$ 是 h_j 在以 O_{bj} 和 O_{aj} 为左右两个最近邻时受力平衡点 h_{jo} 到 O_{bj} 和 O_{aj} 之间的距离，$\|\boldsymbol{p}_{bjox'}\|$ 和 $\|\boldsymbol{p}_{ajox'}\|$ 满足同层两个最近邻时该层有效围捕圆周上三角形角边之间的关系，即

式（2.28）具有唯一解或不同层时与全局两个最近邻之间的关系并具有唯一解。虽然 $\delta_{jabx'}$ 的表达式与第 3 章或第 4 章的形式一致，但本质不同，这里的两最近邻有可能是任意层上的同层两个最近邻，也有可能是不同层上的全局两个最近邻；而第 2 章、第 3 章或第 4 章中的两个最近邻只可能是单层上的同层两个最近邻，同时也是全局两个最近邻。

当 $\delta_{jy'}=0$，$\delta_{jabx'}=0(j=1,2,\cdots,m)$ 时，围捕理想队形形成。因此，获取自组织围捕系统的稳定性条件，只需要推导 $\delta_{jy'}\to 0$，$\delta_{jabx'}\to 0(j=1,2,\cdots,m)$ 时系统所需满足的条件。

将上述系统偏差定义离散化可得：

$$\delta_{jy'}(k)=\|\boldsymbol{p}_{jt_1}(k)\|-(c_r+l_1\cdot(l_j(k)-1))\quad(j=1,2,\cdots,m)$$

$$\delta_{jabx'}(k)=(s_{fajx'}(k)\|\boldsymbol{p}_{aj}(k)\|+s_{fbjx'}(k)\|\boldsymbol{p}_{bj}(k)\|+d_{jo}(k))/2\quad(j=1,2,\cdots,m)$$

式中：$s_{fajx'}(k)=\operatorname{sgn}(-\cos(\gamma_{fajx'}(k)))$；$s_{fbjx'}(k)=\operatorname{sgn}(-\cos(\gamma_{fbjx'}(k)))$；$d_{jo}(k)=-s_{fajx'}(k)\|\boldsymbol{p}_{ajox'}(k)\|-s_{fbjx'}(k)\|\boldsymbol{p}_{bjox'}(k)\|$。

令动态扰动 $v_{t_1}\equiv 0$，基于简化虚拟受力模型，在不考虑机器人本身物理限制条件下（如角速度和线速度等的约束），每一步按期望的速度和方向来运动，$v_{y'j}$ 和 $v_{x'j}$ 的离散化形式 $v_{y'j}(k)$，$v_{x'j}(k)$ 分别为

$$v_{y'j}(k)=f_{t_1j}(k)=(c_1(\|\boldsymbol{p}_{jt_1}(k)\|-c_r)+c_2)(n_c<l)+c_1(\|\boldsymbol{p}_{jt_1}(k)\|-(c_r+l_1\cdot(l_j(k)-1)))(n_c\geqslant l)\tag{5.2}$$

$$v_{x'j}(k)=f_{abj}(k)=f_{aj}(\|\boldsymbol{p}_{aj}(k)\|)\cdot\phi(\cos(\gamma_{fajx'}(k)))+f_{bj}(\|\boldsymbol{p}_{bj}(k)\|)\cdot\phi(\cos(\gamma_{fbjx'}(k)))\tag{5.3}$$

这里给出式（5.3）是为了区别于式（2.21），虽然形式上两个公式一样，但所表达的含义不一样，这里的 O_{bj} 和 O_{aj} 有可能是同层两最近邻也有可能是全局两个最近邻，而式（2.21）中的 O_{bj} 和 O_{aj} 为同层两个最近邻，也是全局两个最近邻。由以上得到个体的自主运动偏差方程：

$$\delta_{jy'}(k+1)=\delta_{jy'}(k)-v_{y'j}(k)\Gamma\tag{5.4}$$

$$\delta_{jabx'}(k+1)=\delta_{jabx'}(k)-v_{x'j}(k)\Gamma\tag{5.5}$$

定理 5.1　在不满足循障条件的动态变形障碍物环境中，如果多层围捕中所有机器人满足 $n_c\geqslant l$，$0<c_1\Gamma<2$ 和式（5.4），则系统原点平衡状态即 $\boldsymbol{\Delta}_{y'}(k)=(\delta_{1y'},\delta_{2y'},\cdots,\delta_{my'})^{\mathrm{T}}=0$ 为大范围渐近稳定。

证明：将式（5.2）代入（5.4）可得：

$$\delta_{jy'}(k+1)=\delta_{jy'}(k)-((c_1(\|\boldsymbol{p}_{jt_1}(k)\|-c_r)+c_2)(n_c<l)+c_1(\|\boldsymbol{p}_{jt_1}(k)\|-(c_r+l_1\cdot(l_j(k)-1)))(n_c\geqslant l))\Gamma\tag{5.6}$$

当$n_c \geq l$时，式（5.6）可写为

$$\begin{aligned}\delta_{jy'}(k+1)&=\delta_{jy'}(k)-(c_1(\|\boldsymbol{p}_{jt_1}(k)\|-(c_r+l_1\cdot(l_j(k)-1))))\Gamma\\&=\delta_{jy'}(k)-(c_1\delta_{jy'}(k))\Gamma\\&=\delta_{jy'}(k)(1-c_1\Gamma)\end{aligned}\tag{5.7}$$

取 Lyapunov 函数 $V_{y'}(\boldsymbol{\Delta}_{y'}(k))=\sum_{j=1}^{m}|\delta_{jy'}(k)|$，易知$V_{y'}(\boldsymbol{\Delta}_{y'}(k))$正定，且$V_{y'}(0)=0$，则有：

$$\begin{aligned}\Delta V_{y'}(\boldsymbol{\Delta}_{y'}(k))&=V_{y'}(\boldsymbol{\Delta}_{y'}(k+1))-V_{y'}(\boldsymbol{\Delta}_{y'}(k))=\sum_{j=1}^{m}|\delta_{jy'}(k+1)|-\sum_{j=1}^{m}|\delta_{jy'}(k)|\\&=\sum_{j=1}^{m}|\delta_{jy'}(k)(1-c_1\Gamma)|-\sum_{j=1}^{m}|\delta_{jy'}(k)|\\&\leqslant-(1-|(1-c_1\Gamma)|)\sum_{j=1}^{m}|\delta_{jy'}(k)|\end{aligned}$$

$\Delta V_{y'}(\boldsymbol{\Delta}_{y'}(k))$为负定时需满足$0<c_1\Gamma<2$。另外，当$\|\boldsymbol{\Delta}_{y'}(k)\|\rightarrow\infty$时，$V_{y'}(\boldsymbol{\Delta}_{y'}(k))\rightarrow\infty$。因此，根据离散系统 Lyapunov 稳定性相关定理可得：系统原点平衡状态$\boldsymbol{\Delta}_{y'}(k)=0$为大范围渐近稳定，而$0<c_1\Gamma<2$是原点平衡状态为大范围渐近稳定的一个充分条件。

由定理 5.1 可知群体中所有机器人最终将收敛到以目标为中心，c_r为最内层半径，l_1为层间距离，而其稳定性条件$0<c_1\Gamma<2$与定理 2.1、定理 3.1 和定理 4.1 的稳定性条件一致，由此说明虽然定理 5.1 是针对多层围捕的，但系统原点平衡状态即$\boldsymbol{\Delta}_{y'}(k)=0$为大范围渐近稳定的条件在实现了层与层之间稳定移动后，与$\delta_{jy'}(k)$中的多层围捕参数（如层间距离l_1和h_j所在层数l_j）没有关系。因此，定理 5.1 进一步扩大了定理 2.1、定理 3.1 和定理 4.1 的适用范围。如果要实现均匀分布，还需要考虑当$\|\,|\boldsymbol{p}_{jt_1}(k)\|-(c_r+l_1\cdot(l_j-1))|<\varepsilon_1$ $(j=1,2,\cdots,m)$时和$\delta_{jabx'}(k)$即式（5.5）的收敛性。此外，由定理 5.1 所给出系统原点的平衡状态$\boldsymbol{\Delta}_{y'}(k)=0$的稳定性分析结论同样适用于无障碍物环境，原因是在简化虚拟受力模型中无论是否有障碍物都不影响个体受到目标引力/斥力的大小，因此并不影响个体趋向有效围捕圆周的速度，所以与无障碍物环境下的稳定性分析一致。

定理 5.2 在不满足循障条件的动态变形障碍物环境中，如果多层围捕中每个机器人满足$0<\Gamma d_1\mu<2$和式（5.5），则系统原点平衡状态即$\boldsymbol{\Delta}_{abx'}(k)=(\delta_{1abx'},\delta_{2abx'},\cdots,\delta_{mabx'})^{\mathrm{T}}=0$为大范围渐近稳定，其中，$\mu=\max\mu_j(k)$，$\mu_j(k)$可表示为

$$\mu_j(k)=[\phi(\cos(\gamma_{fajx'}(k)))/((\|\boldsymbol{p}_{aj}(k)\|/a_{\mathrm{dis}}^{i})^{d_2^i})+\phi(\cos(\gamma_{fbjx'}(k)))/((\|\boldsymbol{p}_{bj}(k)\|/a_{\mathrm{dis}}^{i'})^{d_2^{i'}})]/\delta_{jabx'}(k)>0$$

$$(j=1,2,\cdots,m;\ n\geqslant 1,\ k=0,\ 1,\cdots,n;\ i=1,2,3;\ i'=1,2,3)$$

定理 5. 2 的推导过程与定理 3. 2 相同，这里不再重复。定理 5. 2 的表述与定理 4. 2 的表述基本一致，不同的是定理 5. 2 中的两最近邻如果是机器人的时候，有可能是同层两最近邻，也有可能是全局两最近邻。而定理 4. 2 中的两最近邻如果是机器人的时候，都是同层两最近邻，也是全局两最近邻。但是，定理 5. 2 与定理 4. 2 给出的系统原点平衡状态即 $\boldsymbol{\Delta}_{abx'}(k)=0$ 为大范围渐近稳定的充分条件是一致的，这说明多层围捕中的机器人个体当确定了自己所在的层数之后，多层围捕系统的稳定性条件与单层围捕稳定性条件是一致的。因此，定理 5. 2 进一步扩大了定理 4. 2 的适用范围。

在不满足循障条件的障碍物环境中目标静止时，同时满足定理 5. 1 和定理 5. 2，即 $0<\Gamma<\min(2/c_1,2/(d_1\mu))$，虽然由于实际物理系统（如速度和加速度）的限制会使收敛速度变慢，但在有限时间内可使围捕机器人以一定精度收敛在多层有效围捕圆周上且呈受力平衡的围捕队形，即不一定呈均匀分布，但系统是稳定的。对定理 3. 1 和定理 3. 2 的参数分析同样适用于这里。另外，如果 $a_{\mathrm{dis}}^1=a_{\mathrm{dis}}^2=a_{\mathrm{dis}}^3$ 并且 $d_2^1=d_2^2=d_2^3$ 或者在无障碍物环境中，则 $\|\boldsymbol{p}_{ajox'}(k)\|=\|\boldsymbol{p}_{bjox'}(k)\|$，$d_{jo}(k)=0$，定理 5. 2 的结果则变为定理 5. 3 的形式。

定理 5. 3　在不满足循障条件的动态变形障碍物环境中，并且 $a_{\mathrm{dis}}^1=a_{\mathrm{dis}}^2=a_{\mathrm{dis}}^3$、$d_2^1=d_2^2=d_2^3$ 或无障碍物环境下，如果多层围捕中所有机器人满足式（5. 5）并且 $0<\Gamma d_1(a_{\mathrm{dis}}^1)^{d_2^1}\mu'<2$，则系统原点平衡状态即 $\boldsymbol{\Delta}_{abx'}(k)=(\delta_{1abx'},\delta_{2abx'},\cdots,\delta_{mabx'})^{\mathrm{T}}=0$ 为大范围渐近稳定，其中，$\mu'=\max\mu_j'(k)$，$\mu_j'(k)$可表示为

$$\mu_j'(k)=[\phi(\cos(\gamma_{fajx'}(k)))/(\|\boldsymbol{p}_{aj}(k)\|^{d_2^1})+\phi(\cos(\gamma_{fbjx'}(k)))/(\|\boldsymbol{p}_{bj}(k)\|^{d_2^1})]/\delta_{jabx'}(k)>0$$

$$(j=1,2,\cdots,m;\ n'\geqslant 1,\ k=0,\ 1,\cdots,n')$$

由于定理 5. 3 的推导过程与定理 3. 2 相似，这里省去。而且定理 4. 3 与定理 5. 3 的稳定性条件一致，但定理 5. 3 中所指的两最近邻 O_{bj} 和 O_{aj} 有可能是同层两最近邻也有可能是全局两最近邻，而定理 4. 3 中的 O_{bj} 和 O_{aj} 为同层两最近邻，也是全局两最近邻。因此，定理 5. 3 进一步扩大了定理 4. 3 的适用范围。

上面是对于静止目标稳定性分析，而对于运动中的目标，要形成受力平衡的围捕队形，Γ 的一个下限是每一步运动的时间足够使个体旋转 180°而且还

可以达到相当于猎物 v_{ω}^{T} 以上的速度运动一个时间步长的速度（但是不超过 v_{m}^{H}），即 $\Gamma>\max(t_{mit},t_{mahv})$，其中，$t_{mit}$ 和 t_{mahv} 按式（2.26）求解结果计算。将 $\Gamma>\max(t_{mit},t_{mahv})$ 与定理 5.1 和定理 5.2 结合，即不满足循障条件的障碍物环境中目标静止时时间步长限制 $0<\Gamma<\min(2/c_1,2/(d_1\mu))$，可得动态目标以 v_{ω}^{T} 逃逸被成功围捕的一个充分条件为

$$\max(t_{mit},t_{mahv})<\Gamma<\min(2/c_1,2/(d_1\mu)) \tag{5.8}$$

如果 $\Gamma>\max(t_{mit},t_{mahv})$ 与上述定理 5.1、定理 5.3 结合，可得动态目标以 v_{ω}^{T} 逃逸被成功围捕的另一个特例的充分条件为

$$\max(t_{mit},t_{mahv})<\Gamma<\min(2/c_1,2/(d_1(a_{\mathrm{dis}}^{1})^{d_2^1}\mu')) \tag{5.9}$$

由于猎物在实际逃逸过程中并不是每一步都转 180°，个体也不需要每步都转动 180°，因此对于多数实例 Γ 在小于式（5.8）或式（5.9）所给定的下限时也可以成功围捕。

式（5.8）和式（5.9）形式上分别与式（4.5）和式（4.6）一致，但含义不一致，即 μ 或 μ' 的计算公式里包含的两个最近邻 O_{bj} 和 O_{aj} 有可能是同层两最近邻也有可能是全局两个最近邻，而式（3.3）和式（3.4）中的 O_{bj} 和 O_{aj} 为同层两最近邻，也是全局两个最近邻。因此，式（5.8）和式（5.9）分别进一步扩大了式（4.5）和式（4.6）的适用范围。

5.4.3 特殊情况

本节对被循障的对象是非凸或凸静态障碍物、动态变形障碍物和机器人时等三种特殊情况下的群机器人多层围捕系统稳定性进行说明。

5.4.3.1 特殊情况 1

对于满足循障条件的含有静态非凸和凸障碍物环境中系统的稳定性分析可以参见 4.4.2 节。

5.4.3.2 特殊情况 2

对于满足循障条件的动态变形障碍物环境中系统的稳定性分析可以参见 4.4.3 节。

5.4.3.3 特殊情况 3

对于机器人的近邻为机器人并满足循障条件时，4.4.4 节的分析不再适用，原因是本章的多层围捕算法使得循障结束之后的机器人最终都会进入分层

围捕状态，而不会出现一直有循障机器人存在的情况，这也体现了多层围捕算法相比包含了循障算法的单层围捕算法有更好的组织性。

由定理 5.1、定理 5.2、定理 5.3 及各种特殊情况的分析可以推断出整个围捕群机器人系统无论是在动态的变形障碍物复杂环境中还是静态的非凸和凸障碍物环境中，以及无障碍物环境中都是稳定的并具有更强的可扩展性、避障性能和灵活性。

5.5　无障碍物环境下仿真与分析

根据 5.2.2 节的围捕任务模型，本节和 5.6 节分别考虑无障碍物环境下和含有动态变形障碍物的未知复杂环境下群机器人围捕，通过仿真来验证本章所提算法的可扩展性、稳健性、灵活性和避障性能，并与文献［3］做对比分析。仿真中的系统参数设置如表 5.1 如列。围捕机器人对不同近邻对象进行避碰/避障参数值如表 5.2 所列，目标避障参数值如表 5.3 所列。

表 5.1　围捕系统参数值

参数	c_1	c_2	d_1	1	c_r/m	p_r^T/m	s_r^H/m	s_r^T/m	ρ_h
数值	1.1	3.4	5.5	13	6.2	4.2	70	12	4
参数	ρ_t	ε_1	ε_2	v_ω^T /(m·s^{-1})	v_m^T /(m·s^{-1})	v_m^H /(m·s^{-1})	a_m^H /(m·s^{-2})	ω_m^H /(rad·s^{-1})	ω_{am}^H /(rad·s^{-2})
数值	9	0.03	0.83	0.32	1.2	1.2	45	7.5	190

表 5.2　围捕机器人避碰/避障参数值

参数	a_{dis}^1	a_{dis}^2	a_{dis}^3	d_2^1	d_2^2	d_2^3	f_{dis}/m
数值	1.3	2.1	3.7	1.3	2.3	2.3	1.5

表 5.3　目标避障参数值

参数	a_r^S/m	a_r^U/m	d_3	d_4	ρ_s	ρ_u
数值	2.1	3.7	2.2	3.3	9.5	9.5

第一个仿真环境中无障碍物，群机器人个数为 14 个，主要用于测试所提算法的基本性能和特点。表 5.4 为群机器人初始位置，其初始位置可以任意给定。本仿真中 Γ 为 0.45s，小于根据系统参数表 5.1 和式（5.9）所计算的 Γ

下限值 0.616s，然而猎物并不是每步都转向，所以也可以成功围捕。

表 5.4 仿真 1 中群机器人初始位置坐标

	t_1	h_1	h_2	h_3	h_4	h_5	h_6	h_7	h_8	h_9	h_{10}	h_{11}	h_{12}	h_{13}	h_{14}
X/m	-15.2	-4.5	-18.2	-11.8	-8.5	-1.5	-18.5	-16	-20.1	-35	-33	-31	-1.2	-9	-15.2
Y/m	2.5	-18.1	-0.6	1.0	0	-0.2	-4.5	-2.1	-0.6	-22	-19.5	-17.1	-9.5	-15.2	-9.2

5.5.1 仿真结果

群机器人个体只是根据简化虚拟受力模型进行运动的多层围捕仿真轨迹如图 5.3 所示，其中，虚线圆周代表多层有效围捕圆周，实线圆周内部代表猎物势域。由图可知，与基于 LP-Rule 的围捕方法相似的是，基于 SVF-Model 同样可以涌现出 Leader，但是由于是多层围捕，每一层都可涌现出 Leader，因此这里涌现出了更多的 Leader，如图 5.3（e）和图 5.3（f）中的 h_8、h_4、h_1、h_3、h_6、h_7、h_9 和 h_{13} 等。由于追赶过程中，机器人群体拥挤便自动分为三层，而在包抄过程中由于拥挤加重出现了四层分布，但到了成功围捕过程时，由于机器人在每层上开始趋于分散，机器人之间拥挤程度减弱，围捕层数减为三层，随着机器人群体进一步在内层上分散分布，拥挤程度进一步减少，整体最终在宏观层面上涌现出均匀稳定的二层围捕队形。在图 5.3（f）和图 5.3（g）中，猎物运动方向的改变是猎物随机选择的结果。

具体围捕过程是这样的，图 5.3（a）中，初始位置由于猎物势域内机器人的合势小，猎物与邻近 h_3 进行对抗，其方向为势角反向，3 步后已有 h_2、h_3 和 h_7 共 3 个机器人进入猎物势域，其合势大于猎物的势，因此猎物下一步运动方向指向机器人的势角方向，准备逃离，如图 5.3（b）所示；图 5.3（c）中，猎物加速至最大速度逃离，群机器人同样加速至最大速度追赶，在追赶一段时间即 $l=13$ 步（式（5.1）中所示，l 步后第一项消失）快速消耗猎物体力后，集体向多层有效围捕圆周上运动；15 步时，猎物势域内只有比其势小的 h_8，于是重新选择与其对抗，而从整体上来看，仿佛是猎物勇猛地将 h_8 驱赶出了其势域范围，其他机器人也如惧怕猎物一样远离开去，20 步时猎物感觉威胁解除，准备减速进行逃离，如图 5.3（d）所示。图 5.3（e）中猎物减速至漫步速度逃离，随后机器人在多层有效围捕圆周上以大于猎物速度快速包抄了猎物。图 5.3（f）中机器人在最内层有效围捕圆周上成功包围了猎物，之后，其与猎物的运动方向保持一致，多层围捕队形达到理想状态，如图 5.3（g）所示。这里感到巧妙的是，个体之间的排斥力最后竟然成了围捕多层圆周队形层内均匀分布所需要的协调行为的源动力。

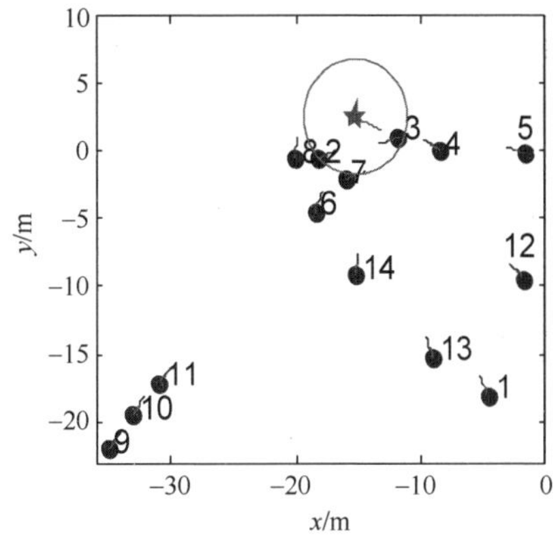

(a) 初始位置(0步)

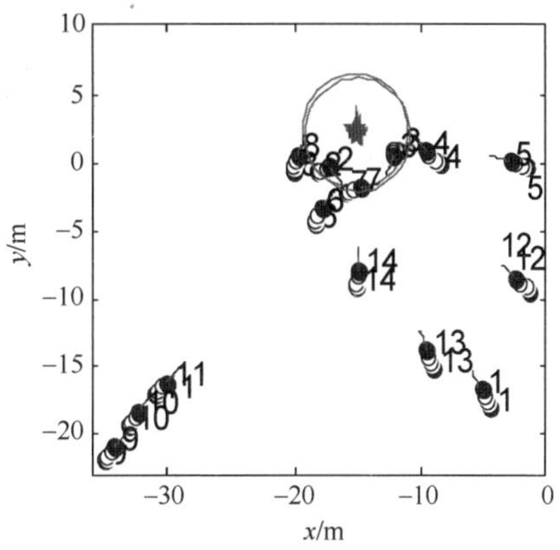

(b) 对抗(3步)

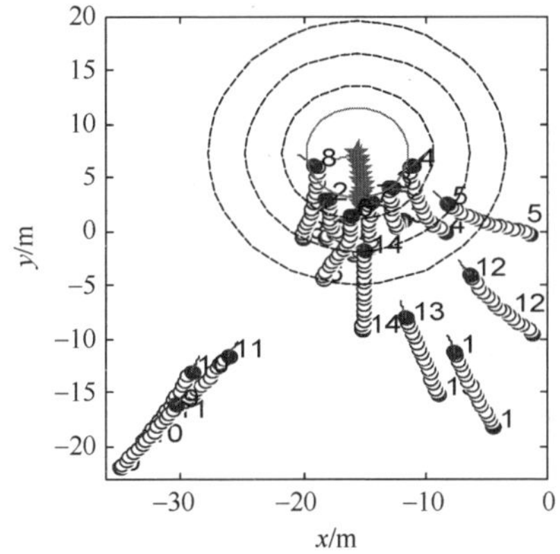

(c) 追赶(15步)

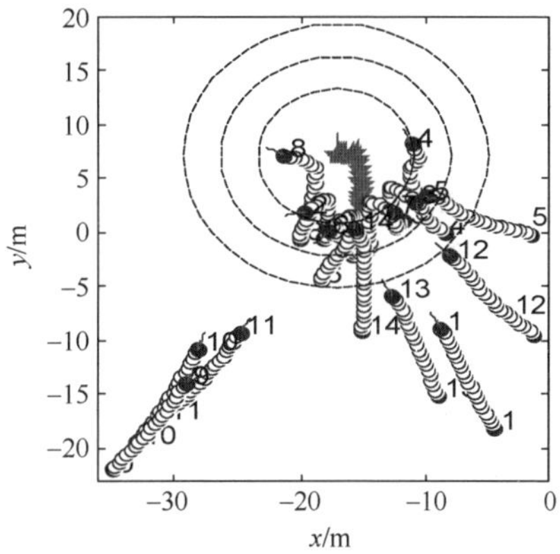

(d) 驱赶(20步)

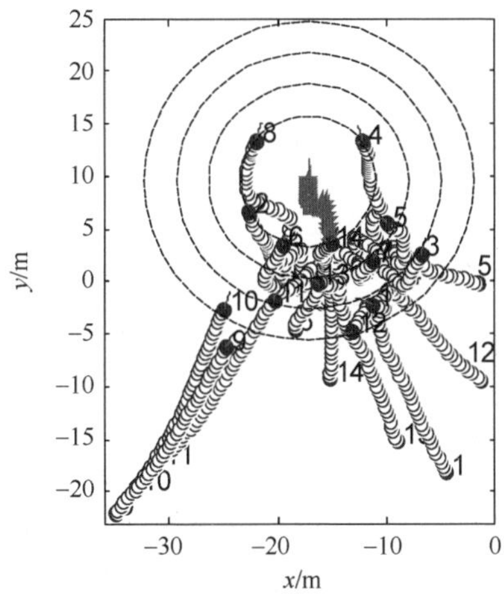

(e) 包抄(37步)

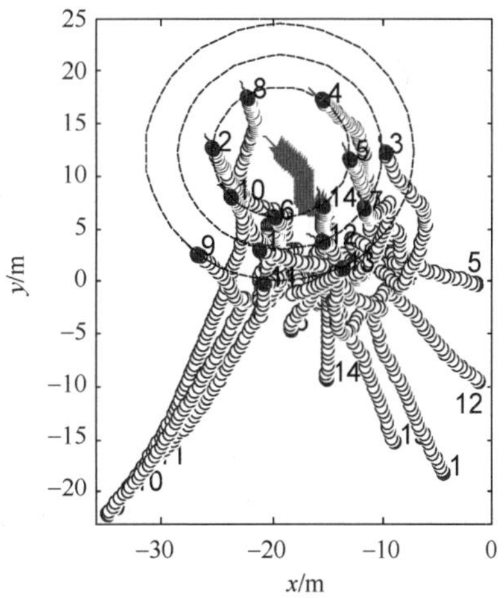

(f) 成功围捕(62步)

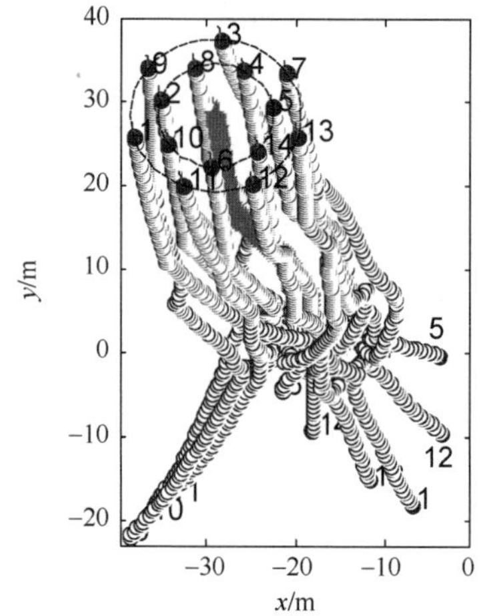

(g) 多层围捕队形生成(189步)

图 5.3 无障碍物环境下群机器人自组织协同多层围捕

5.5.2 偏差收敛分析

1. 目标距离偏差分析

在图 5.4 中，围捕机器人在多层有效围捕圆周内外运动，而文献［3］中始终只是在收敛圆域外运动，因此收敛过程整体上与文献［3］不完全一致。

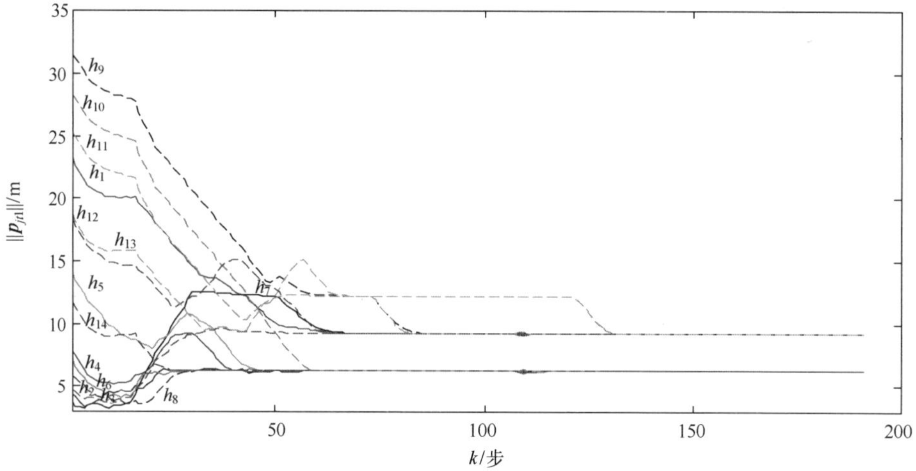

图 5.4 目标距离偏差

具体的收敛过程是，初始时猎物与群机器人进行对抗，群体迅速靠近猎物(斜率绝对值较大)；随着猎物在 4~13 步的加速逃离，各个机器人同样快速跟上，其距离除 h_2 和 h_3 外又进一步减小；在 15 步时几乎所有机器人的收敛速度放缓是因为群体已经向多层有效围捕圆周上运动所致，之后猎物以漫步速度逃逸，所有个体逐渐趋近于多层有效围捕圆周上进行追捕，偏差大约在 135 步之后达到稳态，此时所有个体以一定精度达到猎物的多层有效围捕圆周上。此外，由于目标在 106 步之后突然向上方偏转，除 h_{13}外所有机器人在 106~115 步左右进行了加速并收敛到猎物的多层有效围捕圆周上。这里的 h_{13}在 52~120 步由于感知第二层较拥挤，一直处于第三层有效围捕圆周上，在 120 步后感知第二层较宽松后便于 134 步后迅速达到第二层有效围捕圆周上，这是 LP-rule 所不具备的拥挤条件下多层围捕运动以避免机器人之间相碰并具有很强的可扩展性。

2. 近邻对象合力偏差分析

本章采用f_{abj}来分析群体达到理想围捕队形过程中的特点。由图 5.5 可知大约 172 步之后，所有个体的f_{abj}逼近于 0，而原来在包抄过程中最内层涌现出来的 Leader 的 h_8 和 h_4 震荡最小，震荡最剧烈的是相对于 Leader 最远的 h_6，此特点与文献［3］一致，而其他层具有同样的特点。由图 5.5 可知多层围捕中机器人判定自己是否为 Leader 的条件是偏差值出现一个较大值后近似单调逐步衰减（这与文献［3］中确定 Leader 的规律正好相反，与第 2 章中判定条件一致）。

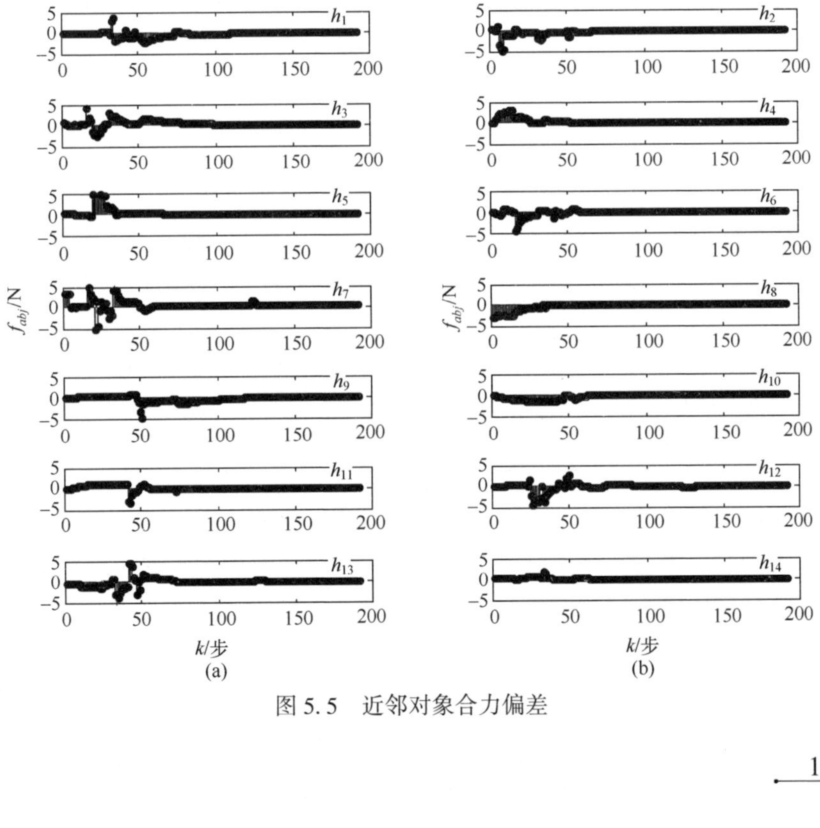

图 5.5　近邻对象合力偏差

5.6 未知动态变形障碍物环境下仿真与分析

根据5.2.2节的围捕任务模型，本节主要研究同一算法在含有动态变形障碍物和非凸静态障碍物的不同未知动态复杂环境下群机器人围捕，通过仿真二（5.6.1节）和仿真三（5.6.2节）的对比研究来验证本书所提算法的可扩展性、稳健性、灵活性和避障性能。

5.6.1 含“Z”字形障碍物环境下仿真与分析

本小节考虑未知动态复杂环境，环境中包括6个点状静态障碍物、一个动态变形障碍物即同时做平动和转动的“Z”字（相当于两个非凸“V”形结构相连而成），1个圆，4个静态凸多边形障碍物和3个静态非凸“U”形障碍物，采用22个围捕机器人，用于测试所提算法的避障性能和稳健性。群机器人初始状态坐标如表5.5所列。$\Gamma=0.65\text{s}$，大于由系统参数和式（5.8）所计算的Γ下限值0.616s。“Z”字旋转方向是逆时针，平移方向是右下方，旋转角速度是0.0153rad/s，平移速度是0.08m/s，“Z”字旋转半径是$8\sqrt{2}\text{m}$，因此其最大线速度为0.2534m/s，由4.4.3节可以计算出$v_{\text{m}}^{U}=0.2585\text{m/s}$，由于$v_{\text{m}}^{U}>0.2534\text{m/s}$，只要保持对目标的位置时刻更新，循障机器人可以成功循障并且最终加入围捕队形。目标遇到静态和/或动态障碍物时要避障。

表5.5 仿真2中群机器人初始位置坐标

坐标	t_1	h_1	h_2	h_3	h_4	h_5	h_6	h_7	h_8	h_9	h_{10}	h_{11}
X/m	-15.2	-12.1	-8.0	-13.0	-13.5	-8.5	-16.1	-11.2	-18.2	-18.2	-17.5	-12.5
Y/m	2.5	1.0	0	-8.0	-18.1	-17.8	-7.2	-13.0	-0.9	-6.1	-10.1	-11.1
坐标	h_{12}	h_{13}	h_{14}	h_{15}	h_{16}	h_{17}	h_{18}	h_{19}	h_{20}	h_{21}	h_{22}	
X/m	-15.0	-17.0	-16.0	-21.2	-13.0	-11.0	-5.2	-8.0	-5.1	-4.0	-9.5	
Y/m	-15.0	-13.0	-2.3	-1.0	-4.0	-5.0	-15.1	-7.0	-5.1	-9.0	-11.0	

多层围捕仿真轨迹如图5.6所示，其运动过程整体上与5.5节第一个仿真相似。不同的是本仿真少了驱赶过程，另外由于障碍物的影响还出现了与障碍物一起包抄和成功多层围捕等过程，如图5.6中的（c）、（d）、（e）、（f）和（g）所示。

仿真中，多层围捕时基于简化虚拟受力模型的循障算法成功避开动态变形障碍物的过程是这样的，在 157 步之时，h_9 陷入“Z”字动态障碍物并满足了循障条件，又因 $\cos(\gamma_{y'})>0$，所以按右循障运动，旋转的“Z”字是一边作逆时针旋转运动，一边向右下方作平动，由于“Z”字速度小于 v_m^U，h_9 一边躲避运动的变形障碍物一边成功完成了循障运动，于 196 步满足循障结束条件之一，即 $\cos(\mathrm{dagl}(\gamma_{faj}-\gamma_{y'}))>0$ 出现三次，之后重新按照围捕控制快速进入围捕队形中，如图 5.6（f）所示。

多层围捕中基于简化虚拟受力模型的循障算法同样可以成功避开静态非凸 U 形障碍物。h_{17}大约在 300 步左右陷入 U 形障碍物中，在 337 步之时满足了循障条件，根据 $\cos(\gamma_{y'})<0$ 确定了左方循障状态进行循障。h_{17}在 357 步时满足循障结束条件（即 $\cos(\mathrm{dagl}(\gamma_{faj}-\gamma_{y'}))>0$ 出现三次）后采取围捕控制并躲开左右两边凸形障碍物后，迅速加入围捕队形中，如图 5.6（h）所示。而当 h_9，h_{17}不在围捕队形中时，剩下的群体仍能自组织围捕目标，说明算法具有较好的稳健性，如图 5.6（f）和 5.6（h）所示。

另外，值得引起兴趣的是，机器人会自动增加有效围捕圆周层数来避免相碰并顺利通过狭窄的通道，如图 5.6（g）所示，有效围捕圆周层数增加至 6 层。而当环境较宽松时，机器人会自动减少有效围捕圆周层数至最小，如图 5.6（i）所示，有效围捕圆周层数减少至三层。

多层协同围捕和障碍物环境的复杂性导致本仿真涌现出了众多 Leaders，如最内层按涌现顺序分别是 h_{15}、h_2、h_{13}和 h_{18}，如图 5.6 中的（c）(e）和（f）所示。整个群体在环境内存在静态非凸和凸以及动态变形障碍物的情况下仍然可以严格避障避碰实现多层围捕，体现本算法具有较好的避碰/避障性能和稳健性。

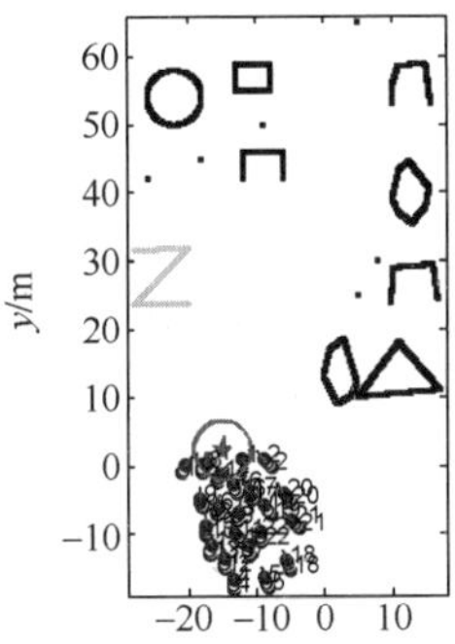

(a) 对抗(2步)

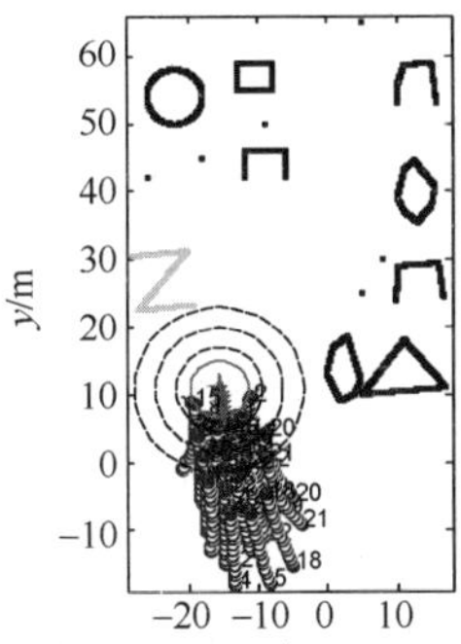

(b) 追赶(15步)

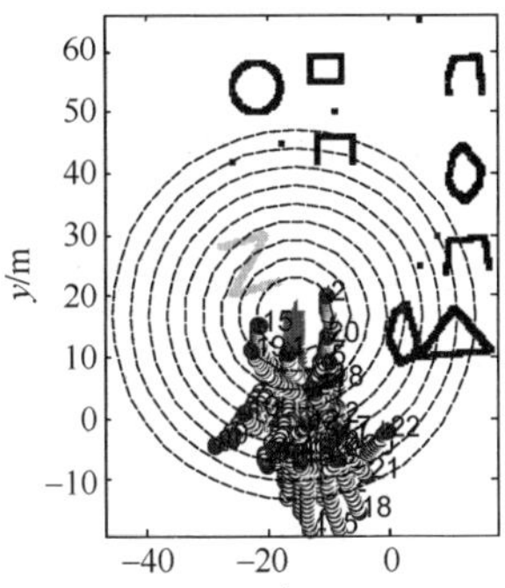

(c) 与变形障碍物一起包抄(40步)

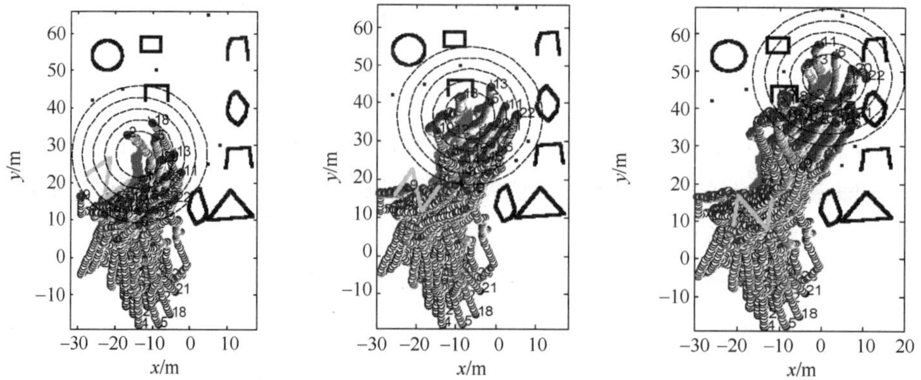

(d) 与变形障碍物一起成功多层围捕(97步)　(e) 与静态非凸障碍物一起成功多层围捕(152步)　(f) 与各种静态障碍物一起成功多层围捕(221步)

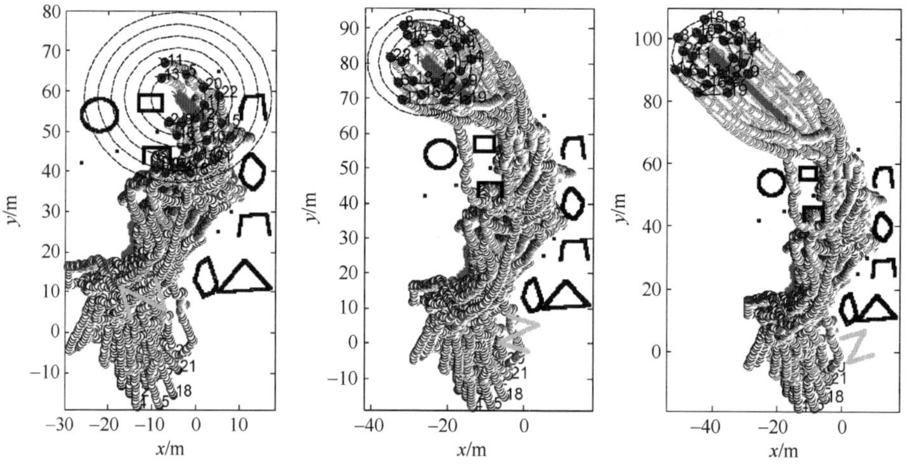

(g) 再次与各种静态障碍物一起成功多层围捕(287步)　(h) 群机器人成功多层围捕(436步)　(i) 多层围捕队形生成(532步)

图 5.6　未知动态非凸环境下群机器人自组织协同多层围捕

5.6.2　含“米”字形障碍物环境下仿真与分析

本小节考虑更加复杂的未知动态环境，环境中包括一个动态变形障碍物即同时做平动和转动的“米”字，8 个呈现“U”“E”“F”“G”“K”“W”“N”和“Y”等各种非凸形状的静态障碍物。

这里的“米”字形动态变形障碍物要比仿真一中的“Z”字形复杂得多，“米”字形相当于 8 个“V”字形结构的非凸单元相连而成，即所有方向均为非凸；而“Z”字形的四个方向中有两个方向是“V”字形结构，另外两个方向是凸的。而且这里的静态非凸障碍物，如“E”“F”“G”“K”“W”“N”

和“Y”等都要比仿真一中的“U”字形非凸结构障碍物整体上复杂一些，这里的每个非凸障碍物相当于“U”的变形或两个“U”字形或多个“V”字形或“U”字形和“V”字形的结合，这增加了群机器人避障的困难。另外，本仿真中采用 44 个围捕机器人，比仿真一中机器人数目增加了 1 倍，这同样增加了避障和协同多层围捕的困难。本仿真采用与 5.6.1 节仿真同样的算法和相同的系统参数和避障参数设置，不同的只是所增加的 22 个机器人的位置（表 5.6）。更加复杂的非凸环境用于测试所提算法的灵活性，并进一步测试其避障性能、可扩展性和稳健性。“米”字旋转方向是逆时针，平移方向是左下方，旋转角速度为 0.0153rad/s，平移速度为 0.08m/s，“米”字旋转半径是 11.6340m，因此其最大线速度为 0.2580m/s。由 4.4.3 节可得 $v_{\mathrm{m}}^{U}=0.2585\mathrm{m/s}$（与 5.6.1 节仿真相同），由 $v_{\mathrm{m}}^{U}>0.2580\mathrm{m/s}$，只要保持对目标的位置时刻更新，循障机器人可以成功循障并且最终加入围捕队形。

表 5.6　仿真 3 中增加的机器人初始位置坐标

坐标	h_{23}	h_{24}	h_{25}	h_{26}	h_{27}	h_{28}	h_{29}	h_{30}	h_{31}	h_{32}	h_{33}
X/m	-2.0	-4.0	-3.0	-5.0	-7.0	-6.0	-10.0	-12.0	-15.0	-18.0	-16.0
Y/m	-28.0	-25.0	-22.0	-29.0	-26.0	-23.0	-27.0	-23.0	-20.0	-19.0	-24.0
坐标	h_{34}	h_{35}	h_{36}	h_{37}	h_{38}	h_{39}	h_{40}	h_{41}	h_{42}	h_{43}	h_{44}
X/m	-19.0	-17.0	-20.0	-20.0	-21.0	-21.0	-22.0	-24.0	-23.0	-20.0	-17.0
Y/m	-25.0	-28.0	-29.0	-15.0	-18.0	-23.0	-26.0	-29.0	-32.0	-33.0	-34.0

多层围捕仿真轨迹如图 5.7 所示，其运动过程及原因与 5.6.1 节仿真相似。不同的是由于本仿真中非凸环境复杂度和机器人数目的增加导致了避障过程和协同多层围捕过程更加复杂。例如，为了避开运动中的“米”字形障碍物，h_{27}陷入“米”字形障碍物后，分别在 158 步、206 步、218 步、230 步、241 步和 289 步先后 6 次进入左循障状态，并分别于 190 步、213 步、225 步、238 步、279 步和 312 步结束左循障状态，连续循障了 4 个动态变形的“V”字形障碍物才避开了“米”字形障碍物，共计用时 154 步，如图 5.7（f）所示。而 5.6.1 节仿真中 h_9 只用了 39 步就完成对变形“Z”字形障碍物的避障，实际上其只循障了一个动态变形的“V”字形障碍物。

为了避开“G”字形障碍物，有近 10 个机器人从最开始的 242 步开始循障，一直到 412 步才结束，如图 5.7（g）所示。而为避开“E”形障碍物，有近 4 个机器人从最开始的 344 步开始循障，一直到 398 步才结束。值得关注的是 h_6 连续循障了“E”所包含的两个“U”字形障碍物共耗时 45 步才避开了它，如图 5.7（g）所示。而为避开“K”字形障碍物，有近 6 个机器人从最开始的 414 步开始循障，一直到 531 步才结束，如图 5.7（h）所示。

为了避开“W”字形障碍物，有近 13 个机器人从 492 步开始循障，一直到 666 步才结束，如图 5.7（h）所示。而仿真一中避开非凸障碍物只用了 20 步。当循障机器人不在围捕队形中时，剩下的群体仍能自组织围捕目标，说明算法具有较好的稳健性，如图 5.7（e）、图 5.7（f）和图 5.7（g）所示。

另外，与 5.6.1 节仿真相同的是，机器人会自动增加有效围捕圆周层数来避免相碰并顺利通过狭窄的通道，如图 5.7（f）所示，有效围捕圆周层数增加至 10 层。而当环境较宽松时，机器人会自动减少有效围捕圆周层数至最小，如图 5.7（i）所示，有效围捕圆周层数减少至四层。

机器人数目的增多和非凸环境复杂性的增加导致本仿真涌现出了众多 Leaders，如最内层按涌现顺序分别是 h_{15}、h_2、h_1、h_9 和 h_{18}，如图 5.7（c）（e）（f）和（g）所示。整个群体在机器人数目比仿真一增加 1 倍并且在更加复杂的非凸动态环境下仍然可以严格避障避碰实现多层围捕，除了体现本算法具有较好的灵活性和可扩展性，还具有较好的避碰/避障性能和稳健性。

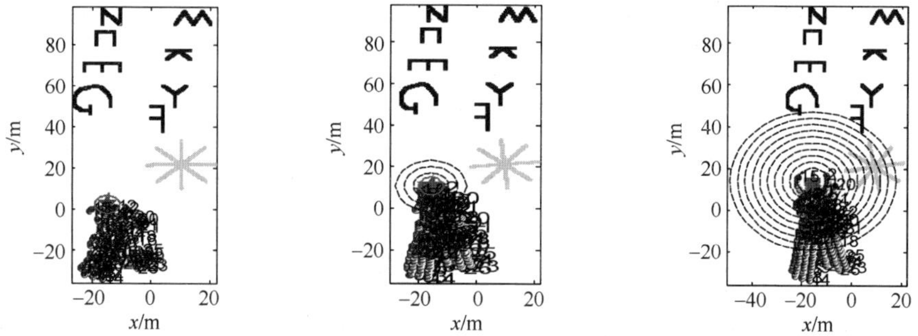

(a) 对抗(2步)　(b) 追赶(15步)　(c) 包抄(26步)

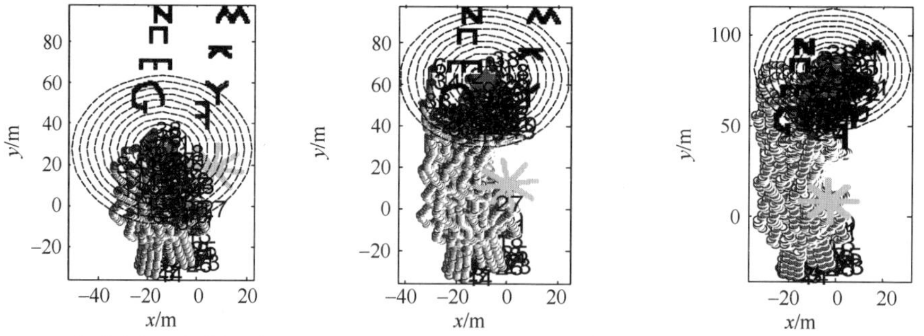

(d) 与动态变形障碍物一起成功多层围捕(95步)　(e) 与“G、E、F和Y”字形障碍物一起成功多层围捕(268步)　(f) 与各种非凸障碍物一起成功多层围捕(365步)

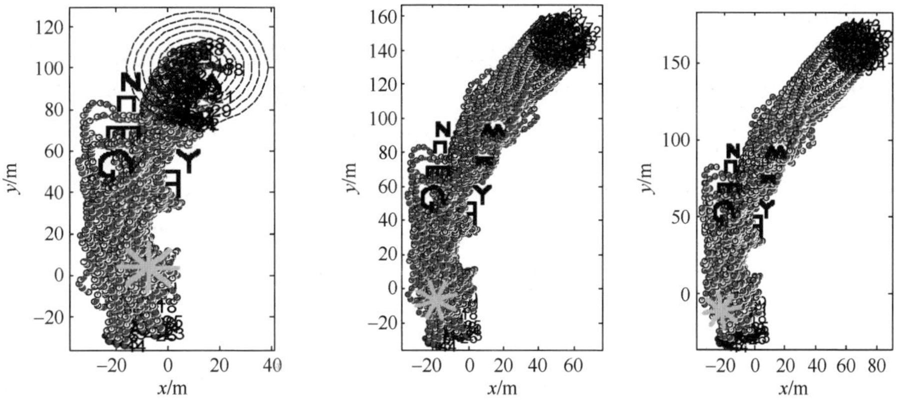

(g) 与“M”字形障碍物一起成功多层围捕(483步)　(h) 群机器人成功多层围捕(775步)　(i) 多层围捕队形生成(872步)

图 5.7　未知动态非凸复杂环境下群机器人自组织协同多层围捕

5.7　本章基于 SVF-Model 的围捕算法与其他算法的比较分析

本章基于 SVF-Model 的围捕算法与基于 LP-Rule 的单层围捕算法[3]相比优势如下。

(1) 第 4 章算法与基于 LP-Rule 的围捕算法相比的优势，本章算法同样具有。

(2) 多层协同围捕比单层围捕更易扩展机器人的数量，作者曾经做过 500 个机器人的多层围捕仿真均可实现多层均匀围捕，而如果用基于 LP-rule 的单层围捕算法来实现，其围捕半径变得很大，不切实际。

(3) 单层围捕避障只是在单层围捕圆周上通过左右移动来实现，其避障能力有限，而多层围捕通过增加层数可以通过更狭小的通道，提高了灵活性。

(4) 考虑了实际机器人的尺寸对多层有效围捕圆周上机器人个数的限制，更加符合围捕实际情况。而基于 LP-Rule 的单层围捕算法没有考虑有效围捕圆周上机器人个数的限制。

(5) 单层围捕由于只有一层，易于出现猎物逃出围捕圆周的现象，而多层围捕由于层数较多，猎物不易轻易逃出围捕圆周。

本章基于 SVF-Model 的多层围捕算法与第 4 章基于 SVF-Model 的单层围捕算法相比优势如下。

(1) 本章算法通过多层之间的移动进行避障，其避障能力比第 4 章围捕算法更强。

（2）本章算法通过多层结构来实现群机器人的围捕队形，比第 4 章围捕算法仅依靠循障来组织单层围捕圆周之外的机器人个体要更有组织性。

（3）本章多层围捕算法比第 4 章单层围捕算法的可靠性更好。

（4）本章算法比第 4 章算法的可扩展性、避障性能，以及灵活性更好。

5.8 本章小结

本章研究未知非凸和凸以及动态变形障碍物环境下群机器人多层围捕问题，进一步完善第 2 章的简化虚拟受力模型中个体只对单层有效围捕圆周上进行受力分析为对任意层有效围捕圆周上进行受力分析，提出了一种基于简化虚拟受力模型的非完整移动群机器人自组织协同多层围捕方法，由仿真验证了其避障效果、避碰效果和多层协同围捕有效性，使得围捕系统具有更好的灵活性、强避障性能和高可扩展性。在理论上分析了系统的稳定性，给出了系统稳定的充分条件，有利于系统参数设置，便于实际应用，而且验证了基于简化虚拟受力模型可以使群机器人涌现出期望的群体协同多层围捕行为，对涌现控制研究有所帮助；最后列出了多层协同围捕方法与其他方法相比的优势[4-5]。

参考文献

[1] XU W B, CHEN X B, ZHAO J, et al. A decentralized method using artificial moments for multi-robot path-planning [J]. International Journal of Advanced Robotic Systems, 2013, 10(24): 1-12.

[2] MURO C, ESCOBEDO R, SPECTOR L, et al. Wolf-pack (Canis lupus) hunting strategies emerge from simple rules in computational simulations [J]. Behavioural Processes, 2011, 88(3): 192-197.

[3] HUANG T Y, CHEN X B, XU W B, et al. A self-organizing cooperative hunting by swarm robotic systems based on loose-preference rule [J]. Acta Automatica Sinica, 2013, 39(1): 57-68.

[4] 张红强，章兢，周少武，等．未知动态复杂环境下群机器人协同多层围捕 [J]．电工技术学报，2015，30(17)：140-153.

[5] 张红强．基于简化虚拟受力模型的群机器人自组织协同围捕研究 [D]．长沙：湖南大学，2016.

第6章 未知动态凸障碍物环境下群机器人协同多目标围捕

6.1 引　　言

群机器人系统是一种移动的分布式系统，具有高密度特点并具有稳健性、可扩展性，以及灵活性。这些重要特征使得群机器人系统对于完成大规模任务来说是一种很有希望的解决方法。群机器人系统是集体机器人系统的一个分支，其优于许多其他系统在于其拥有大量的机器人。群机器人系统允许同时执行大量任务，而这样的要求超出了单个机器人或多机器人系统的能力[1]。

在许多实际的机器人系统应用中，成功完成一个任务不仅仅依靠机器人执行操作的逻辑正确，而且依靠时间期限，在期限之前结果被传递。这些任务是指一些实时任务，根据它们的期限特点可以分类为：强实时任务和弱实时任务。强实时任务是指错过了期限会导致灾难性的结果；弱实时任务是指错过了期限会减少结果的质量。当群机器人系统从进行研究的实验室开始应用于实际生活时，实时任务将会是很普遍的。然而，处理强期限任务超出了完全随机系统如群机器人系统的能力范围；具有弱期限的任务非常适合群机器人系统[2]。

目前，仅有一些工作关注了在时间约束下的群机器人任务分配，拍卖策略是应用最频繁的之一[3-4]。除了已经建立的很好的拍卖策略，启发式方法用于机器人带时间约束的任务分配也得到了介绍[5]。在文献［6-7］中，基于市场的任务分配策略也进行了介绍，在这里时间是主要的关键约束。基于概率的方法参见文献［2，8］，这里一起考虑到了成功完成任务时的奖励机制。

在文献［9］中提出用三个轴来描述多机器人任务分配问题。一是单一任务机器人（Single-Task Robots，ST）或多任务机器人（Multi-Task Robots，MT）。ST 指单个机器人在一个时间段内最多只能执行一项任务，MT 则是指一些机器人可以同时执行多项任务。二是单机器人任务（Single-Robot Tasks，SR）或多机器人任务（Multi-Robot Tasks，MR）。SR 是指每一项任务仅仅只需要一个机器人来完成，MR 则是指一些任务可能需要多个机器人来完成。三是即时分配（Instantaneous Assignment，IA）或时间延伸分配（Time-Extended Assignment，TA）。IA 是指获得的包含机器人、任务和环境的信息只允许立即分配任务给机器人，而没有对将来的分配。TA 则是指可以获得更多的信息，如整个任务集合将来都需要分配，或者在整个时间段内会有何种任务模型将出现。而这里研究的群机器人多目标围捕任务属于 ST-MR-IA，即为需要多个单一任务机器人的即时分配的任务，这也是一个弱时限问题。

与前述时间约束下的群机器人任务分配文献不同的是，对于多动态目标围捕，任务完成的时间不是最重要的，关键是任务分配所花费的时间要短，因为如果分配时间太长，有可能会导致目标已经逃离围捕机器人的感知范围，造成个别目标围捕失败。上述基于市场、基于拍卖的方法，任务分配过程复杂，延长了分配任务的时间。基于酒吧系统的启发式任务分配方法，需要知道全部机器人的数量和速度，通信和计算量大，而且解决的是只需要单个机器人就可以完成的任务分配问题，并不适合需要多个机器人协作完成的多目标围捕问题。基于概率的方法需要知道机器人数量并离线计算决策矩阵，其分配任务的过程复杂。

而针对群机器人多目标围捕，已有一些报道。存在局部邻居数不可扩展[10]、多目标始终是聚集在一起[11]、多目标是静止的[12]、环境中无障碍物[13]等问题。

实现大规模群机器人动态多目标围捕的挑战在于如何使得当动态多目标四散逃跑时每个机器人自组织地实现任务分配，不需要整体决策者或领导者或裁判，不但要保证每个动态目标都有足够多的机器人参与围捕，还要保证最远目标（也是最难围捕的目标，因为其最容易逃离围捕机器人的感知范围）有最多的机器人参与围捕，从而保证围捕成功率；而且任务分配时需要的信息是尽可能少的局部信息，并且分配任务的时间要非常短，任务分配算法尽量简单，否则任务尚未分配完毕，目标可能已经逃离；分配了不同围捕目标的机器人之间如何避碰，如何减少运动距离；如何在未知动态障碍物环境中做到既保持多目标围捕队形又成功避障，而且每个机器人的自组织移动仅根据围捕目标和两最近邻位置信息来决策。

针对以上挑战，这里通过考虑未知动态障碍物环境中多动态目标和最近邻两个对象（有可能是机器人、静态或动态障碍物，以及非自己围捕的目标）的位置信息，以及面向多目标中心方向的两最近邻任务信息。根据群体实现动态多目标围捕的自组织运动特点进一步完善了基于 AP 方法的简化虚拟受力模型，并且提出了动态多目标任务自组织分配方法和自组织协同动态多目标围捕方法。在围捕过程中机器人个体还可以根据距离目标的远近与近邻交换围捕目标，达到避障的同时节省能量。基于完善的简化虚拟受力模型和协同自组织多目标围捕方法，个体通过受力计算进行自主运动，使得群机器人快速达到动态多目标围捕队形的理想状态。

6.2 模型构建

6.2.1 群机器人运动模型及相关函数

m 个完全相同的非完整移动轮式机器人组成围捕群机器人，个体与第 2 章中所用模型一致，如图 2.1 所示。纯粹转动不打滑的机器人 h_j 的运动学方程与式（2.1）一致。

围捕过程中目标和对象（包括机器人、静态或动态障碍物和非自己围捕的目标）的施力函数分别为（式（6.1）与式（2.5）不一致，式（6.2）与式（2.6）形式上一样，但实质上不一样）：

$$f_{t_p}(d)=c_1(d-c_r)+c_2(d>d_{sp})(n_c<l) \tag{6.1}$$

$$f_o(d)=d_1/[(d/a_{dis}^i)^{d_2^i}] \tag{6.2}$$

式中：d 表示两点之间的距离；c_1、d_1 和 d_2^i 用于优化机器人运动路径；c_r、c_2 和 a_{dis}^i 分别是有效围捕半径、追捕接近参数和开始加强避碰或避障的距离；$i=1,2,3,4$ 分别表示对象是机器人、静态、动态障碍物和非自己围捕的目标时所用的具体参数；n_c、l、d_{sp} 分别是当前围捕步数、开始向有效围捕圆周（以目标为圆心，c_r 为半径形成的圆周）上运动的步数和开始向有效围捕圆周上运动时机器人距目标的距离。

这里用两个条件来判断何时向有效围捕圆周上运动，$d>d_{sp}$ 时的条件用来保护围捕机器人不要太靠近目标，防止受损；当 $d>d_{sp}$ 失效时即机器人的速度有时很难接近目标在一定距离范围时，$n_c<l$ 时的条件则强制停止快速追击目标，开始向有效围捕圆周上运动。t_p 则根据 p 值的不同指不同的目标。

对于不满足循障条件的障碍物，给定仿生智能避障映射函数为式（2.4）。假设有向线 l_i 和 l_j 的方向角分别是 γ_i 和 γ_j，为了确定两有向线之间的角度，按式（2.3）计算从 l_i 到 l_j 的角 γ_{ij}[14]。

6.2.2 围捕任务模型

本章同样基于狼群围捕进行研究[15-16]，其捕食过程包括 5 个阶段：目标分配、目标锁定、对抗、追捕和围捕成功[16]。目标和动态障碍物的数学模型构建如下。

由于是多目标围捕，围捕环境与定义 2.1 描述不一致，这里重新给出相关定义。

定义 6.1 在全局坐标系 xOy 中，设机器人和障碍物的位置信息为 $O_K=(x_K,y_K)$，$K\in\{T,H,S,U\}$ 包含了猎物（目标）$T=\{t_p:p=0,1,\cdots,e\}$、捕食者（围捕机器人）$H=\{h_j:j=1,2,\cdots,m\}$、静态障碍物 $S=\{s_j:j=1,2,\cdots,\alpha\}$ 和动态障碍物 $U=\{u_j:j=1,2,\cdots,\beta\}$，这里需要说明的是 $t_p(p=1,2,\cdots,e)$ 是指各个具体的目标，而 t_0 是指多目标的中心。c_{r}、p_{r}^T、s_{r}^H 和 s_{r}^T 分别为有效围捕半径、目标的势域半径、机器人和目标的感知半径。a_{r}^S 和 a_{r}^U 是目标和动态障碍物开始加强分别避开静态和动态障碍物的距离。一般取 $s_{\mathrm{r}}^H>s_{\mathrm{r}}^T>c_{\mathrm{r}}>p_{\mathrm{r}}^T>a_{\mathrm{r}}^U\geqslant a_{\mathrm{r}}^S$，则目标势域 $G_T=\{(x,y),p=1,2,\cdots,e:\|(x,y)-(x_{t_p},y_{t_p})\|\leqslant p_{\mathrm{r}}^T\}$ 内所有机器人的集合为 $N_{TH}=\{j\in H,p=1,2,\cdots,e:h_j\in G_T\}=\{j\in H,p=1,2,\cdots,e:\|(x_{h_j},y_{h_j})-(x_{t_p},y_{t_p})\|\leqslant p_{\mathrm{r}}^T\}$。目标和动态障碍物 u_i 需要避开的静态障碍物分别为 $N_{TS}=\{j\in S,p=1,2,\cdots,e:\|(x_{s_j},y_{s_j})-(x_{t_p},y_{t_p})\|\leqslant a_{\mathrm{r}}^S\}$ 和 $N_{US}=\{j\in S:\|(x_{s_j},y_{s_j})-(x_{u_i},y_{u_i})\|\leqslant a_{\mathrm{r}}^S\}$。目标和动态障碍物 u_i 需要避开的动态障碍物分别为 $N_{TU}=\{j\in U,p=1,2,\cdots,e:\|(x_{u_j},y_{u_j})-(x_{t_p},y_{t_p})\|\leqslant a_{\mathrm{r}}^U\}$ 和 $N_{UU}=\{j\in U,j\neq i:\|(x_{u_j},y_{u_j})-(x_{u_i},y_{u_i})\|\leqslant a_{\mathrm{r}}^U\}$。

围捕环境中势的描述与势角的计算与定义 2.2 也不一致，这里同样重新给出。

定义 6.2 设集合 $P=\{P_T,P_H,P_S,P_U\}$，其中 $P_T=\{\rho_{t_p}\}$ 是目标势，$P_H=\{\rho_{h_j}\}$ 是个体势，$P_S=\{\rho_{s_j}\}$ 是静态障碍物势，$P_U=\{\rho_{u_j}\}$ 是动态障碍物势。O_K 可感知之势为 $\widetilde{\rho}_K=\{\rho_K^{\mathrm{ex}},\rho_K^{\mathrm{im}}:\mathrm{ex}\in N_{KK},\mathrm{im}\notin N_{KK},\mathrm{ex}\cup\mathrm{im}\in K\}$，则

$$\begin{cases}\max\rho_{h_i} < \rho_{t_p} < \sum\rho_{h_i},\rho_{t_p} < \rho_{u_i} \leqslant \rho_{s_i},\rho_K^* = \sum\limits_{ex \in N_{KK}}\rho_K^{ex},\\ \bar{\theta}_{pt_p} = \mathrm{angle}\Big(\sum\limits_{ex \in N_{TH}}\rho_{h_j}^{ex}e^{j\theta_{h_jt_pex}} + \sum\limits_{ex \in N_{TS}}\rho_{s_j}^{ex}e^{j\theta_{s_jt_pex}}/(\|(x_{s_j},y_{s_j}) - (x_{t_p},y_{t_p})\|/a_r^S)^{d_3} + \\ \sum\limits_{ex \in N_{TM}}\rho_{u_j}^{ex}e^{j\theta_{u_jt_pex}}/(\|(x_{u_j},y_{u_j}) - (x_{t_p},y_{t_p})\|/a_r^U)^{d_4}\Big),p = 1,2,\cdots,e\end{cases}\tag{6.3}$$

式中：ρ_K^{ex}为显势，可以被 O_K所感知；ρ_H^{im} 为隐势，表示在 O_K势域外或避障范围外未感知之势；ρ_K^* 为 O_K感知显势之和。$\bar{\theta}_{pt_p}$为 t_p 的“势角”，其正向表示猎物感知到捕食群体、静态和动态障碍物之势最弱的方向为逃离方向；相反，反向为对抗方向，表示猎物感知之势最强的方向。$\theta_{h_jt_pex}$、$\theta_{s_jt_pex}$和 $\theta_{u_jt_pex}$分别表示围捕机器人、静态和动态障碍物相对于猎物的方位角，angle(·)是求角度的函数，在 MATLAB 中有此函数。

由上述描述和式（6.3）给定复杂环境下动态多目标的运动方程（与式（2.8）不一致）：

$$\begin{cases}\dot{v}_{t_p} = (v_\omega^T - v_{t_p} + v_{t_p}\times(\rho_{t_p}^* > \rho_{t_p}))\times(v_m^T > v_{t_p})\\ \theta_{t_p} = \theta_\omega^T + (\rho_{t_p}^* \neq 0)\cdot(-\theta_\omega^T + \bar{\theta}_{pt_p} - \pi + \pi\cdot(\rho_{t_p}^* > \rho_{t_p}))\\ p = 1,2,\cdots,e\end{cases}\tag{6.4}$$

式中：v_ω^T、v_m^T 分别为猎物的漫步速度和最大速度，通常机器人的最大速度 v_m^H、v_ω^T 和 v_m^T 满足的关系是：$v_\omega^T < v_m^H \leqslant v_m^T$；$(v_m^T > v_{t_p})$是限速条件，成立时为 1，猎物加速，否则为 0，猎物不再加速；θ_ω^T 是猎物的初始漫步方向角，当 $\rho_{t_p}^* = 0$ 时，即猎物势域内无围捕机器人存在，猎物随机漫步，漫步方向角为 θ_ω^T；当 $\rho_{t_p}^* \neq 0$ 时，即猎物在其势域内发现围捕机器人，这时有两种情况：当 $\rho_{t_p}^* > \rho_{t_p}$时选择逃逸，其方向为势角正向；否则即 $\rho_{t_p}^* < \rho_{t_p}$时，选择对抗，其方向为势角反向。

由上述描述给定障碍物环境下动态障碍物 u_i 的运动方程为

$$\begin{cases}v_{u_i} = v_\omega^U\\ \theta_{u_i} = \mathrm{angle}\Big(v_{u_i}e^{j\theta_\omega^{u_i}} + \sum\limits_{ex \in N_{TS}}\rho_{s_j}^{ex}e^{j\theta_{s_ju_iex}}/(\|(x_{s_j},y_{s_j}) - (x_{u_i},y_{u_i})\|/a_r^S)^{d_3} + \\ \sum\limits_{ex \in N_{TU}}\rho_{u_j}^{ex}e^{j\theta_{u_ju_iex}}/(\|(x_{u_j},y_{u_j}) - (x_{u_i},y_{u_i})\|/a_r^U)^{d_4}\Big)\end{cases}\tag{6.5}$$

式中：$\theta_\omega^{u_i}$、v_ω^U 分别为动态障碍物的初始设定运动角度和速度大小；$\rho_{s_j}^{ex}$、$\theta_{s_ju_iex}$

分别为静态障碍物的势和其相对于 u_i 的方位角；$\rho_{u_j}^{ex}$、$\theta_{u_j u_i ex}$ 分别为动态障碍物的势和其相对于 u_i 的方位角。

本章给出了未知杂乱障碍物环境下多目标围捕时相关的参数，这与文献［16］不同，与前述各章也不相同。此外本章给定了动态复杂障碍物环境下多目标围捕时势角的计算，以及多目标的运动方程。

本章与前述各章所描述的围捕过程不完全一样，本章用 d_{sp} 和 l 两个参数来控制捕食者到猎物之间的距离，这比只用一个参数 l 来控制更科学一些，具体控制特点参见式（6.1）中的说明。当只用一个参数 l 时方便控制追捕的时间，而不方便控制到猎物之间的距离。

6.3 围捕算法

本章围捕研究机器人个体在未知凸动态障碍物复杂环境中，如何根据其周边对象和多个猎物自主确定其运动，避开静态或动态凸障碍物和非自己围捕的目标并保持围捕队形，而且在有限时间内以一定精度均匀分布在多个猎物的有效围捕圆周上。在本章进一步完善第 2 章提出的简化虚拟受力的自主运动模型的基础上，给出复杂环境中群机器人协同围捕动态多目标的算法，使得整个群体实现复杂环境下的动态多目标自组织围捕。

6.3.1 简化虚拟受力模型

由于本章研究的是动态多目标围捕，与前面各章中研究单目标的简化虚拟受力模型描述不完全一致，因此本章给出进一步完善的多目标简化虚拟受力模型（Multi-Target Simplified Virtual-Force Model，MSVF-Model）定义 6.3 如下。

定义 6.3 在全局坐标系 xOy 中，h_j 可以得到自己围捕的目标 $t_p(p=1,2,\cdots,e)$ 和两个最近邻对象（可能是机器人、静态或动态障碍物和非自己围捕的目标）O_{aj}、O_{bj} 和本身的位置信息，如图 6.1 所示。在以 h_j 为原点的相对坐标系 $x'O'y'$ 中，位置矢量 $\boldsymbol{p}_{jt_p}(p=0,1,\cdots,e)$，$\boldsymbol{p}_{aj}$、$\boldsymbol{p}_{bj}$ 分别定义为 $\boldsymbol{p}_{jt_p}=(x_{t_p}-x_j)+\mathrm{i}(y_{t_p}-y_j)$、$\boldsymbol{p}_{aj}=(x_j-x_{aj})+\mathrm{i}(y_j-y_{aj})$ 和 $\boldsymbol{p}_{bj}=(x_j-x_{bj})+\mathrm{i}(y_j-y_{bj})$，$h_j$ 受到目标 $t_p(p=0,1,\cdots,e)$ 的引力或斥力作用和两最近邻对象 O_{aj}、O_{bj} 的斥力作用，其大小分别记为 f_{t_pj}、f_{aj} 和 f_{bj}。y' 轴正半轴方向为 $\boldsymbol{p}_{jt_p}$ 所在方向，方向角 $\gamma_{y'}$ 是指 y' 轴正半轴到 x 轴正半轴的有向角，x' 轴正半轴方向角 $\gamma_{x'}=\gamma_{y'}-\pi/2$。当 $f_{t_pj}\geqslant 0$，目标产生引力，其方向角 $\gamma_{ft_pj}=\gamma_{y'}$；当 $f_{t_pj}<0$，目标产生斥力，其方向角 $\gamma_{ft_pj}=\gamma_{y'}\pm\pi$。

对象的斥力角 γ_{faj}，γ_{fbj}分别是矢量$\boldsymbol{f}_{aj}$和$\boldsymbol{f}_{bj}$即$\boldsymbol{p}_{aj}$、$\boldsymbol{p}_{bj}$到 x 轴正半轴的有向角。h_j的两个最近邻对象斥力偏角 $\gamma_{fajx'}$ 和 $\gamma_{fbjx'}$ 分别是 $\gamma_{fajx'}=\mathrm{dagl}(\gamma_{faj}-\gamma_{x'})$ 和 $\gamma_{fbjx'}=\mathrm{dagl}(\gamma_{fbj}-\gamma_{x'})$。$h_j$受到在 x'轴上的斥力即f_{abj}是f_{aj}和f_{bj}分别在 x'轴上的投影$f_{aj}\cdot\phi(\cos(\gamma_{fajx'}))$和$f_{bj}\cdot\phi(\cos(\gamma_{fbjx'}))$之和。当$f_{abj}\geqslant 0$，其方向角 $\gamma_{fabj}=\gamma_{x'}$；当$f_{abj}<0$，其方向角 $\gamma_{fabj}=\gamma_{x'}\pm\pi$。$h_j$的整体受力矢量$\boldsymbol{f}_{x'y'j}$是由 y'轴的分量矢量$\boldsymbol{f}_{t_pj}$和 x'轴的分量矢量$\boldsymbol{f}_{abj}$组成，其方向角 $\gamma_{fx'y'j}$是从$\boldsymbol{f}_{x'y'j}$到 x 轴正半轴的有向角。

由定义 6.3 直接得到当目标静止时 h_j的需求速度为

$$\boldsymbol{v}_{x'y'j}=\boldsymbol{f}_{x'y'j}=\boldsymbol{f}_{t_pj}+\boldsymbol{f}_{abj}=|f_{t_pj}(\|\boldsymbol{p}_{jt_p}\|)|\mathrm{e}^{\mathrm{j}\gamma_{ft_pj}}+|f_{abj}|\mathrm{e}^{\mathrm{j}\gamma_{fabj}} \tag{6.6}$$

式中：$f_{abj}=f_{aj}(\|\boldsymbol{p}_{aj}\|)\cdot\phi(\cos(\gamma_{fajx'}))+f_{bj}(\|\boldsymbol{p}_{bj}\|)\cdot\phi(\cos(\gamma_{fbjx'}))$、$f_{t_pj}(\|\boldsymbol{p}_{jt_p}\|)$、$f_{aj}(\|\boldsymbol{p}_{aj}\|)$和$f_{bj}(\|\boldsymbol{p}_{bj}\|)$分别是目标 $t_p(p=0,1,\cdots,e)$和两对象 O_{aj}、O_{bj}的施力函数。

按式（6.1）和式（6.2）计算。同时，如果分别将矢量$\boldsymbol{f}_{t_pj}$、$\boldsymbol{f}_{abj}$直接等效为 h_j在 y'轴方向速度 $\boldsymbol{v}_{y'j}$和 x'轴方向的速度 $\boldsymbol{v}_{x'j}$，则存在关系 $\boldsymbol{v}_{y'j}=\boldsymbol{f}_{t_pj}$、$\boldsymbol{v}_{x'j}=\boldsymbol{f}_{abj}$，$\boldsymbol{v}_{x'y'j}=\boldsymbol{v}_{x'j}+\boldsymbol{v}_{y'j}$，如图 6.1 所示。

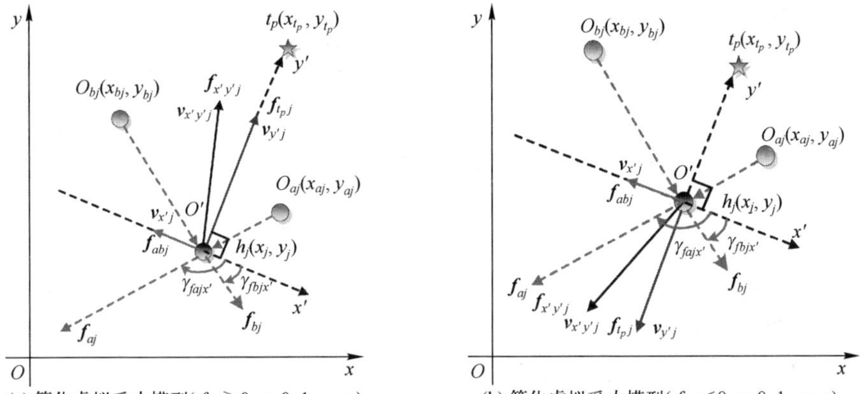

(a) 简化虚拟受力模型($f_{t_pj}\geqslant 0, p=0, 1, \cdots, e$)　(b) 简化虚拟受力模型($f_{t_pj}<0, p=0, 1, \cdots, e$)

图 6.1　简化虚拟受力模型

6.3.2　基于简化虚拟受力模型的个体控制输入设计

设 θ_{je}是期望运动方向，t_{ntj}是 h_j 转至期望运动方向 θ_{je}所需时间，Γ 是运行周期，未知复杂环境中围捕时各机器人 h_j，即式（2.1）的运动控制输入如下：

当 $\Gamma\leqslant t_{ntj}$时，按式（2.11）控制运动，即机器人只进行转向；

当 $\Gamma > t_{ntj}$ 时，按式（2.12）控制运动。此时，机器人的运动策略是先转至期望运动方向 θ_{je} 再根据实际可达速度 v_{jf} 运动。v_{je}、θ_{je} 按下式确定：

$$\boldsymbol{v}_{je} = \boldsymbol{v}'_{t_p} + \boldsymbol{v}_{x'y'j}, \quad \theta_{je} = \text{angle}(\boldsymbol{v}_{je}) \quad (j=1,2,\cdots m_p,\ p=0,1,\cdots,e) \tag{6.7}$$

t_{ntj} 和 v_{jf} 按式（2.14）~式（2.17）计算。以上公式中不含有时间的函数均是指 $k\Gamma$ 时刻的计算量且在 $[k\Gamma,(k+1)\Gamma)$ 上保持不变，$\boldsymbol{v}'_{t_p}(p=1,2,\cdots,e)$ 是个体感知目标的速度矢量，$\boldsymbol{v}'_{t_0}$ 是个体感知多目标中心的速度矢量，$\boldsymbol{v}_{je}$ 是机器人 h_j 围捕过程中的期望速度矢量。

6.3.3 围捕算法步骤

根据 6.2.2 节构建的围捕环境和由式（6.4）构建的动态多目标 t_p 的运动数学方程，基于简化虚拟受力模型的未知凸动态障碍物环境下的群机器人协同动态多目标围捕算法流程图如图 6.2 所示。需要指出的是，该流程图不但适用于动态多目标，也适用于动态单目标和静态单、多目标的围捕。而图 6.2 中“基于 h_j 面对多目标中心方向 180°范围内的两最近邻进行任务分配”的算法流程图如图 6.3 所示，这里的“h_j 面对多目标中心方向 180°范围内”是指以 h_j 指向多目标中心方向线为中心的左右 90°之间的范围，而图 6.2 中“交换围捕目标”的算法流程图如图 6.4 所示。注意：“交换围捕目标”的申请由后面的机器人提出。图 6.4 中“设置开始交换目标标志位”算法流程图如图 6.5 所示，图 6.5 中“h_j 面向多目标中心方向的背面 180°范围内”是指 h_j 面对多目标中心方向线的相反方向左右 90°之间的范围。

由图 6.3 可知，动态多目标围捕的任务分配只需要根据 h_j 面对多目标中心方向 180°范围内最多两个最近邻机器人的任务分配信息就可以完成，任务分配是自组织、分布式地进行，没有统一的领导者或裁判，算法计算简单而且高效，使得大规模群机器人的任务分配可以在短时间内完成。这里需要注意分配任务时，要将目标进行排序，任务 0 是指多目标中心，任务 1 到 e 则是指具体的围捕目标，任务 1 到 e 分别是指最远的目标、最近的目标、次近的目标，……，次次远的目标，次远的目标；这样排序可以使得最远的目标（也就是最难围捕的目标，因为其最容易逃离群机器人的感知范围）分配到最多的围捕机器人，保证整个围捕的成功率。图 6.5 中设置了“开始交换目标标志位”这个参数的机器人把这个参数设置广播出去，这样整个群机器人可以通过交换围捕目标后使运动距离减少，减少能量消耗，同时也减少了机器人之间相碰的可能性并提高了围捕效率。

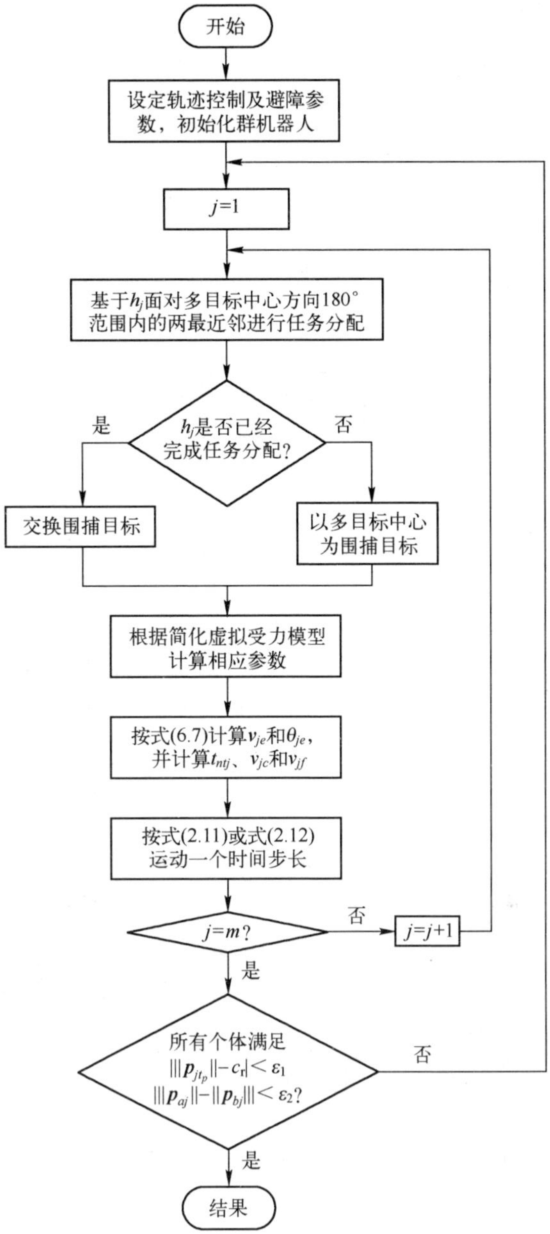

图 6.2　群机器人自组织协同动态多目标围捕算法流程图

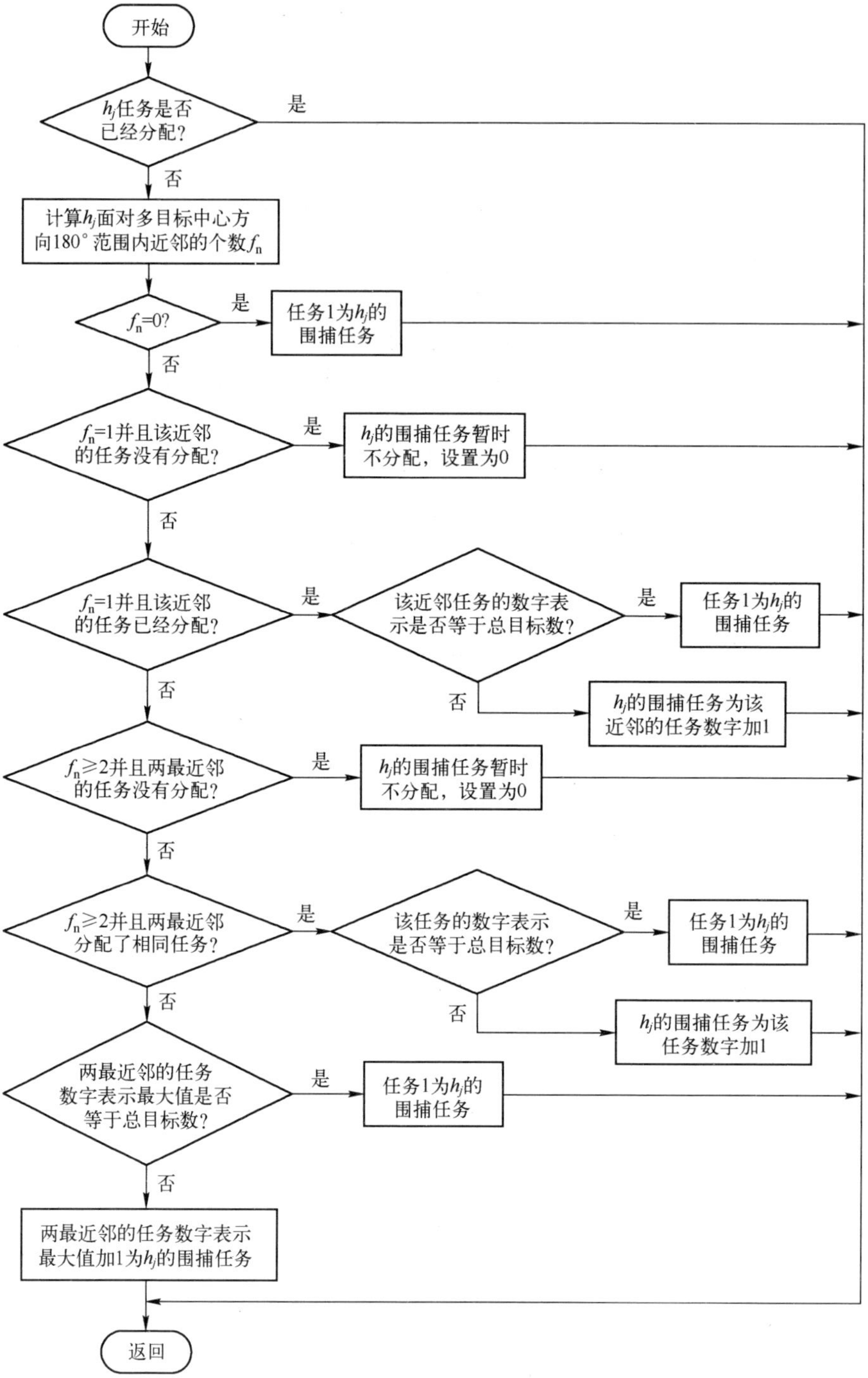

图 6.3 h_j任务分配流程图

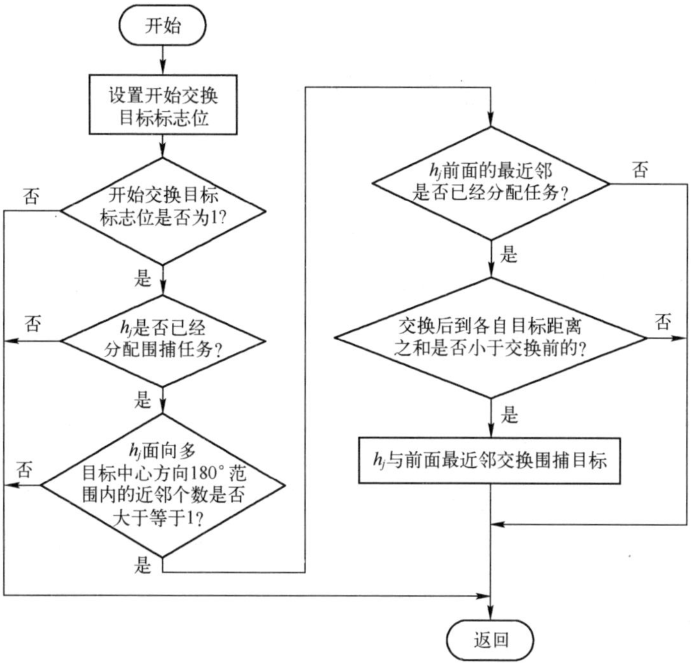

图 6.4　交换围捕目标流程图

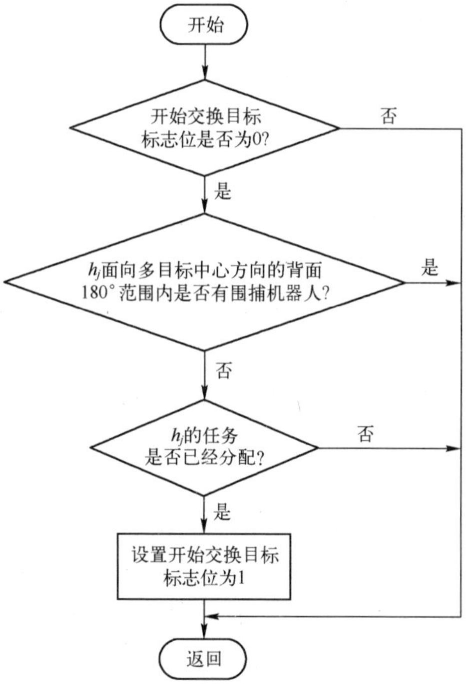

图 6.5　设置开始交换目标标志位流程图

6.4 稳定性分析

系统的稳定性分析需要分三部分进行：第一部分首先说明群机器人的自组织动态多目标任务分配算法是稳定并合理的；第二部分在无障碍物环境下，对群机器人分成各个子群围捕每个动态目标的子系统进行稳定性分析；第三部分在未知动态凸障碍物环境下，分析群机器人对每个动态目标进行围捕的子系统的稳定性。

6.4.1 任务分配算法的稳定性分析

本节主要说明基于 h_j 面对多目标中心方向 180°范围内的两最近邻进行任务分配算法的稳定性，其流程图如图 6.3 所示。动态多目标围捕任务分配的基本要求是：第一、确保每一个目标都有足够多的机器人参与围捕，假设每个目标至少需要三个机器人围捕，最多不限；第二，在统计数据平均值的意义下，最远目标有最多机器人参与围捕，从而保证整个围捕的成功率，因为最远目标最容易逃离群机器人感知范围；第三，分配任务的时间要尽量短，而且当机器人数量增加时，分配任务的时长按线性增长而不是按指数级增长；第四，任务分配算法需要的信息量尽量少，算法本身是分布式的，而且尽量简单。

仿真场景是用 MATLAB 2013a 的随机函数 rand(·)随机生成在 10m×10m 范围内分布的群机器人初始位置，动态多目标的位置则人为给定。图 6.6 所示为机器人数量 15 倍于目标个数（20 个）时一个随机生成的围捕机器人初始位置场景图。下面针对任务分配的基本要求给出相应说明。为了达到任务分配的第一个要求即保证每一个目标至少分配 3 个机器人参与围捕，需要满足的条件是围捕机器人群体中个体的数量与目标个数之间有一个基本比例的要求，如表 6.1 所列，这是由统计得到的。为了满足第二个要求即最远目标在平均值意义下有最多机器人参与围捕，需要满足两个条件：第一个条件是，同样要满足表 6.1 所列的机器人数量与目标个数比例的要求；第二个条件是，需要在任务与动态目标之间确定一种对应关系，即任务 0 是指多目标中心，任务 1 到 e 则是指具体的围捕目标，任务 1 到 e 分别是指最远的目标、最近的目标、次近的目标，……，次次远的目标，次远的目标；这样排序可以使得最远的目标（也就是最难围捕的目标，因为其最容易逃离群机器人的感知范围）分配到最多的围捕机器人，保证整个围捕的成功率。满足表 6.1 中的围捕机器人基本数量要求可以达到第一个要求。下面由图 6.7 给出当目标个数为 10 个、20 个、30 个、40 个和 50 个，而群机器人中个体数量分别为 10 倍、15 倍、15 倍、25 倍和 40 倍于目标个数时（按表 6.1 中最小数量要求实验）进行 50 次随机实验后，每次实验中形成的子围捕群体内机器人个体数量用 boxplot 做出的盒线图。

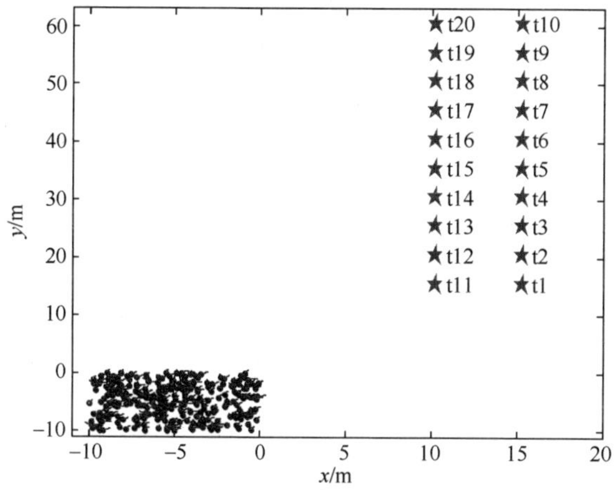

图 6.6　一个随机生成的围捕机器人初始位置场景

表 6.1　给定目标个数时围捕机器人群体中个体的最少数量表

目标数量/个	1~10	11~20	21~30	31~40	41~50	51 以上
群机器人中个体的最少数量/个	10 倍于目标个数	15 倍于目标个数	15 倍于目标个数	25 倍于目标个数	40 倍于目标个数	尚未统计

由图 6.7（a）可知，子群体中个体数量的分布大部分集中于 10 个左右，只有少数的几次仿真数据离散程度较大，如第 2 次、第 12 次、第 18 次、第 21 次等；而 50 次的仿真中奇异值只有 11 个，而这 11 个数值中只有两个是最小值以外的奇异点，但也是满足围捕基本机器人数量要求的。

由图 6.7（b）可知，子群体中个体数量的分布大部分集中于 15 个左右，只有少数的几次仿真数据离散程度较大，如第 3 次、第 33 次等；而 50 次的仿真中奇异值有 32 个，而这 32 个数值中只有 5 个是最小值以外的奇异点，但也是满足围捕基本机器人数量要求的。

由图 6.7（c）可知，子群体中个体数量的分布大部分集中于 15 个左右，只有少数的几次仿真数据离散程度较大，如第 3 次、第 38 次、第 48 次等；而 50 次的仿真中奇异值有 17 个，而这 17 个数值中只有 5 个是最小值以外的奇异点，但也是满足围捕基本机器人数量要求的。

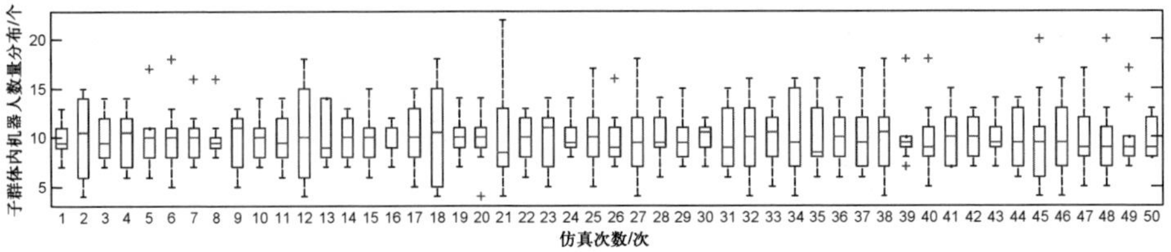

(a) 10倍于目标个数(10个)时机器人随机分布情况下任务分配结果

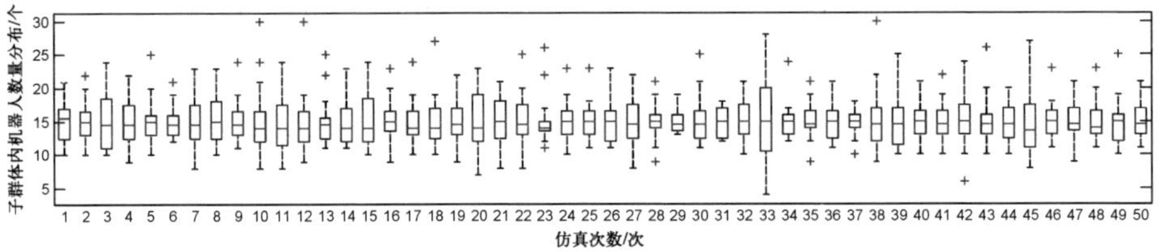

(b) 15倍于目标个数(20个)时机器人随机分布情况下任务分配结果

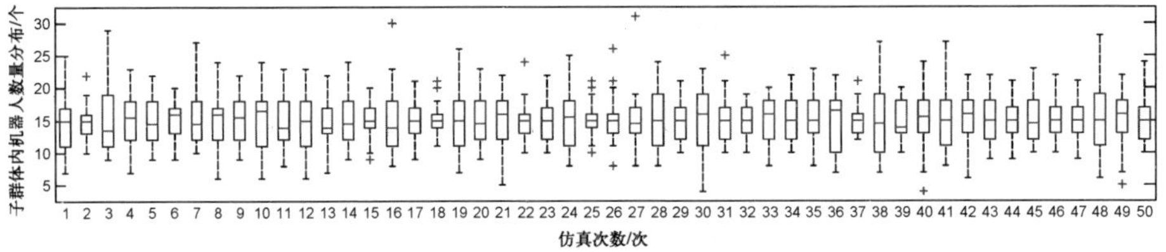

(c) 15倍于目标个数(30个)时机器人随机分布情况下任务分配结果

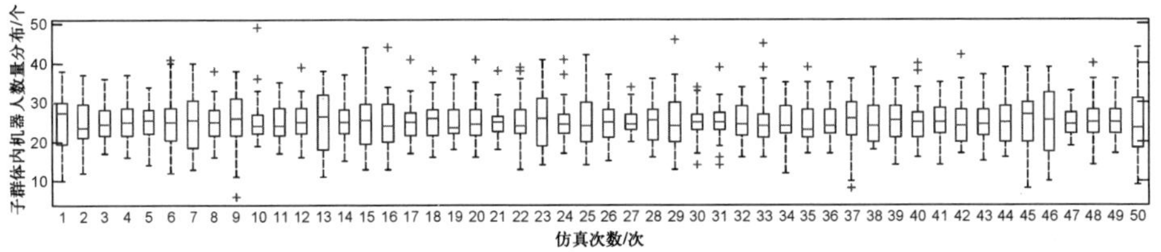

(d) 25倍于目标个数(40个)时机器人随机分布情况下任务分配结果

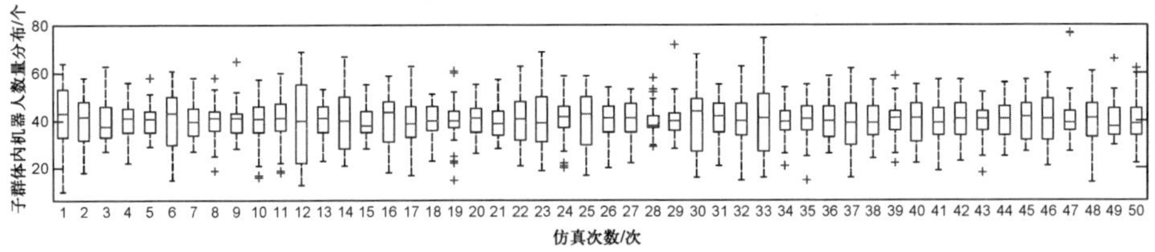

(e) 40倍于目标个数(50个)时机器人随机分布情况下任务分配结果

图 6.7　按表 6.1 要求 50 次机器人随机分布情况下任务分配结果

由图 6.7（d）可知，子群体中个体数量的分布大部分集中于 25 个左右，只有少数的几次仿真数据离散程度较大，如第 7 次、第 13 次、第 46 次等；而 50 次的仿真中奇异值有 30 个，而这 30 个数值中只有 5 个是最小值以外的奇异点，但也是满足围捕基本机器人数量要求的。

由图 6.7（e）可知，子群体中个体数量的分布大部分集中于 40 个左右，只有少数的几次仿真数据离散程度较大，如第 1 次、第 12 次、第 30 次、第 33 次等；而 50 次的仿真中奇异值有 30 个，而这 30 个数值中有 16 个是最小值以外的奇异点，但也是满足围捕基本机器人数量要求的。

由图 6.7 可知，当机器人个体数量分别 10 倍于目标个数（10 个），15 倍于目标个数（20 个），15 倍于目标个数（30 个）时，至少每个目标有 4 个机器人进行围捕；当机器人个体数量分别 25 倍于目标个数（40 个），40 倍于目标个数（50 个）时，每个目标分别至少有 6 个和 10 个机器人进行围捕。因此，满足以上对群体机器人个体数量基本要求的每个目标至少都会分配 3 个机器人及以上的群体进行围捕，达到了第一个要求。

下面举出一些反例即当机器人数量不满足表 6.1 中机器人最少数量要求时，50 次实验中会出现任务分配结果达不到机器人围捕时的最少 3 个的要求，如图 6.8 所示。图 6.8（a）中是 10 倍于目标个数（20 个）时机器人随机分布情况下任务分配结果，50 次仿真中有 13 次分配不满足单个目标至少有 3 个机器人围捕的要求；图 6.8（b）中是 15 倍于目标个数（40 个）时机器人随机分布情况下任务分配结果，50 次仿真中有 16 次分配不满足单个目标至少有 3 个机器人围捕的要求；图 6.8（c）中是 25 倍于目标个数（50 个）时机器人随机分布情况下任务分配结果，50 次仿真中有 4 次分配不满足单个目标至少有 3 个机器人围捕的要求。

画出当目标个数为 10 个、20 个、30 个、40 个和 50 个，而群机器人中个体数量分别为 10 倍、15 倍、15 倍、25 倍和 40 倍于目标个数时进行 50 次随机实验后，当目标由远及近（横坐标由小到大代表目标由远到近），围捕子群体内机器人平均个数曲线图如图 6.9 所示。由图 6.9 可知，最远目标有最多机器人围捕。当目标个数为 10 个时，机器人数量为目标个数的 20 倍、30 倍、40 倍、50 倍时进行 50 次随机实验后当目标由远及近（横坐标由小到大代表目标由远到近），围捕子群体内机器人平均个数曲线图如图 6.10 所示；当目标个数为 50 个时，机器人数量为目标个数的 50 倍、60 倍、70 倍、80 倍、100 倍时进行 50 次随机实验后当目标由远及近（横坐标由小到大代表目标由远到近），围捕子群体内机器人平均个数曲线图如图 6.11 所示。由图 6.10 和图 6.11 可知，当目标个数不变时，机器人数量进一步增加后，这种分布更有规律一些，从统计角度来看，大体上当目标由远到近时相应的围捕机器人数量由多到少，同样满足最远目标有最多机器人围捕，最近目标有最少机器人围捕。由此说明了所提任务分配算法可以满足第二个要求。

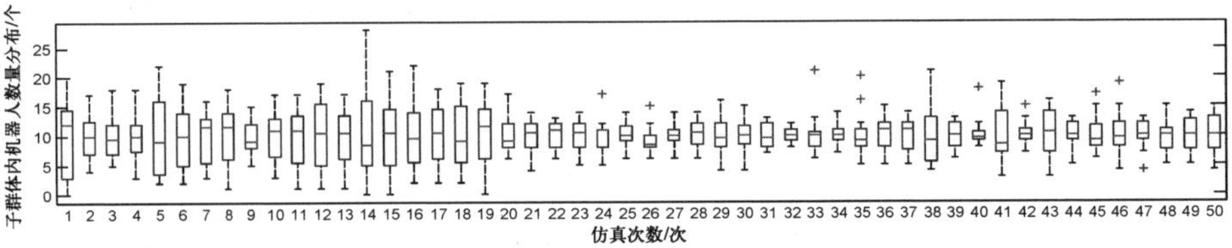

(a) 10倍于目标个数(20个)时机器人随机分布情况下任务分配结果

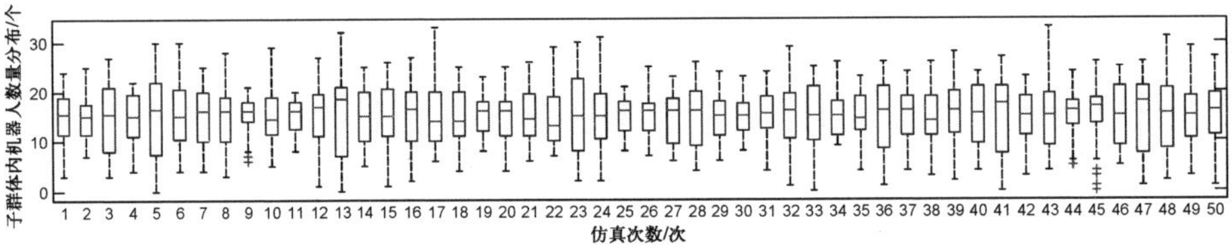

(b) 15倍于目标个数(40个)时机器人随机分布情况下任务分配结果

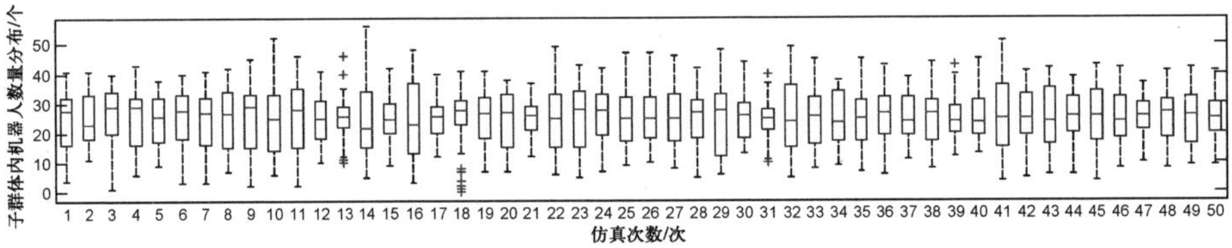

(c) 25倍于目标个数(50个)时机器人随机分布情况下任务分配结果

图 6.8　不按表 6.1 中数量要求 50 次实验任务分配结果

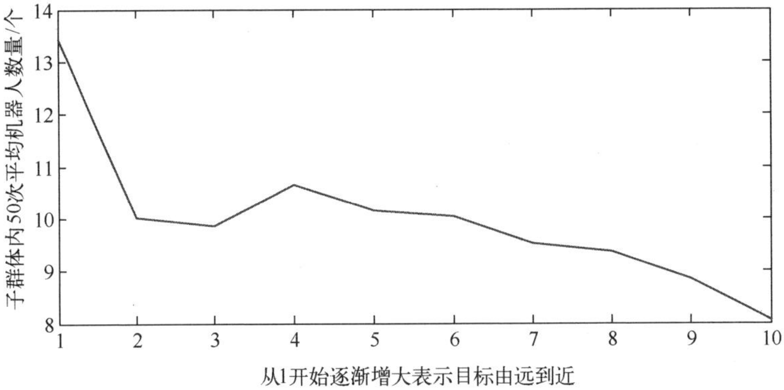

(a) 10倍于目标个数（10个）时每个目标的平均数量分布

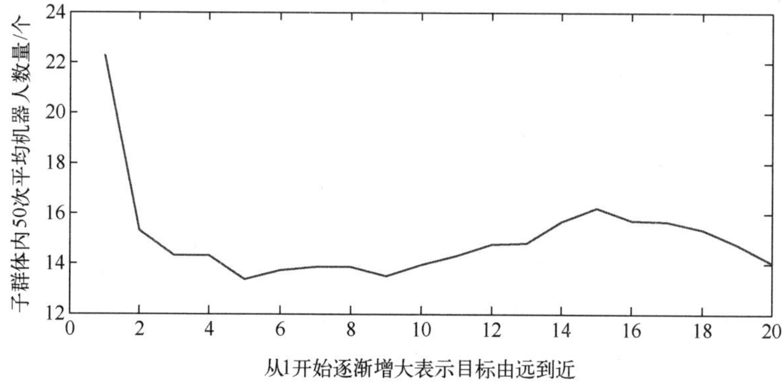

(b) 15倍于目标个数（20个）时每个目标的平均数量分布

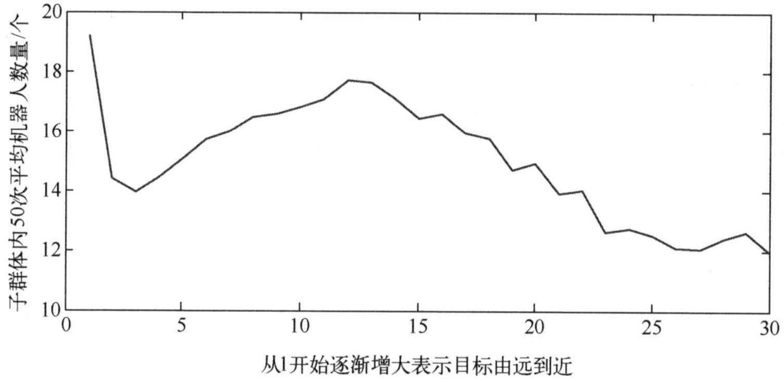

(c) 15倍于目标个数（30个）时每个目标的平均数量分布

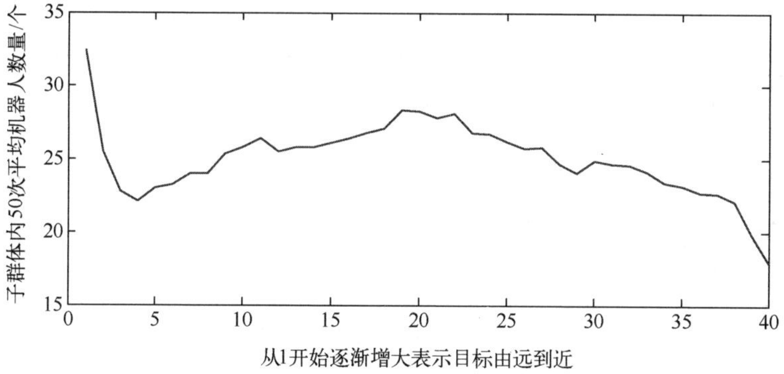

(d) 25倍于目标个数（40个）时每个目标的平均数量分布

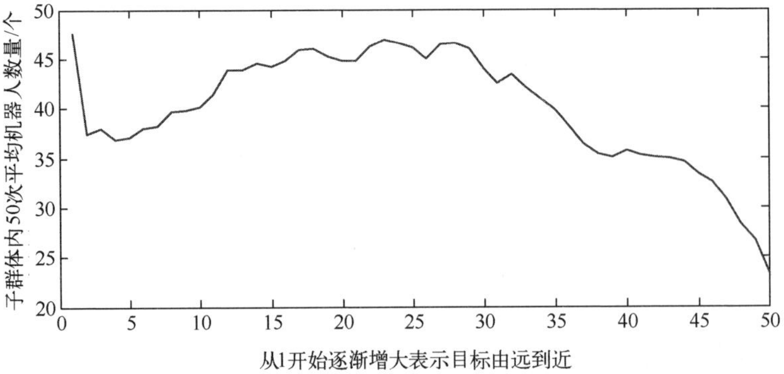

(e) 40倍于目标个数（50个）时每个目标的平均数量分布

图 6.9　当目标由远到近时围捕相应目标的 50 次平均机器人数量分布

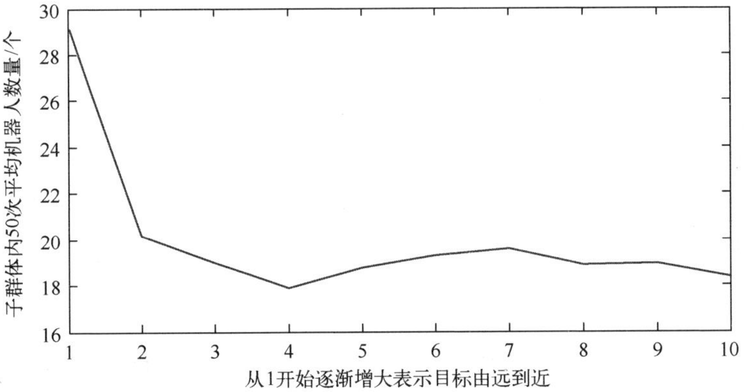

(a) 20倍于目标个数（10个）时每个目标的平均数量分布

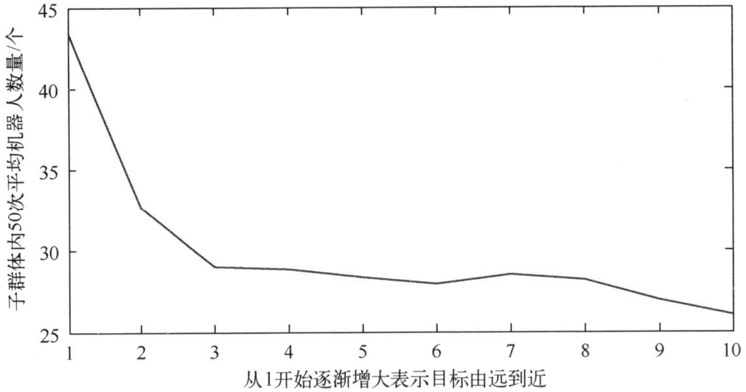

(b) 30倍于目标个数（10个）时每个目标的平均数量分布

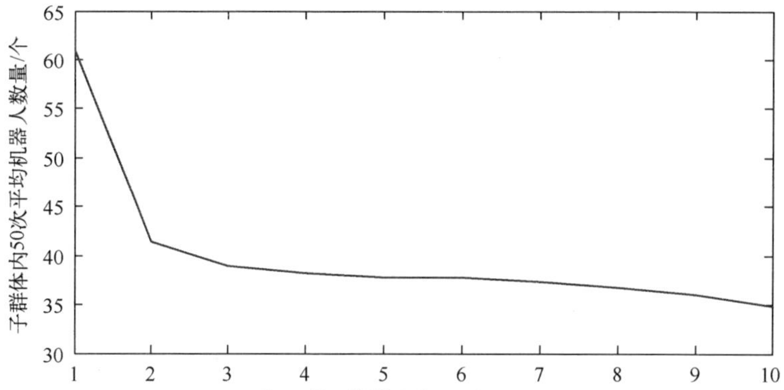

(c) 40倍于目标个数（10个）时每个目标的平均数量分布

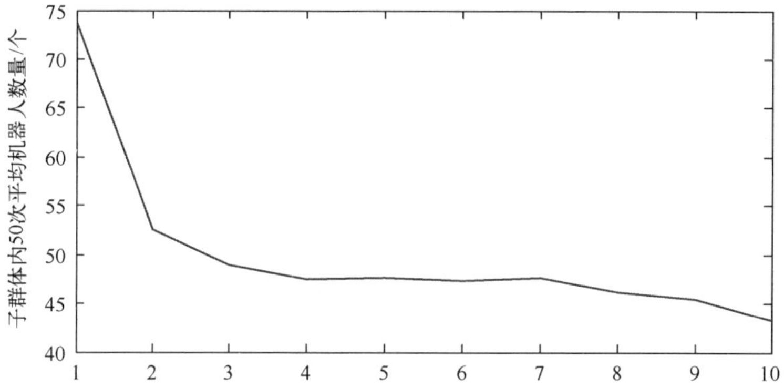

(d) 50倍于目标个数（10个）时每个目标的平均数量分布

图 6.10　围捕相应目标（10 个）的 50 次平均机器人数量分布

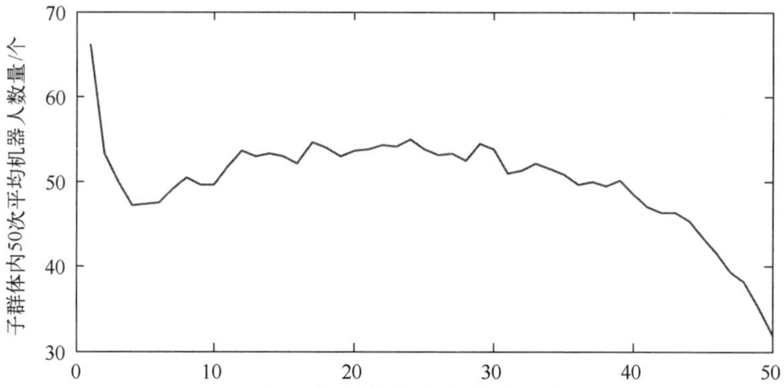

(a) 50倍于目标个数（50个）时每个目标的平均数量分布

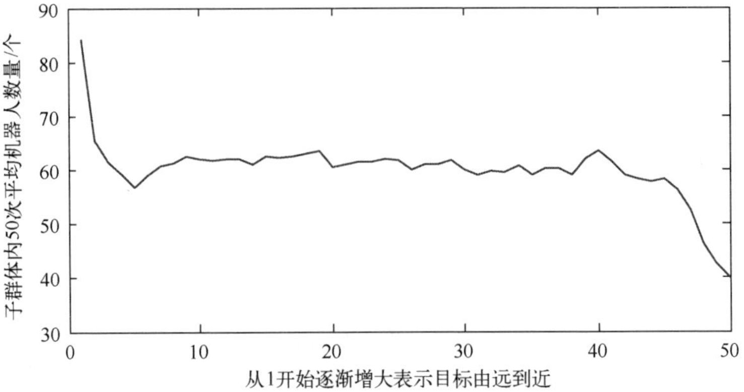

(b) 60倍于目标个数（50个）时每个目标的平均数量分布

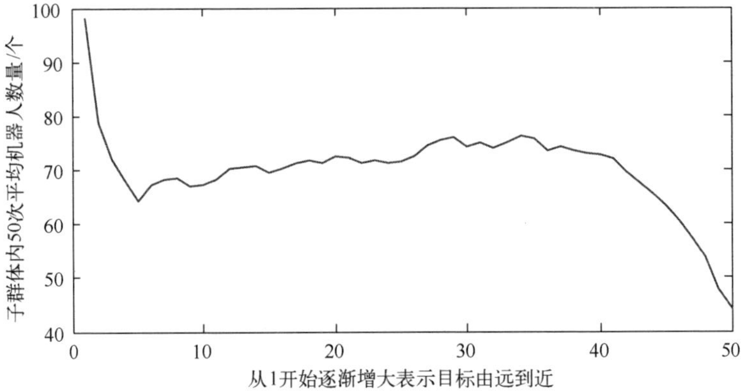

(c) 70倍于目标个数（50个）时每个目标的平均数量分布

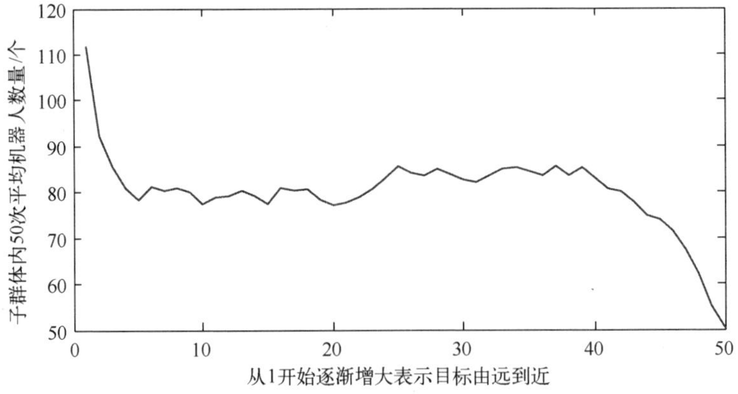

(d) 80倍于目标个数（50个）时每个目标的平均数量分布

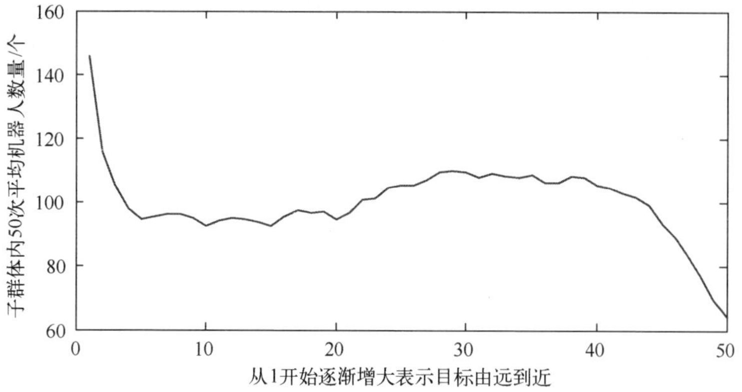

(e) 100倍于目标个数（50个）时每个目标的平均数量分布

图 6.11　围捕相应目标（50 个）的 50 次平均机器人数量分布

分配任务随着机器人数量增加而消耗的时间分布图如图 6.12 和图 6.13 所示。图 6.12 中画出的是当目标为 10 个时，任务分配消耗时间随着机器人的数量增加时的变化图。图 6.13 为当目标为 50 个时，任务分配消耗时间随着机器人的数量增加时的变化图。在图 6.12 中，机器人数量由 100 增加到 500，数量增加了 4 倍，而消耗时长由 6 步增加到 15 步，增加了 1.5 倍；在图 6.13 中，机器人数量由 2000 增加到 5000，数量增加了 1.5 倍，而消耗时长由 22 步增加到 27 步，只增加了 0.23 倍。由图 6.12 和图 6.13 可以看出，当机器人数量成倍增加时，其任务分配消耗的时间则是以线性增加的，而且当机器人数量继续增加时，任务分配消耗的时长增长变慢（这是由于当机器人数量增多时，任务分配时由于更多的分配路径使得消耗的时间增长越来越慢），即使机器人规模达到 5000 个时，任务分配时消耗的最大时长也才 27 步，如果不考虑通信的时间花费（获取两个最近邻的任务分配信息可以简单地通过隐式通信得到。例如，可以把不同任务用不同颜色的信号灯来表示，这样可以迅速获取信息并

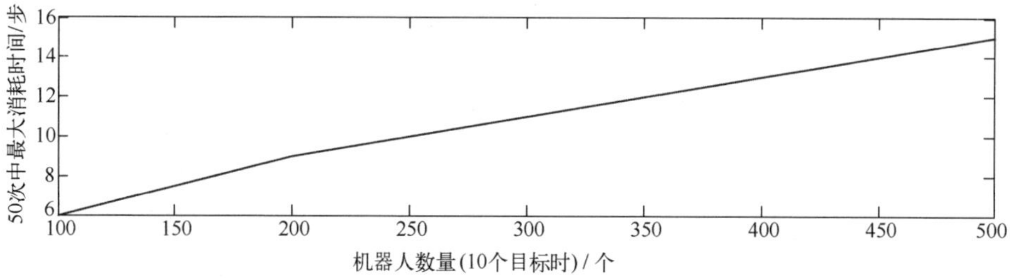

图 6.12　任务分配消耗时间随机器人数量变化趋势图（10 个目标时）

迅速决策自己的任务），按每步1s的运动时长计算，其任务分配时长也只有几十秒而已，因此消耗时间较短。由此说明了所提任务分配算法可以满足第三个要求。

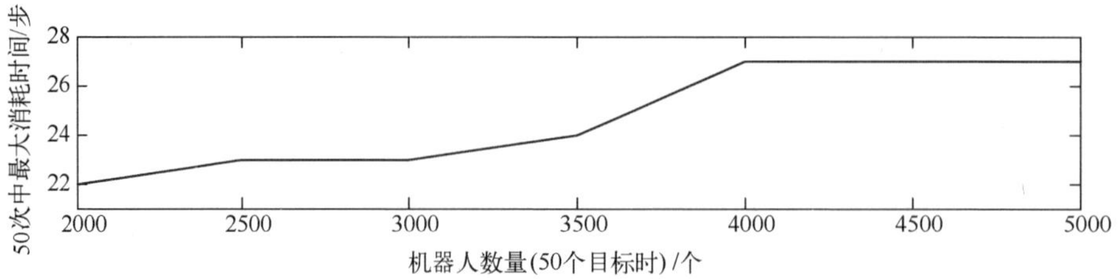

图6.13 任务分配消耗时间随机器人数量变化趋势图（50个目标时）

任务分配算法由其流程图（图6.3）可以看出，机器人个体任务分配过程只是根据其面对多目标中心方向180°范围内的两最近邻的任务分配信息来进行，而获取这两个最近邻的任务分配信息可以简单地通过隐式通信得到。例如，可以把不同任务用不同颜色的信号灯来表示，这样可以迅速获取信息并迅速决策自己的任务，这说明算法本身需要的信息量少，而且是分布式的。整个任务分配算法流程简单，任务分配时计算只用了加法，可见其足够简单，满足第四个要求。

6.4.2 无障碍物环境下稳定性分析

本章借鉴文献［16］所用稳定性分析方法。为了推导算法在无障碍物环境中收敛时所需要的条件，需要推导每个目标都被围捕机器人成功围捕时所需要的条件，围捕每一个目标看作是一个子围捕系统，即需要推导每个子围捕系统都稳定的条件。系统偏差分解为个体到目标距离偏差 $\delta_{jy'}=\|\boldsymbol{p}_{jt_p}\|-c_{\mathrm{r}}(j=1,2,\cdots,m_p,p=1,2,\cdots,e)$（$m_p$ 是指围捕目标 t_p 的机器人个数）和个体到两最近邻机器人距离偏差的一半 $\delta_{jabx'}=(s_{fajx'}\|\boldsymbol{p}_{aj}\|+s_{fbjx'}\|\boldsymbol{p}_{bj}\|)/2(j=1,2,\cdots,m_p,p=1,2,\cdots,e)$，其中，$s_{fajx'}$ 和 $s_{fbjx'}$ 用于对两最近邻机器人在其左边或右边的方位符号判断，$s_{fajx'}=\mathrm{sgn}(-\cos(\gamma_{fajx'}))$，$s_{fbjx'}=\mathrm{sgn}(-\cos(\gamma_{fbjx'}))$，$\mathrm{sgn}(\cdot)$ 为符号判断函数。与前面各章不同的是，这里 $\delta_{jy'}$ 指的是 h_j 与自己围捕目标 t_p 的有效围捕圆周的距离，而前面各章中 $\delta_{jy'}$ 指的是 h_j 与同一个目标 t_1 的有效围捕圆周的距离；这里 $\delta_{jabx'}$ 所指的两最近邻 O_{aj}、O_{bj} 有可能是机器人、静态或动态障碍物，以及非自己围捕的其他目标，而前面各章中 $\delta_{jabx'}$ 所指的两最近邻 O_{aj}、O_{bj} 不会包含其他目标，因为前述各章中只有一个目标。当 $\delta_{jy'}=0,\delta_{jabx'}=0(j=1,2,\cdots,m_p,$

$p=1,2,\cdots,e$)时，围捕理想队形形成。因此，获取自组织多目标围捕系统的稳定性条件，只需要推导 $\delta_{jy'}\to 0,\delta_{jabx'}\to 0(j=1,2,\cdots,m_p,p=1,2,\cdots,e)$ 时的条件。

将上述系统偏差定义离散化可得

$$\delta_{jy'}(k)=\|\boldsymbol{p}_{jt_p}(k)\|-c_{\mathrm{r}},$$

$$\delta_{jabx'}(k)=(s_{fajx'}(k)\|\boldsymbol{p}_{aj}(k)\|+s_{fbjx'}(k)\|\boldsymbol{p}_{bj}(k)\|)/2.$$

式中：$s_{fajx'}(k)=\mathrm{sgn}(-\cos(\gamma_{fajx'}(k)))$，$s_{fbjx'}(k)=\mathrm{sgn}(-\cos(\gamma_{fbjx'}(k)))(j=1,2,\cdots m_p,p=1,2,\cdots,e)$。

为了研究群机器人多目标围捕系统的稳定性，需要令动态扰动 $v_{t_p}\equiv 0(p=1,2,\cdots,e)$，基于简化虚拟受力模型，在不考虑机器人本身物理限制条件下(如角速度和线速度等的约束)，每一步按期望的速度和方向来运动，因此得到个体的自主运动偏差方程：

$$\delta_{jy'}(k+1)=\delta_{jy'}(k)-v_{y'j}(k)\Gamma \tag{6.8}$$

$$\delta_{jabx'}(k+1)=\delta_{jabx'}(k)-v_{x'j}(k)\Gamma \tag{6.9}$$

式中：$j=1,2,\cdots m_p,p=1,2,\cdots,e$，$v_{y'j}(k)$ 和 $v_{x'j}(k)$ 分别为 $v_{y'j}$ 和 $v_{x'j}$ 的离散化形式，可以按式（6.10）和式（6.11）计算：

$$v_{y'j}(k)=f_{t_pj}(k)=c_1(\|\boldsymbol{p}_{jt_p}\|-c_{\mathrm{r}})+c_2(\|\boldsymbol{p}_{jt_p}\|>d_{\mathrm{sp}})(n_c<l) \tag{6.10}$$

$$v_{x'j}(k)=f_{abj}(k)=f_{aj}(\|\boldsymbol{p}_{aj}(k)\|)\cdot\phi(\cos(\gamma_{fajx'}(k)))+f_{bj}(\|\boldsymbol{p}_{bj}(k)\|)\cdot\phi(\cos(\gamma_{fbjx'}(k))) \tag{6.11}$$

式中：$v_{x'j}(k)$ 虽然形式上与前述各章中的一致，这里的两个最近邻 O_{aj}、O_{bj} 有可能是机器人、静态或动态障碍物；以及非自己围捕的其他目标，而前面各章中 $v_{x'j}(k)$ 所指的两最近邻 O_{aj}、O_{bj} 不会包含其他目标，因为上述各章中只有一个目标。

定理 6.1　在无障碍物的环境中多目标围捕时，如果每个目标的围捕机器人满足式（6.8）、$(\|\boldsymbol{p}_{jt_p}\|<d_{\mathrm{sp}})$ 或 $(n_c\geqslant l)$，以及 $0<c_1\Gamma<2$，则系统原点平衡状态即 $\boldsymbol{\Delta}_{t_py'}(k)=(\delta_{1y'},\delta_{2y'},\cdots,\delta_{m_py'})^{\mathrm{T}}=0(p=1,2,\cdots,e)$ 为大范围渐近稳定。

证明：将式（6.10）代入式（6.8），可得：

$$\delta_{jy'}(k+1)=\delta_{jy'}(k)-(c_1(\|\boldsymbol{p}_{jt_p}\|-c_{\mathrm{r}})+c_2(\|\boldsymbol{p}_{jt_p}\|>d_{\mathrm{sp}})(n_c<l))\Gamma \tag{6.12}$$

考虑到 $\|\boldsymbol{p}_{jt_p}\|<d_{\mathrm{sp}}$ 时或者即使 $\|\boldsymbol{p}_{jt_p}\|>d_{\mathrm{sp}}$，但当步数 $n_c\geqslant l$ 后，c_2 将变为 0，因此式（6.12）变为

$$\delta_{jy'}(k+1)=\delta_{jy'}(k)-(c_1(\|\boldsymbol{p}_{jt_p}\|-c_{\mathrm{r}}))\Gamma \tag{6.13}$$

又因为 $\delta_{jy'}=\|\boldsymbol{p}_{jt_p}\|-c_{\mathrm{r}}$ 时，式（6.13）可写为

$$\begin{cases}\delta_{jy'}(k+1)=\delta_{jy'}(k)-(c_1\delta_{jy'}(k))\Gamma=\delta_{jy'}(k)(1-c_1\Gamma)\\ \delta_{jy'}(k+1)=\delta_{jy'}(k)(1-c_1\Gamma)\end{cases} \tag{6.14}$$

构造 Lyapunov 函数 $V_{t_py'}(\boldsymbol{\Delta}_{t_py'}(k))=\sum_{j=1}^{m_p}|\delta_{jy'}(k)|(p=1,2,\cdots,e)$，$\boldsymbol{\Delta}_{t_py'}(k)\neq 0$，$V_{t_py'}(\boldsymbol{\Delta}_{t_py'}(k))>0$，且 $V_{t_py'}(0)=0$。进而可以导出

$$\begin{aligned}\Delta V_{t_py'}(\boldsymbol{\Delta}_{t_py'}(k))&=V_{t_py'}(\boldsymbol{\Delta}_{t_py'}(k+1))-V_{t_py'}(\boldsymbol{\Delta}_{t_py'}(k))\\&=\sum_{j=1}^{m_p}|\delta_{jy'}(k+1)|-\sum_{j=1}^{m_p}|\delta_{jy'}(k)|\\&=\sum_{j=1}^{m_p}|\delta_{jy'}(k)(1-c_1\Gamma)|-\sum_{j=1}^{m_p}|\delta_{jy'}(k)|\\&\leqslant-(1-|(1-c_1\Gamma)|)\sum_{j=1}^{m_p}|\delta_{jy'}(k)|\end{aligned}$$

显然，当 $0<c_1\Gamma<2$ 时，$\Delta V_{t_py'}(\boldsymbol{\Delta}_{t_py'}(k))$ 为负定。而且当原点 $\boldsymbol{\Delta}_{t_py'}(k)=(\delta_{1y'},\delta_{2y'},\cdots,\delta_{ny'})^{\mathrm{T}}$ 满足 $\|\boldsymbol{\Delta}_{t_py'}(k)\|\to\infty$，$V_{t_py'}(\boldsymbol{\Delta}_{t_py'}(k))\to\infty$。因此，由离散系统 Lyapunov 稳定性相关定理可得：原点平衡状态 $\boldsymbol{\Delta}_{t_py'}(k)=(\delta_{1y'},\delta_{2y'},\cdots,\delta_{m_py'})^{\mathrm{T}}=0(p=1,2,\cdots,e)$ 为大范围渐近稳定，而 $0<c_1\Gamma<2$ 是原点平衡状态 $\boldsymbol{\Delta}_{t_py'}(k)=(\delta_{1y'},\delta_{2y'},\cdots,\delta_{m_py'})^{\mathrm{T}}=0(p=1,2,\cdots,e)$ 为大范围渐近稳定的一个充分条件。

由定理 6.1 可知群体中围捕各个目标的机器人最终将收敛到各自目标的有效围捕圆周上，而其稳定性条件与前述各章中的定理 2.1、定理 3.1、定理 4.1 和定理 5.1 基本一致，说明当动态多目标的任务分配完成之后，每个子围捕系统的原点平衡状态 $\boldsymbol{\Delta}_{t_py'}(k)=0(p=1,2,\cdots,e)$ 的稳定性条件是一致的，说明定理 6.1 进一步扩大了定理 2.1、定理 3.1、定理 4.1 和定理 5.1 的适用范围到多目标。如果要实现均匀分布，还需要考虑当 $|\|\boldsymbol{p}_{jt_p}(k)\|-c_{\mathrm{r}}|<\varepsilon_1(j=1,2,\cdots,m_p,p=1,2,\cdots,e)$ 时，$\delta_{jabx'}(k)$ 即式（6.9）的收敛性。

定理 6.2 在无障碍物环境下多目标围捕时，如果每个目标的围捕机器人满足式（6.9）和 $0<\Gamma d_1(a_{\mathrm{dis}}^1)^{d_2^1}\mu<2$，则系统原点平衡状态即 $\boldsymbol{\Delta}_{t_pabx'}(k)=(\delta_{1abx'},\delta_{2abx'},\cdots,\delta_{m_pabx'})^{\mathrm{T}}=0(p=1,2,\cdots,e)$ 为大范围渐近稳定，其中，$\mu=\max\mu_j(k)$，$\mu_j(k)$ 可表示为

$$\begin{gathered}\mu_j(k)=[\phi(\cos(\gamma_{fajx'}(k)))/(\|\boldsymbol{p}_{aj}(k)\|^{d_2^1})+\phi(\cos(\gamma_{fbjx'}(k)))/\\(\|\boldsymbol{p}_{bj}(k)\|^{d_2^1})]/\delta_{jabx'}(k)>0\\(j=1,2,\cdots,m_p,p=1,2,\cdots,e,\ n\geqslant 1,\ k=0,1,\cdots,n)\end{gathered}$$

证明：将式（6.11）代入式（6.9），可得

$$\begin{aligned}
\delta_{jabx'}(k+1) &= \delta_{jabx'}(k) - f_{abj}(k)\Gamma \\
&= \delta_{jabx'}(k) - [f_{aj}(\|\boldsymbol{p}_{aj}(k)\|)\cdot\phi(\cos(\gamma_{fajx'}(k))) + f_{bj}(\|\boldsymbol{p}_{bj}(k)\|)\cdot\phi(\cos(\gamma_{fbjx'}(k)))]\Gamma \\
&= \delta_{jabx'}(k) - [\phi(\cos(\gamma_{fajx'}(k)))/(\|\boldsymbol{p}_{aj}(k)\|^{d_2^1}) + \\
&\quad \phi(\cos(\gamma_{fbjx'}(k)))/(\|\boldsymbol{p}_{bj}(k)\|^{d_2^1})]\Gamma d_1 (a_{\text{dis}}^1)^{d_2^1}
\end{aligned} \tag{6.15}$$

因为在每个目标的有效围捕圆周上的围捕机器人的 $f_{abj}(k)$ $(j=1,2,\cdots,m_p, p=1,2,\cdots,e)$ 为 0 时，具有唯一的均匀分布的平衡点，特别是当每个个体都是以其左右两边机器人为其两最近邻时，$f_{abj}(k)$ 总是消除 $\delta_{jabx'}(k)$ 的存在使全部机器人达到均匀分布，$f_{abj}(k)$ 与 $\delta_{jabx'}(k)$ 符号一致，因 $d_1>0, d_2>0, a_{\text{dis}}^1>0, (a_{\text{dis}}^1)^{d_2^1}>0$，故 $[\phi(\cos(\gamma_{fajx'}(k)))/(\|\boldsymbol{p}_{aj}(k)\|^{d_2^1}) + \phi(\cos(\gamma_{fbjx'}(k)))/(\|\boldsymbol{p}_{bj}(k)\|^{d_2^1})]$ 与 $\delta_{jabx'}(k)$ 符号一致，因此可以将式（6.15）写成

$$\begin{aligned}
\delta_{jabx'}(k+1) &= \delta_{jabx'}(k) - \Gamma d_1 (a_{\text{dis}}^1)^{d_2^1}\mu_j(k)\delta_{jabx'}(k) \\
&= \delta_{jabx'}(k)(1 - \Gamma d_1 (a_{\text{dis}}^1)^{d_2^1}\mu_j(k))
\end{aligned}$$

其中，$\mu_j(k)$ 计算如下：

$$\begin{aligned}
\mu_j(k) = [&\phi(\cos(\gamma_{fajx'}(k)))/(\|\boldsymbol{p}_{aj}(k)\|^{d_2^1}) + \phi(\cos(\gamma_{fbjx'}(k)))/ \\
&(\|\boldsymbol{p}_{bj}(k)\|^{d_2^1})]/\delta_{jabx'}(k) > 0 \\
&(j=1,2,\cdots,m_p, p=1,2,\cdots,e)
\end{aligned}$$

构造 Lyapunov 函数 $V_{t_pabx'}(\boldsymbol{\Delta}_{t_pabx'}(k)) = \sum_{j=1}^{m_p}|\delta_{jabx'}(k)|$ $(p=1,2,\cdots,e)$。易知，当 $\boldsymbol{\Delta}_{t_pabx'}(k)\neq 0$，$V_{t_pabx'}(\boldsymbol{\Delta}_{t_pabx'}(k))>0$，即其为正定。进而，可以导出

$$\begin{aligned}
\Delta V_{t_pabx'}(\boldsymbol{\Delta}_{t_pabx'}(k)) &= V_{t_pabx'}(\boldsymbol{\Delta}_{t_pabx'}(k+1)) - V_{t_pabx'}(\boldsymbol{\Delta}_{t_pabx'}(k)) \\
&= \sum_{j=1}^{m_p}|\delta_{jabx'}(k+1)| - \sum_{j=1}^{m_p}|\delta_{jabx'}(k)| \\
&= \sum_{j=1}^{m_p}|\delta_{jabx'}(k)(1-\Gamma d_1(a_{\text{dis}}^1)^{d_2^1}\max\mu_j(k))| - \sum_{j=1}^{m_p}|\delta_{jabx'}(k)| \\
&\leqslant \sum_{j=1}^{m_p}|\delta_{jabx'}(k)||1-\Gamma d_1(a_{\text{dis}}^1)^{d_2^1}\mu| - \sum_{j=1}^{m_p}|\delta_{jabx'}(k)| \\
&= -(1-|1-\Gamma d_1(a_{\text{dis}}^1)^{d_2^1}\mu|)\sum_{j=1}^{m_p}|\delta_{jabx'}(k)|
\end{aligned}$$

其中，假设 μ 在 n_1 步出现最大值，即 $\mu=\max\mu_j(k)$ $(j=1,2,\cdots,m_p, p=1,2,\cdots,e;\ k=0,1,\cdots,n_1)$，如果到 n_1 步不是 μ 的最大值，则最迟在 n_1+q 步得到其最大值。令 $n=n_1+q$，有 $\mu=\max\mu_j(k)$ $(j=1,2,\cdots,m_p, p=1,2,\cdots,e;\ k=0,$

$1,\cdots,n$)。显然，当 $0<\Gamma d_1(a_{\mathrm{dis}}^1)^{d_2^1}\mu<2$ 时，$\Delta V_{t_pabx'}(\boldsymbol{\Delta}_{t_pabx'}(k))$ 为负定。当 $\|\boldsymbol{\Delta}_{t_pabx'}(k)\|\to\infty$ 时，$V_{t_pabx'}(\boldsymbol{\Delta}_{t_pabx'}(k))\to\infty$。根据 Lyapunov 离散系统稳定性相关定理得：原点平衡状态 $\boldsymbol{\Delta}_{t_pabx'}(k)=(\delta_{1abx'},\delta_{2abx'},\cdots,\delta_{m_pabx'})^{\mathrm{T}}=0(p=1,2,\cdots,e)$ 为大范围渐近稳定，而 $0<\Gamma d_1(a_{\mathrm{dis}}^1)^{d_2^1}\mu<2$ 是原点平衡状态 $\boldsymbol{\Delta}_{t_pabx'}(k)=(\delta_{1abx'},\delta_{2abx'},\cdots,\delta_{m_pabx'})^{\mathrm{T}}=0(p=1,2,\cdots,e)$ 为大范围渐近稳定的一个充分条件。

定理 6.2 说明的是从所有子围捕系统中找到最大值 μ，满足式 $0<\Gamma d_1(a_{\mathrm{dis}}^1)^{d_2^1}\mu<2$ 即可实现系统原点平衡状态即 $\boldsymbol{\Delta}_{t_pabx'}(k)=0(p=1,2,\cdots,e)$ 为大范围渐近稳定。定理 6.2 与定理 2.2、定理 3.3、定理 4.3 和定理 5.3 在表达形式上是一致的，不同的是 μ 的计算有可能涉及非自己围捕的目标，而前述各章中不会出现这种情况。这说明定理 6.2 进一步扩大了系统原点平衡状态即 $\boldsymbol{\Delta}_{t_pabx'}(k)=0(p=1,2,\cdots,e)$ 为大范围渐近稳定的条件 $0<\Gamma d_1(a_{\mathrm{dis}}^1)^{d_2^1}\mu<2$ 的适用范围。

因此，同时满足定理 6.1 和定理 6.2，在有限时间内可使围捕四散分布的静态多目标的群机器人以一定精度收敛在每个目标的有效围捕圆周上且呈均匀分布的围捕队形，而这并不是预先设定好的。

然而，如果多目标不是四散分布，而是聚集在一起，这时整个围捕队形多数情况下不再是单个圆周上呈均匀分布的围捕队形，而是在不同有效围捕圆周的弧段上呈均匀分布的围捕队形连接在一起；如果有多个目标聚集在一起的，有单个目标分开的，则会形成单个目标有效围捕圆周上且呈均匀分布的围捕队形和不同有效围捕圆周的弧段上呈均匀分布的围捕队形连接在一起并存的情况。这说明本文围捕算法具有较好的灵活性。

这两个定理同时给出了时间步长与一些参数之间的关系，时间步长要满足 $0<\Gamma<\min(2/c_1,2/(d_1(a_{\mathrm{dis}}^1)^{d_2^1}\mu))$，这有利于进行参数调试，即如果不想改变时间步长 Γ（如传感器检测限制），当系统不稳定时，则可以减少 c_1、d_1等；反之如果传感器检测时间允许，当系统不稳定时，可以减少时间步长。

另外，对于实际的围捕实验物理系统，也可以根据这个条件来自适应改变参数取值使振荡的系统变得稳定。然而，需要注意的是，虽然稳定性条件是在目标静止，每一步都按期望的速度在期望的运动方向上前进一个时间步长得到的，但只要目标是静止的，即使机器人本身有各种物理条件限制，时间步长只要满足上述条件，系统仍是稳定的，只是收敛的速度不同而已。

而对于运动中的目标，要形成均匀围捕队形，Γ 的一个下限是每一步运动的时间足够使个体旋转 180°，而且还可以达到相当于猎物漫步速度以上的速度运动一个时间步长的补偿速度 v_{jc}（但是不超过机器人的最大速度 v_{m}^{H}），即 $\Gamma>\max(t_{mit},t_{mahv})$，其中，$t_{mit}$ 和 t_{mahv} 按式（2.26）求解结果计算。$\Gamma>\max(t_{mit},t_{mahv})$ 与定理 6.1、定理 6.2 结合可得动态多目标以漫步速度逃逸被成功围捕的一个充分条件为

$$\max(t_{mit},t_{mahv})<\Gamma<\min(2/c_1,2/(d_1(a_{\mathrm{dis}}^{1})^{d_2^1}\mu)) \tag{6.16}$$

式（6.16）与式（2.27）、式（3.6）、式（4.6），以及式（5.9）在形式上一致，但不同的是式（6.16）中 μ 的计算有可能涉及非自己围捕的其他目标，而式（2.27）、式（3.6）、式（4.6），以及式（5.9）均不会出现这种情况，因此式（6.16）扩大了前述各式的适用范围。

由于猎物在实际逃逸过程中并不是每一步都转向 180°，个体也不需要每步都转动 180°，因此对于许多实例 Γ 在小于式（6.16）所给定的下限时也可以成功围捕。这里同样需要指出的是，如果多目标是四散逃跑，则最终形成多个在目标的有效围捕圆周上呈均匀分布的队形；如果多目标是聚集在一起逃离，则多数情况下形成多个有效围捕圆周上弧段连接在一起的围捕队形，每个弧段上围捕机器人呈均匀分布；如果有单个逃离的目标，有聚集在一起逃离的多个目标，则形成单个目标有效围捕圆周上呈均匀分布的队形和多个有效围捕圆周上弧段连接在一起的围捕队形（每个弧段上围捕机器人呈均匀分布）。

6.4.3　未知动态凸障碍物环境下稳定性分析

6.4.2 节是针对无障碍物环境中群机器人围捕各个目标时系统的稳定性分析，而对于障碍物环境中这里进一步说明如下。障碍物环境下的稳定性分析，同样分解为两种系统偏差：一种是目标方向距离偏差，一种是两个最近邻对象距离偏差。对于目标距离偏差同样采用 $\delta_{jy'}=\|\boldsymbol{p}_{jt_p}\|-c_{\mathrm{r}}(j=1,2,\cdots,m_p,p=1,2,\cdots,e)$，而定理 6.1 所给出系统原点平衡状态 $\boldsymbol{\Delta}_{t_py'}(k)=0$ 的稳定性分析结论同样适用于障碍物环境，原因是障碍物在简化虚拟受力模型中并没有影响个体受到目标引力/斥力的大小，因此并不影响个体趋向有效围捕圆周的速度，所以与无障碍物环境下的稳定性分析一致。而对于两个最近邻对象距离偏差采用 $\delta'_{jabx'}=(s_{fajx'}\|\boldsymbol{p}_{aj}\|+s_{fbjx'}\|\boldsymbol{p}_{bj}\|+d_{jo})/2$，其中，$j=1,2,\cdots m_p,p=1,2,\cdots,e,s_{fajx'}=\mathrm{sgn}(-\cos(\gamma_{fajx'}))$，$s_{fbjx'}=\mathrm{sgn}(-\cos(\gamma_{fbjx'}))$，$d_{jo}=-s_{fajx'}\|\boldsymbol{p}_{ajox'}\|-s_{fbjx'}\|\boldsymbol{p}_{bjox'}\|$，$\|\boldsymbol{p}_{bjox'}\|$ 和 $\|\boldsymbol{p}_{ajox'}\|$ 是 h_j 在以 O_{bj} 和 O_{aj} 为左右两最近邻时受力平衡点 R_{jo} 到 O_{bj} 和 O_{aj} 之间的距离，$\|\boldsymbol{p}_{bjox'}\|$ 和 $\|\boldsymbol{p}_{ajox'}\|$ 满足式（2.28）并具有唯一解。

将系统偏差 $\delta'_{jabx'}$ 定义离散化可得

$$\begin{cases}\delta'_{jabx'}(k)=(s_{fajx'}\|\boldsymbol{p}_{aj}(k)\|+s_{fbjx'}\|\boldsymbol{p}_{bj}(k)\|+d_{jo}(k))/2\\ s_{fajx'}(k)=\operatorname{sgn}(-\cos(\gamma_{fajx'}(k)))\\ s_{fbjx'}(k)=\operatorname{sgn}(-\cos(\gamma_{fbjx'}(k)))\\ d_{jo}(k)=-s_{fajx'}(k)\|\boldsymbol{p}_{ajox'}(k)\|-s_{fbjx'}(k)\|\boldsymbol{p}_{bjox'}(k)\| \quad (j=1,2,\cdots m_p,p=1,2,\cdots,e)\end{cases}$$

同样，令动态扰动 $v_{t_p}\equiv 0$，基于简化虚拟受力模型，在不考虑机器人本身物理限制条件下（如角速度和线速度等的约束），每一步按期望的速度和方向来运动，采用个体的自主运动偏差方程为

$$\delta'_{jabx'}(k+1)=\delta'_{jabx'}(k)-v_{x'j}(k)\Gamma \tag{6.17}$$

式中：$j=1,2,\cdots m_p$；$p=1,2,\cdots,e$。

定理 6.3 在凸障碍物环境下多目标围捕时，如果每个机器人满足式（6.17）和 $0<\Gamma d_1\mu'<2$，则系统原点平衡状态即 $\boldsymbol{\Delta}'_{t_pabx'}(k)=(\delta'_{1abx'},\delta'_{2abx'},\cdots,\delta'_{m_pabx'})^{\mathrm{T}}=0$ $(p=1,2,\cdots,e)$ 为大范围渐近稳定，其中，$\mu'=\max\mu'_j(k)$，$\mu'_j(k)$ 可表示为

$$\mu'_j(k)=[\phi(\cos(\gamma_{fajx'}(k)))/((\|\boldsymbol{p}_{aj}(k)\|/a^{i}_{\mathrm{dis}})^{d^i_2})+\phi(\cos(\gamma_{fbjx'}(k)))/((\|\boldsymbol{p}_{bj}(k)\|/a^{i'}_{\mathrm{dis}})^{d^{i'}_2})]/\delta'_{jabx'}(k)>0$$

$(j=1,2,\cdots m_p,\ p=1,2,\cdots,e;\ n'\geqslant 1;\ k=0,1,\cdots,n';\ i=1,2,3,4;\ i'=1,2,3,4)$。

证明：将式（6.11）代入式（6.17）可得

$$\begin{aligned}\delta'_{jabx'}(k+1)&=\delta'_{jabx'}(k)-f_{abj}(k)\Gamma\\ &=\delta'_{jabx'}(k)-[f_{aj}(\|\boldsymbol{p}_{aj}(k)\|)\cdot\phi(\cos(\gamma_{fajx'}(k)))+\\ &\quad f_{bj}(\|\boldsymbol{p}_{bj}(k)\|)\cdot\phi(\cos(\gamma_{fbjx'}(k)))]\Gamma\\ &=\delta'_{jabx'}(k)-[\phi(\cos(\gamma_{fajx'}(k)))/((\|\boldsymbol{p}_{aj}(k)\|/a^{i}_{\mathrm{dis}})^{d^i_2})+\\ &\quad \phi(\cos(\gamma_{fbjx'}(k)))/((\|\boldsymbol{p}_{bj}(k)\|/a^{i'}_{\mathrm{dis}})^{d^{i'}_2})]\Gamma d_1\end{aligned}$$

因为在每个目标的有效围捕圆周上，每一个机器人的 $f_{abj}(k)(j=1,2,\cdots,m_p,p=1,2,\cdots,e)$ 为 0 时，只有一种受力的平衡点，特别是当每个个体都是以其左右两边机器人为其两最近邻时，$f_{abj}(k)(j=1,2,\cdots,m_p,p=1,2,\cdots,e)$ 总是消除 $\delta'_{jabx'}(k)(j=1,2,\cdots,m_p,p=1,2,\cdots,e)$ 的存在使全部机器人达到受力平衡，$f_{abj}(k)(j=1,2,\cdots,m_p,p=1,2,\cdots,e)$ 与 $\delta'_{jabx'}(k)(j=1,2,\cdots,m_p,p=1,2,\cdots,e)$ 符号一致，因为 $d_1>0$，所以 $[\phi(\cos(\gamma_{fajx'}(k)))/((\|\boldsymbol{p}_{aj}(k)\|/a^{i}_{\mathrm{dis}})^{d^i_2})+\phi(\cos(\gamma_{fbjx'}(k)))/((\|\boldsymbol{p}_{bj}(k)\|/a^{i'}_{\mathrm{dis}})^{d^{i'}_2})](j=1,2,\cdots,m_p,p=1,2,\cdots,e)$ 与 $\delta'_{jabx'}(k)(j=1,2,\cdots,m_p,p=1,2,\cdots,e)$ 符号一致，因此可以将式（6.17）写成

$$\begin{aligned}\delta'_{jabx'}(k+1)&=\delta'_{jabx'}(k)-\Gamma d_1\mu'_j(k)\delta'_{jabx'}(k)\\ &=\delta'_{jabx'}(k)(1-\Gamma d_1\mu'_j(k))\end{aligned} \tag{6.18}$$

其中，$\mu_j'(k)$计算如下：

$$\mu_j'(k)=[\phi(\cos(\gamma_{fajx'}(k)))/((\|\boldsymbol{p}_{aj}(k)\|/a_{\text{dis}}^{i})^{d_2^i})+\phi(\cos(\gamma_{fbjx'}(k)))/((\|\boldsymbol{p}_{bj}(k)\|/a_{\text{dis}}^{i'})^{d_2^{i'}})]/\delta_{jabx'}'(k)>0$$

$$(j=1,2,\cdots,m_p,p=1,2,\cdots,e)$$

构造 Lyapunov 函数 $V'_{t_pabx'}(\boldsymbol{\Delta}'_{t_pabx'}(k))=\sum_{j=1}^{m_p}|\delta'_{jabx'}(k)|(p=1,2,\cdots,e)$。易知，当$\boldsymbol{\Delta}'_{t_pabx'}(k)\neq 0$时，$V'_{t_pabx'}(\boldsymbol{\Delta}'_{t_pabx'}(k))>0$，即其为正定。进而，可以导出

$$\begin{aligned}
\Delta V'_{t_pabx'}(\boldsymbol{\Delta}'_{t_pabx'}(k))&=V'_{t_pabx'}(\boldsymbol{\Delta}'_{t_pabx'}(k+1))-V'_{t_pabx'}(\boldsymbol{\Delta}'_{t_pabx'}(k))\\
&=\sum_{j=1}^{m_p}|\delta'_{jabx'}(k+1)|-\sum_{j=1}^{m_p}|\delta'_{jabx'}(k)|\\
&=\sum_{j=1}^{m_p}|\delta'_{jabx'}(k)(1-\Gamma d_1\max\mu'_j(k))|-\sum_{j=1}^{m_p}|\delta'_{jabx'}(k)|\\
&\leqslant\sum_{j=1}^{m_p}|\delta'_{jabx'}(k)||1-\Gamma d_1\mu'|-\sum_{j=1}^{m_p}|\delta'_{jabx'}(k)|\\
&=-(1-|1-\Gamma d_1\mu'|)\sum_{j=1}^{m_p}|\delta'_{jabx'}(k)|
\end{aligned}$$

其中，假设μ'在n_1'步出现最大值，即$\mu'=\max\mu_j'(k)(j=1,2,\cdots m_p,p=1,2,\cdots,e;k=0,1,2,\cdots,n_1')$，如果到$n_1'$步不是$\mu'$的最大值，则最迟在$n_1'+q'$步得到$\mu'$的最大值。令$n'=n_1'+q'$，有$\mu'=\max\mu_j'(k)(j=1,2,\cdots,m_p,p=1,2,\cdots,e;k=0,1,2,\cdots,n')$。显然，当$0<\Gamma d_1\mu'<2$时，$\Delta V'_{t_pabx'}(\boldsymbol{\Delta}'_{t_pabx'}(k))(p=1,2,\cdots,e)$为负定。当$\|\boldsymbol{\Delta}'_{t_pabx'}(k)\|\to\infty$时，$V'_{t_pabx'}(\boldsymbol{\Delta}'_{t_pabx'}(k))\to\infty(p=1,2,\cdots,e)$。根据离散系统 Lyapunov 稳定性定理可得：原点平衡状态$\boldsymbol{\Delta}'_{t_pabx'}(k)=(\delta'_{1abx'},\delta'_{2abx'},\cdots,\delta'_{mabx'})^{\mathrm{T}}=0(p=1,2,\cdots,e)$为大范围渐近稳定，而$0<\Gamma d_1\mu'<2$是原点平衡状态$\boldsymbol{\Delta}'_{t_pabx'}(k)=(\delta'_{1abx'},\delta'_{2abx'},\cdots,\delta'_{mabx'})^{\mathrm{T}}=0(p=1,2,\cdots,e)$为大范围渐近稳定的一个充分条件。

定理 6.3 说明的是从所有子围捕系统中找到最大值μ'，满足式$0<\Gamma d_1\mu'<2$即可实现系统原点平衡状态即$\boldsymbol{\Delta}'_{t_pabx'}(k)=0(p=1,2,\cdots,e)$为大范围渐近稳定。定理 6.3 与定理 2.3、定理 3.2、定理 4.2 和定理 5.2 在表达形式上是一致的，不同的是μ'的计算有可能涉及非自己围捕的目标，而上述各章中不会出现这种情况。这说明定理 6.3 进一步扩大了凸障碍物环境下系统原点平衡状态即$\boldsymbol{\Delta}'_{t_pabx'}(k)=0(p=1,2,\cdots,e)$为大范围渐近稳定的条件$0<\Gamma d_1\mu'<2$的适用范围。

因此，在障碍物环境中对于四散分布的静态多目标，同时满足定理 6.1 和定理 6.3，即$0<\Gamma<\min(2/c_1,2/(d_1\mu'))$，即使有各种物理条件限制，同样在

有限时间内可使围捕机器人以一定精度收敛在多个目标的有效围捕圆周上且呈受力平衡的围捕队形，即不一定呈均匀分布。对于聚集在一起的静态多目标，则会形成多个有效围捕圆周上弧段连接在一起的围捕队形，围捕机器人在每个弧段上受力均衡。对于有单独分开的目标，有聚集在一起的多个目标，则会形成单独目标的有效围捕圆周上呈受力平衡的围捕队形，还会有多个聚集在一起目标的多个有效围捕圆周上弧段连接在一起的围捕队形，围捕机器人在每个弧段上受力均衡。一般情况下避开静态障碍物、动态障碍物的参数 a_{dis}^2、a_{dis}^3、d_2^2 和 d_2^3 分别大于避开机器人的参数 a_{dis}^1 和 d_2^1，这样做有利于机器人远离不与机器人产生协调运动的障碍物，尽量避免相撞以致损坏。这里同样给出了系统不稳定时参数调节方法，即调节 c_1、d_1 或 Γ 等。

另外，如果 $a_{\mathrm{dis}}^1=a_{\mathrm{dis}}^2=a_{\mathrm{dis}}^3$，且 $d_2^1=d_2^2=d_2^3$，则 $\|\boldsymbol{p}_{ajox'}(k)\|=\|\boldsymbol{p}_{bjox'}(k)\|$，$d_{jo}(k)=0$，定理 6.3 的结果则变为定理 6.2 的形式，即定理 6.2 是定理 6.3 的特殊情况。但需要指出的是，对于四散分开的静态目标，当只有一个静态或动态障碍物而且障碍物在有效围捕圆周上时，可以做到机器人与障碍物整体上在有效围捕圆周上呈均匀分布的最终平衡状态；但是当有两个及以上的静态或动态障碍物而且障碍物在有效围捕圆周上时，只能保证相邻两障碍物之间的机器人呈均匀分布，不保证整体上障碍物与机器人都呈均匀分布，原因是障碍物不与机器人产生协调运动；而当障碍物不在有效围捕圆周上但却是机器人的两个最近邻中的一个或两个时，有效围捕圆周上的机器人也并不一定呈现均匀分布，而是连续的机器人（机器人的两最近邻中无障碍物）之间呈均匀分布；当有的障碍物在有效围捕圆周上，有的障碍物不在有效围捕圆周上时，同样是连续的机器人（机器人的两最近邻中无障碍物）之间呈均匀分布，有效围捕圆周上机器人和障碍物不一定呈现均匀分布。

对于聚集在一起的静态多目标，当每个有效围捕圆周弧段上最多只有一个静态或动态障碍物时则会形成机器人与障碍物整体上在单个弧段上呈均匀分布的最终平衡状态。但是，当每个有效围捕圆周弧段上有两个及以上的静态或动态障碍物而且障碍物在弧段上时，只能保证同一弧段上两障碍物之间的机器人呈均匀分布，不保证整体上障碍物与机器人都呈均匀分布，原因同样是障碍物不与机器人产生协调运动；而当障碍物不在有效围捕圆周上但却是机器人的两个最近邻中的一个或两个时，单个弧段上的机器人也并不一定呈现均匀分布，而是单个弧段上连续的机器人（机器人的两最近邻中无障碍物）之间呈均匀分布；当有的障碍物在有效围捕圆周上，有的障碍物不在有效围捕圆周上时，同样是单个弧段上连续的机器人（机器人的两最近邻中无障碍物）之间呈均匀分布，单个弧段上机器人和障碍物不一定呈现均匀分布。如果不包含障碍物，此时只需要避开机器人，定理 6.3 同样变为定理 6.2。

考虑到运动中的多目标围捕，同样可以给出一个充分条件，只需要满足式（2.26）和 $0<\Gamma<\min(2/c_1,2/(d_1\mu'))$，即动态多目标以漫步速度逃逸被成功围捕的一个充分条件为

$$\max(t_{mit},t_{mahv})<\Gamma<\min(2/c_1,2/(d_1\mu')) \tag{6.19}$$

式（6.19）与式（2.31）、式（3.5）、式（4.5）和式（5.8）在形式上一致，但式（6.19）中所涉及的两最近邻包含了非自己围捕的目标这一情况，式（2.31）、式（3.5）、式（4.5）和式（5.8）中所涉及的两最近邻不包含这一情况。因此，式（6.19）扩大了前面各式子的适用范围。

由于猎物在实际逃逸过程中并不是每一步都转向 180°，个体在障碍物环境中也不需要每步都转向 180°，因此对于许多实例在小于式（6.19）所给定的下限时间也可以成功围捕。但最终的围捕队形同样会由于存在四散分开的动态目标和聚集在一起的动态多目标而会呈现不同的围捕队形，但整体上都会是受力均衡的围捕队形。

6.5　无障碍物环境下仿真与分析

为了与文献［16］作对比分析，本节和下一节分别考虑无障碍物环境下和未知复杂环境下群机器人对于 6.2.2 节构建的动态多目标进行围捕，通过仿真来验证所提算法的可扩展性、稳健性、灵活性，以及避障性能。系统参数设置如表 6.2 所列，表 6.3 是机器人避碰/避障参数值，目标和动态障碍物的避障参数值如表 6.4 所列。

表 6.2　围捕系统参数值

参数	c_1	c_2	d_1	d_{sp}/m	l	c_r/m	p_r^T/m	s_r^H/m	s_r^T/m	ρ_h
数值	1.2	20	5.6	3.0	100	10.2	4.6	100	22	5
参数	ρ_t	ε_1	ε_2	v_ω^T/(m·s^{-1})	v_m^T/(m·s^{-1})	v_m^H/(m·s^{-1})	a_m^H/(m·s^{-2})	ω_m^H/(rad·s^{-1})	ω_{am}^H/(rad·s^{-2})	
数值	11	0.05	0.5	0.35	1.1	1.1	50	8.0	200	

表 6.3 围捕机器人避碰/避障参数值

参数	a_{dis}^1	a_{dis}^2	a_{dis}^3	a_{dis}^4	d_2^1	d_2^2	d_2^3	d_2^4
数值	1.1	2.3	3.9	6.6	1.2	2.2	2.2	2.2

表 6.4 目标和动态障碍物的避障参数值

参数	a_r^S/m	a_r^U/m	d_3	d_4	ρ_s	ρ_u
数值	2.2	3.9	2.1	3.1	11. 5	11. 5

为了测试所提算法的基本性能和特点，第一个仿真环境中无障碍物，群机器人个数为 20 个，可以任意给定其初始位置进行围捕，表 6.5 为其初始位置。动态目标有 2 个，其初始位置如表 6.5 所列。根据系统参数表 6.2 和式（6.16）所计算的 Γ 应大于 0.6214 s，本仿真中为 0.6 s，因为猎物并不是每步都转向，所以也可以成功围捕。

表 6.5 仿真 1 中群机器人初始位置坐标

坐标	t_1	t_2	h_1	h_2	h_3	h_4	h_5	h_6	h_7	h_8	h_9
X/m	-5.2	1.2	-9.6	-10.2	-13.0	-13.5	-8.5	-16.5	-11.5	-18.5	-18.5
Y/m	15.5	11.5	-11.2	-0.5	-8.5	-18.5	-17.5	-7.2	-13.0	-0.9	-6.1
坐标	h_{10}	h_{11}	h_{12}	h_{13}	h_{14}	h_{15}	h_{16}	h_{17}	h_{18}	h_{19}	h_{20}
X/m	-17.5	-12.5	-15.0	-17.0	-16.0	-21.5	-13.0	-11.0	-5.5	-8.0	-7.5
Y/m	-10.5	-11.5	-14.0	-12.0	-2.5	-1.0	-5.0	-6.0	-15.1	-5.0	-3.1

6.5.1 仿真结果

由于本章研究的是多目标围捕，群机器人的围捕过程与前述各章的单目标围捕不完全一致。群机器人围捕仿真轨迹如图 6.14 所示。实线圆周内部代表猎物势域，虚线圆周代表有效围捕圆周。每个围捕机器人用圆点表示，其右上角符号代表围捕的目标，右下角符号代表围捕机器人的序号。在图 6.14（a）中，经过 3 步时间，群机器人个体运用自组织分布式任务分配算法，根据面向多目标中心 180°范围内最多两最近邻的任务分配信息自动地选择了自己的围捕目标，选择结果是有 11 个机器人围捕最远目标 t_1，有 9 个机器人围捕最近目标 t_2。由此图还可以看出围捕两个目标的机器人混杂在一起。

图 6.14（b）中，每个机器人根据面向多目标中心方向 180°范围内的最近邻机器人的围捕目标和自己的围捕目标，通过判断交换目标前后是否会减少整

体的运动距离而进行决策，到第 7 步后，整体上围捕左上方目标 t_1 的机器人位于左上方，而围捕右下方目标 t_2 的机器人位于右下方，这样由于围捕同一目标的机器人在一起，运动整体上协调一致，避免了不必要的避碰，而且还减少了运动距离，即减少了能量损耗，同时也提高了围捕效率。群机器人不管是在任务分配时还是在交换目标时，都一直在靠近目标，这样做是为了防止目标逃离机器人的感知范围，只是在交换目标后，机器人个体更加有针对性追赶目标。

由图 6.14（c）可知，追赶结束时已经有 h_2 进入 t_1 势域范围内，h_{20} 进入 t_2 势域范围内，整体上进入下一阶段，即对抗开始。h_2、h_{20} 的闯入导致目标 t_1 和 t_2 不再漫步逃离，开始对抗比自己势小的 h_2 和 h_{20}。由于对抗过程中除了 h_2 对抗 t_1，h_{20} 和 h_{19} 对抗 t_2 外，没有更多的机器人进入 t_1 和 t_2 的势域，导致目标一直在勇猛对抗，而 h_2 在 31 步时已经距离目标 t_1 不到 3m（从此步开始围捕 t_1 的机器人的受力式（6.1）中第二项消失），这使得目标很容易损伤 h_2，h_2 决定不再靠近，与其他围捕 t_1 的机器人开始远离目标，向 t_1 的有效围捕圆周上运动，进入消磨战。h_{20} 同样在 31 步时已经距离目标 t_2 不到 3 m（从此步开始围捕 t_2 的机器人的受力式（6.1）中第二项消失），这使得目标同样很容易损伤 h_{20}，h_{20} 决定不再靠近，与其他围捕 t_2 的机器人开始远离目标，向 t_2 的有效围捕圆周上运动，也进入消磨战。在 38 步时，h_2 逃出 t_1 的势域，h_{20} 和 h_{19} 逃出 t_2 的势域。t_1 和 t_2 感觉没有威胁后，各自漫步逃离，t_1 向左上方逃去，t_2 向上方逃去，如图 6.14（d）所示。

图 6.14（e）中，群机器人虽然分成了围捕两个目标的两个子围捕群体，但当目标还靠在一起的时候，两个子围捕群体可以协作共同包抄两个目标；而在 t_1 和 t_2 的有效围捕圆周相交部分，由于 t_1 和 t_2 的有效围捕圆周分别靠近 t_2 和 t_1，个体为了躲避非自己围捕的目标，因此在相交部分上没有围捕个体。随着两个目标的逐渐分离，围捕个体形成对各自围捕目标的全包围，并于 168 步对各自目标实现了成功围捕，如图 6.14（f）所示。而 t_1 和 t_2 在 153 步分别开始向左方和右上方逃离，是两个目标随机选择的结果。随着目标的继续逃离，围捕 t_1 和 t_2 的两个子群体很快生成了理想围捕队形，如图 6.14（g）所示。

6.5.2　偏差收敛分析

1. 目标距离偏差分析

由于围捕过程存在交换目标过程导致个别机器人的目标距离偏差变化较大，详述如下。图 6.15（a）中，初始时群机器人远离猎物，它们迅速靠近

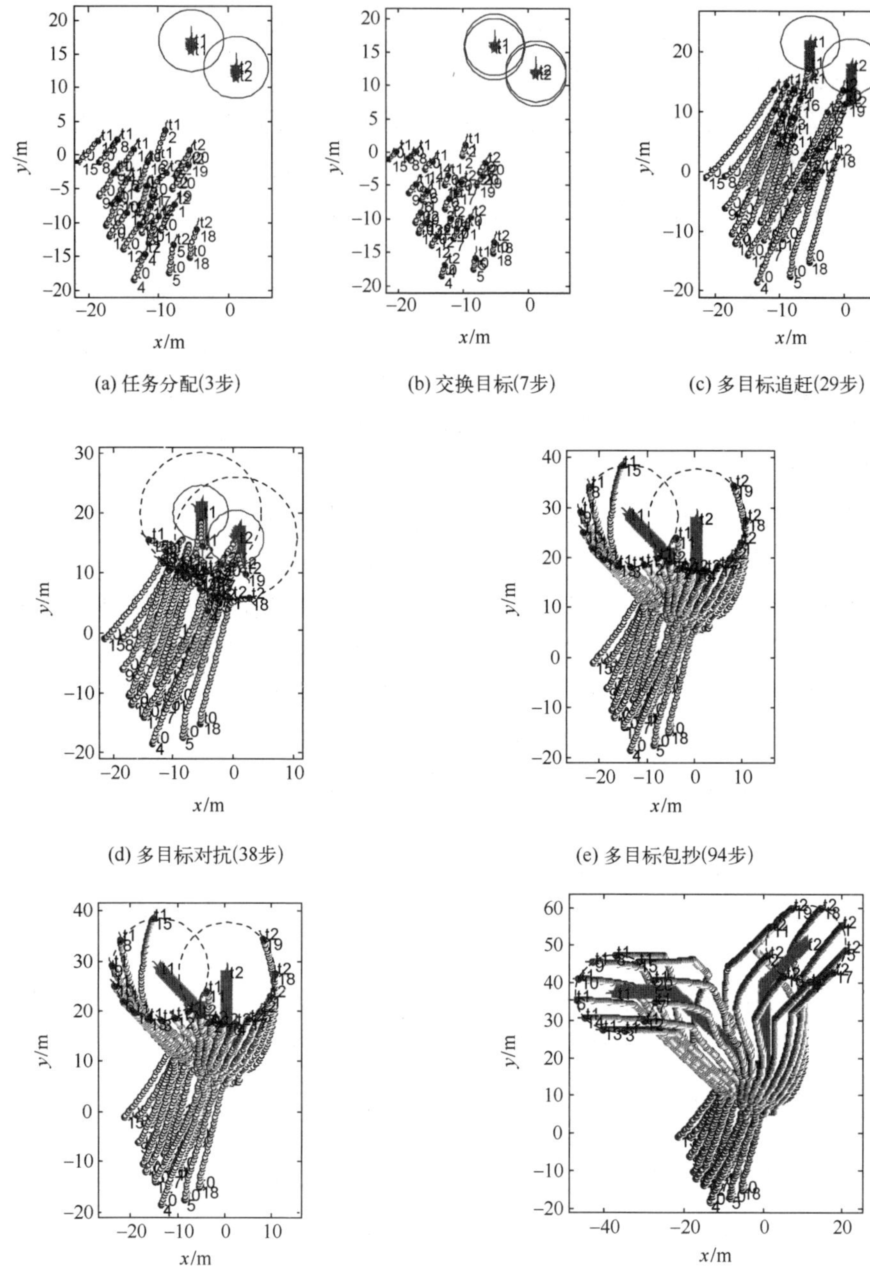

(a) 任务分配(3步)　(b) 交换目标(7步)　(c) 多目标追赶(29步)

(d) 多目标对抗(38步)　(e) 多目标包抄(94步)

(f) 多目标成功围捕(168步)　(g) 多目标围捕队形生成(223步)

图 6.14　无障碍物环境下群机器人自组织协同多目标围捕

t_1，与 t_1之间的距离迅速减小，直到 31 步时，由于太靠近目标导致易损坏机器人，整个围捕群体又迅速转移到目标的有效围捕圆周上。这里需要说明的是，h_7在 74 步与目标 t_1之间的距离突然变大的原因是 h_7在 74 步之前一直围捕目标 t_2，h_7 在 74 步时位于 t_2的有效围捕圆周附近，但与近邻交换目标后开始围捕 t_1时，处于 t_1的有效围捕圆周外，导致其距离突然变大；h_{20}在 111 步与目标 t_1之间的距离突然变大的原因是 h_{20}在 111 步之前一直围捕目标 t_2，h_{20}在 111 步时位于 t_2的有效围捕圆周附近，但与近邻交换目标后开始围捕 t_1时，处于 t_1的有效围捕圆周外，导致其距离突然变大；另外，整个群体由于目标 t_1在 153 步突然向左方偏转，所有机器人在 154~157 步左右进行了加速并收敛到猎物的有效围捕圆周上。偏差大约在 160 步之后达到稳态，此时所有个体以一定精度达到猎物的有效围捕圆周上。

图 6. 15（b）中，初始时群机器人远离猎物，它们迅速靠近 t_2，与 t_2之间的距离迅速减小，直到 31 步时，由于太靠近目标导致机器人易损坏，整个围捕群体又迅速转移到目标的有效围捕圆周上。这里需要说明的是，h_2在 74 步与目标 t_2之间的距离突然变小的原因是 h_2在 74 步之前一直围捕目标 t_1，h_2 在 74 步时位于 t_1的有效围捕圆周附近，但与近邻交换目标后开始围捕 t_2时，处于 t_2的有效围捕圆周内，导致其距离突然变小；h_{11}在 111 步与目标 t_2之间的距离突然变小的原因是 h_{11}在 111 步之前一直围捕目标 t_1，h_{17}在 111 步时位于 t_1的有效围捕圆周附近，但与近邻交换目标后开始围捕 t_2时，处于 t_2的有效围捕圆周内，导致其距离突然变小；另外，整个群体由于目标 t_2在 153 步突然向右上方偏转，所有机器人在 154~157 步左右进行了加速并收敛到猎物的有效围捕圆周上。偏差大约在 160 步之后达到稳态，此时所有个体以一定精度达到猎物的有效围捕圆周上。

收敛过程整体上与文献［16］不完全一致，本文允许围捕机器人在有效围捕圆周内外运动更符合实际情况，而文献［16］中始终是只在收敛圆域外运动。

2. 近邻对象合力偏差分析

这里同样采用 f_{abj} 来分析群体达到理想围捕队形过程中的特点。在图 6. 16 中，正的偏差值表示 h_j实际运动方向 $\theta_j(t)$ 向其右边偏转，反之表示 $\theta_j(t)$ 向其左边偏转。由图 6. 16（a）可知，涌现的 Leaders 有 h_{15}、h_7和 h_{10}。由图 6. 16（b）可知，涌现的 Leaders 有 h_{19}、h_{11}和 h_1，这与图 6. 14（e）和图 6. 14（c）中一致。由于是多目标围捕，而且包抄过程中两目标靠的较近，涌现的 Leaders 比较复杂，前面表述过的 h_{11} 虽然归在了围捕 t_2 的群体中，但实际上在 111 步之前是围捕 t_1 的，而且是在这之前表现出 Leader 特性的。因此，确切地说，h_{11} 是围捕 t_1 时涌现出的 Leader。由图 6.16 可知机器人判定自己是否为 Leader 的条件是偏差值出现一个较大值后近似单调逐步衰减（这与文献［16］中确定 Leader 的规律正好相反，与第 2 章中确定 Leader 的规律相同）。

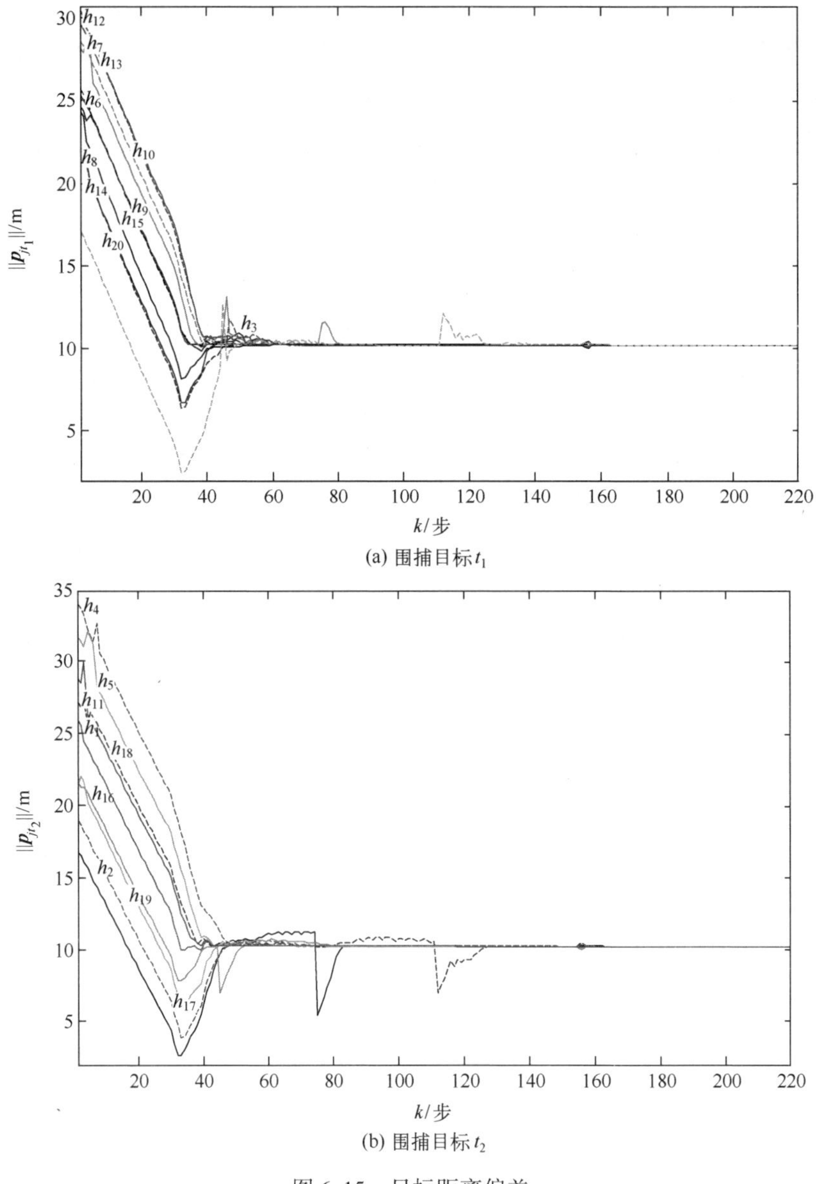

(a) 围捕目标 t_1

(b) 围捕目标 t_2

图 6.15　目标距离偏差

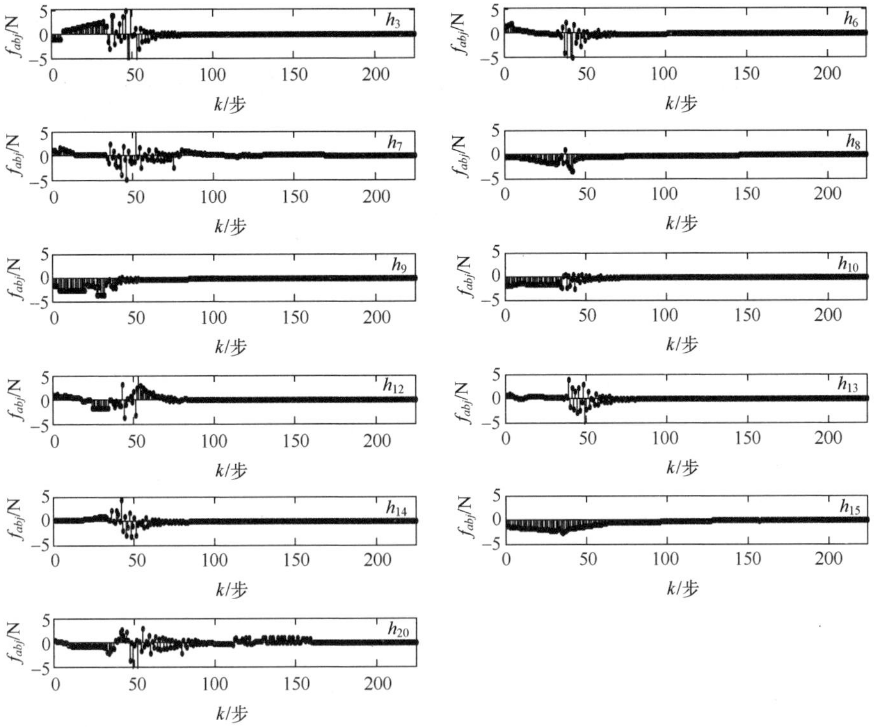

(a) 围捕目标 t_1

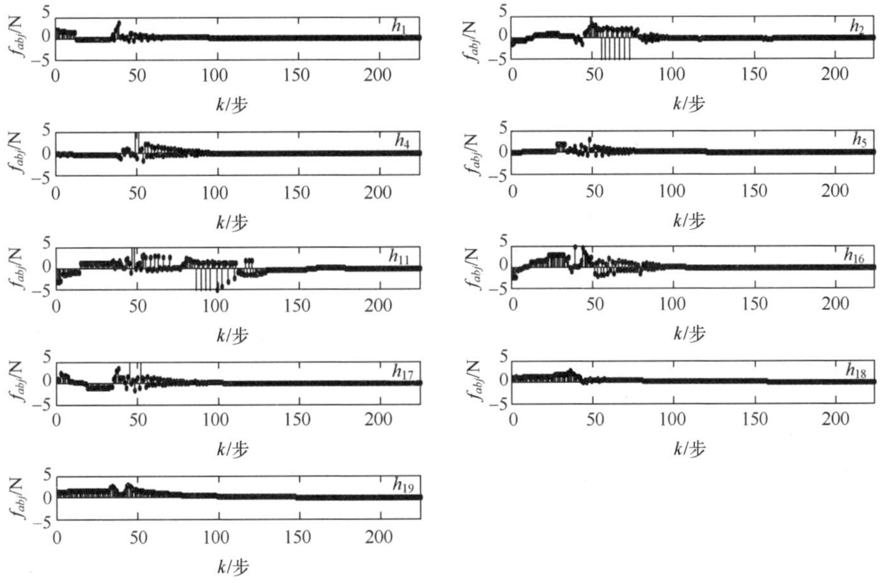

(b) 围捕目标 t_2

图 6.16　近邻对象合力偏差

6.6 未知动态凸障碍物环境下仿真与分析

为了测试所提算法的可扩展性、稳健性、灵活性和避障性能，本小节考虑未知动态环境，环境中包括两个点状动态障碍物，以及11个多边形（包括三角形、四边形、五边形、六边形和七边形等各种形状）或圆形障碍物，采用30个围捕机器人，前20个机器人与6.5节仿真中机器人初始状态坐标一致，其他增加的10个机器人与三个目标的初始坐标如表6.6所示。本仿真中算法和参数与6.5节仿真中算法和参数完全一致。群机器人、目标和动态障碍物遇到静态和/或动态障碍物时都要避障。根据系统参数表6.2和式（6.19）所计算的Γ应大于0.6214s，本仿真中Γ同样为0.6s。

表6.6 仿真2中目标和增加的机器人初始位置坐标

坐标	t_1	t_2	t_3	h_{21}	h_{22}	h_{23}	h_{24}	h_{25}	h_{26}	h_{27}	h_{28}	h_{29}	h_{30}
X/m	-1.2	5.2	12.5	-24.5	-23.5	-21.5	-20.6	-17.5	-20.1	-23.4	-17.8	-21.1	-24.5
Y/m	12.5	9.5	5.5	-1.5	-5.8	-5.5	-13.9	-15.1	-16.2	-10.8	-19.9	-18.1	-18.8

图6.17所示为仿真轨迹。整体上其运动过程及原因与第一个仿真相似。

不同之处之一是对于目标t_2没有对抗过程，而是追赶过程之后直接进入包抄过程。原因是在41步时，同时有h_{14}、h_{16}和h_{17}进入t_2势域，其合势大于猎物的势，猎物没有进行对抗而是转身逃离；h_{14}、h_{16}和h_{17}一直追赶到100步时（式（6.1）中所示，$l=100$步后第二项消失）仍未靠近t_2的3m范围之内，开始向有效围捕圆周上运动，于102步时离开t_2势域，t_2感觉不到威胁后朝正上方稍微偏左方向运动，而围捕机器人则迅速包抄了t_2。

不同之处之二是障碍物的影响使得本仿真多了与静态障碍物或动态障碍物一起包抄、成功围捕等过程，如图6.17中的（e）、（f）和（g）所示。产生图6.17（e）的原因是这样的，对抗结束后的t_1漫步向左上方逃离，而由涌现出的Leader h_{21}和h_{30}率领的机器人群体迅速于71步赶超了t_1，与t_1右边的障碍物一起形成包抄之势；产生与障碍物一起包抄t_3的原因与包抄t_1的原因相似；而此时h_{14}、h_{16}和h_{17}在t_2势域之内正在追赶t_2。

产生图6.17（f）的原因是这样的，包抄之后猎物一直向左上方逃逸，而在其右上方有一动态障碍物向左下方运动而来，右方分别早已有原为Leader

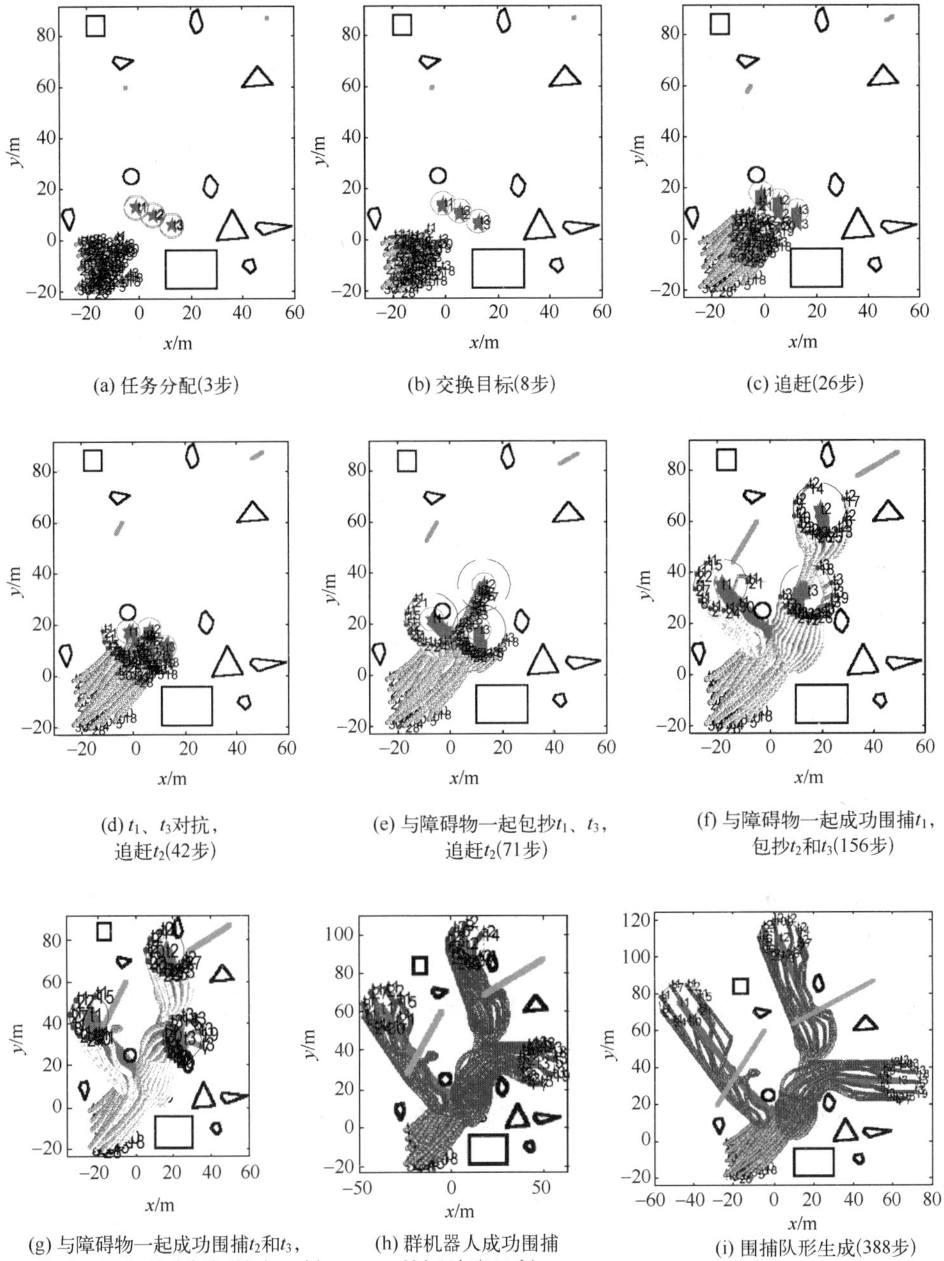

(a) 任务分配(3步)　(b) 交换目标(8步)　(c) 追赶(26步)

(d) t_1、t_3对抗，追赶t_2(42步)　(e) 与障碍物一起包抄t_1、t_3，追赶t_2(71步)　(f) 与障碍物一起成功围捕t_1，包抄t_2和t_3(156步)

(g) 与障碍物一起成功围捕t_2和t_3，围捕t_1机器人躲避动态障碍物(206步)　(h) 群机器人成功围捕所有目标(310步)　(i) 围捕队形生成(388步)

图 6.17　未知复杂环境下群机器人自组织协同多目标围捕

的 h_{21} 和 h_{30} 带领机器人正预形成合围之势，此时右上方的动态障碍物将机器人群体分开。然而，从整体上来看，群机器人与动态障碍物一起暂时成功围捕 t_1；而此时涌现出来的 Leaders h_{14} 和 h_{17} 正在包抄 t_2；而此时涌现出来的 Leaders h_{18} 和 h_3 正在包抄 t_3。

接着，围捕 t_1 的机器人子群体相互协调既动态保持包围队形又顺利避开了动态障碍物；无独有偶，围捕 t_2 的机器人子群体同样避开了六边形障碍物和动态障碍物，从整体来看又与六边形障碍物和动态障碍物形成一起暂时成功围捕 t_2 的奇观；同样，围捕 t_3 的机器人子群体相互协调既动态保持包围队形又顺利避开了下方的七边形障碍物，从整体来看又与七边形障碍物形成一起暂时成功围捕目标的奇观，如图 6.17（g）所示。

这里针对成功避障的原因需要指出的是，在包抄过程中，当 h_{30} 感应到近邻正上方的圆形障碍物时（这里只需要感应到一至两个最近点），由式（2.4）将其映射为近似来自其右方的较大的斥力，这样处理有利于 h_{30} 提前做避障运动，而机器人之间的相互协调使得整个群体成功避障的同时又兼顾包围队形保持。避开其他多边形及动态障碍物的原因与此相似。

由于复杂的障碍物环境和目标增多，本仿真涌现出了众多 Leaders，按不同目标和出现先后顺序分别是围捕 t_1 时有 h_{21} 和 h_{30}；围捕 t_2 时有 h_{10}、h_{14} 和 h_{17}；围捕 t_3 时有 h_{18}、h_3、h_7 和 h_4，如图 6.17 中的（e）、（f）、（g）所示。整个群体在机器人数目增加了二分之一、目标增加了一个并且环境未知动态的情况下仍然可以严格避碰/避障顺利完成围捕任务，体现本算法除了与基于 LP-Rule 的方法[16]一样具有良好的可扩展性、稳健性，还具有较好的灵活性和避碰/避障性能。

6.7 本章基于 MSVF-Model 的围捕算法与其他算法的比较分析

本章基于 MSVF-Model 的围捕算法与基于 LP-Rule 的围捕算法相比优势如下：

（1）第 2 章算法与基于 LP-Rule 的围捕算法相比的所有优势，本章算法同样具有。

（2）本章算法还可以围捕静态或动态的单个或多个目标，而基于 LP-Rule 的围捕算法没有考虑围捕多目标。

（3）本章算法比基于 LP-Rule 的围捕算法具有更好的灵活性。

本章基于MSVF-Model的围捕算法与其他章节基于SVF-Model的围捕算法相比优势如下：

（1）本章考虑了如何围捕动态多目标，而其他章节围捕算法没有考虑如何围捕动态多目标。

（2）本章算法在多目标围捕方面的灵活性优于其他章节算法。

本章基于MSVF-Model的围捕算法与其他多目标围捕算法相比优势如下。

（1）文献［17］研究了多目标导航问题，该问题涉及一组智能体协调地对多个运动目标进行导航，采用分布式算法，并分析了稳定性。然而，环境中没有考虑障碍物，多目标整体上在一起运动，而不是四散运动。而本章所提算法不但可以适应运动目标四散运动，也适应多个目标一块运动，同时考虑了避障问题。

（2）文献［18］针对地面存在障碍物和约束的环境中群机器人捕获多目标提出了一种自适应模式形成的方法。但个体需要全局信息，可扩展性差，因此对于多目标、大规模群机器人围捕的适应性较低，而且环境中没有动态障碍物，也没有对系统进行稳定性分析。而本章所提算法基于局部两最近邻信息就可以实现自组织任务分配和围捕队形的形成，在避障时不需要根据障碍物的形状来进行，只需要感应到障碍物上的至多最近两点的距离就可以实现避障，算法简单易于实现，同时考虑了环境中动态障碍物的避障问题。

6.8 本章小结

本章研究未知动态凸障碍物环境下非完整移动群机器人自组织协同动态多目标围捕问题，在完善第2章简化虚拟受力模型中个体只对单个目标进行受力分析为对任意目标进行受力分析，设计了动态多目标任务分配算法和动态多目标协同围捕算法，由仿真验证了其围捕效果。在理论上分析了整个围捕系统的稳定性，给出了实现多目标围捕时对群机器人内个体数量的要求和整个围捕系统的稳定性条件，对系统参数设置有较好的指导作用。验证了基于简化虚拟受力模型的多目标围捕算法具有更好的灵活性。最后给出了本章基于简化虚拟受力模型的多目标围捕算法与其他围捕算法的比较分析[19-20]。

参 考 文 献

[1] KHALUF Y, BIRATTARI M, RAMMIG F. Probabilistic analysis of long-term swarm performance under spatial interferences [M]. Berlin Heidelberg: Springer, 2013: 121-132.

[2] ECAL 2013: 12th european conference on artificial life [M]. Taormina, Italy: MIT Press, 2013: 737-744.

[3] GUERRERO J, OLIVER G. Auction and swarm multi-robot task allocation algorithms in real time scenarios [M]. Multi-Robot Systems, Trends and Development. Rijeka, Croatia: InTech, 2011: 437-456.

[4] GUERRERO J, OLIVER G. Multi-robot task allocation method for heterogeneous tasks with priorities [J]. Distributed Autonomous Robotic Systems, 2007: 181-190.

[5] ACEBO E D, LLUIS J. Introducing bar systems: a class of swarm intelligence optimization algorithms [C]//AISB 2008 Convention on Communication, Interaction and Social Intelligence. Aberdeen, Scotland: The Society for the Study of Artificial Intelligence and Simulation of Behavior, 2008.

[6] SCHNEIDER J, APFELBAUM D, BAGNELL D, et al. Learning opportunity costs in multi-robot market based planners [C]//Proceedings of the Proceedings of the 2005 IEEE International Conference on Robotics and Automation. Barcelona, Spain: IEEE, 2005.

[7] GIL JONES E, DIAS M B, STENTZ A. Learning-enhanced market-based task allocation for oversubscribed domains [C]//Proceedings of the Intelligent Robots and Systems, 2007 IROS 2007 IEEE/RSJ International Conference on. San Diego, California, USA: IEEE, 2007.

[8] KHALUF Y, BIRATTARI M, HAMANN H. A swarm robotics approach to task allocation under soft deadlines and negligible switching costs [M]. Berlin, Heidelberg: Springer, 2014: 270-279.

[9] GERKEY B P, MATARIC M J. A formal analysis and taxonomy of task allocation in multi-robot systems [J]. International Journal of Robotics Research, 2004, 23 (9): 939-954.

[10] XIONG J F, TAN G Z. Virtual forces based approach for target capture with swarm robots [C]//Proceedings of the 2009 Chinese Control and Decision Conference. Guilin, China: IEEE, 2009.

[11] 段敏，高辉，宋永端．智能群体环绕运动控制 [J]．物理学报，2014，63 (14)：140204 140201-140204 140209.

[12] KUBO M, SATO H, YAMAGUCHI A, et al. Target enclosure for multiple targets [M]. Berlin, Heidelberg: Springer, 2013: 795-803.

[13] YASUDA T, OHKURA K, NOMURA T, et al. Evolutionary swarm robotics approach to a pursuit problem [C]//Proceedings of the 2014 IEEE Symposium on Robotic Intelligence in Informationally Structured Space (RIISS), Orlando, FL, USA: IEEE, 2014.

[14] XU W B, CHEN X B, ZHAO J, et al. A decentralized method using artificial moments for multi-robot path-planning [J]. International Journal of Advanced Robotic Systems, 2013, 10 (24): 1-12.

[15] MURO C, ESCOBEDO R, SPECTOR L, et al. Wolf-pack (canis lupus) hunting strategies emerge from simple rules in computational simulations [J]. Behavioural Processes, 2011, 88 (3): 192-197.

[16] HUANG T Y, CHEN X B, XU W B, et al. A self-organizing cooperative hunting by swarm robotic systems based on loose-preference rule [J]. Acta Automatica Sinica, 2013, 39 (1): 57-68.

[17] CUI L, CHEN S, LEI W. Distributed control for multi-target circumnavigation by a group of agents [J]. International Journal of Systems Science, 2017, 48 (12): 1-10.

[18] PENG X, ZHANG S, LEI X. Multi-target trapping in constrained environments using gene regulatory network-based pattern formation [J]. International Journal of Advanced Robotic Systems, 2016, 13 (5): 1-12.

[19] 张红强，吴亮红，周游，等．复杂环境下群机器人自组织协同多目标围捕 [J]. 控制理论与应用，2020，37 (5)：1054-1062.

[20] 张红强．基于简化虚拟受力模型的群机器人自组织协同围捕研究 [D]. 长沙：湖南大学，2016.

第 7 章
未知动态非凸障碍物环境下群机器人多目标搜索协调控制

7.1 引　言

群体智能的理念受启发于对蚂蚁、蜜蜂等社会性昆虫的群体行为的研究，它本身是由一组简单的智能体（agent）涌现出来的集体智能（collective intelligence）[1]。群机器人系统属于典型的人工群体智能系统，是由数量众多的同构自主机器人组成，具有典型的分布式系统特征[2]。通过对这些能力有限的个体机器人的协调控制，同时利用它们自身的有限感知和局部交互能力，在自组织机制下，系统就能够涌现出智能行为，从而完成相对复杂的任务。

目标搜索[3-4]是群机器人系统最为常见的任务之一，根据搜索目标数量的不同，群机器人目标搜索问题可分为单目标搜索和多目标搜索。对于单目标搜索而言，群机器人协调控制的研究主要集中在个体之间协作方式和参数优化以及数学模型的建立等方面。对于多目标搜索而言，由于系统能够并行化同时对多个目标实施搜索，这极大地提高了综合搜索效率。因此，对于群机器人多目标搜索的研究具有更为普遍的意义。不同于单目标搜索，群机器人需要首先根据个体机器人对目标感知情况，自组织地分成若干子群，每个子群再针对特定的目标实施搜索。由第 1 章中关于搜索的文献综述可知，目前的多目标搜索存在环境简单、避障效果不佳以及搜索效率不高等问题。

针对未知环境下群机器人多目标搜索存在的问题，本书首先在基于目标响应阈值的任务分工的基础上，改进了闭环调节策略，引入了结合目标激励和到通信个体距离的子群内部降幂排序原则，并进一步考虑了漫游状态下机器人的搜索策略以及协同搜索、漫游状态下机器人避碰问题，在子群联盟内部和漫游个体两个层面上，建立了基于两近邻对象位置信息的简化虚拟受力分析模型，并据此设计了机器人搜索和避碰以及循障算法。而且在包含非凸等复杂障碍物环境中进行了仿真实验，结果表明本书给出的未知复杂环境下 SRSMT-SVF 协调控制策略能够有效地解决搜索过程中的碰撞冲突问题，明显地降低了系统的总能耗和搜索时间。

7.2 群机器人多目标搜索任务分解

在封闭的二维空间 R^2 内，群机器人多目标搜索问题可用集合 $\{R,T,\mathrm{So},\mathrm{Do}\}$ 描述。其中，群机器人 $R=\{R_i,i=1,2,\cdots,m,m>1\}$ 作为搜索主体；$T=\{T_j,j=1,2,\cdots,e,e>1\}$ 作为待搜索对象；静态障碍物 $\mathrm{So}=\{\mathrm{So}_k,k=1,2,\cdots,M,M>1\}$；动态障碍物 $\mathrm{Do}=\{\mathrm{Do}_l,l=1,2,\cdots,L\}$。$P\in\{R,T,\mathrm{So},\mathrm{Do}\}$，$P$ 在环境中的位置坐标为 $\{x_P,y_P\}$。注意，本章群机器人搜索系统的符号定义与前面章节中围捕系统符号定义有部分不一样。

7.2.1 自组织任务分工

不同于单目标搜索，群机器人系统在承担多目标搜索任务时，须首先根据目标检测情况自主分成若干子群，每个子群再针对各自的搜索目标并行化地进行搜索，以提高系统的综合搜索效率。因此，自组织分工[5-6]是完成多目标搜索任务的关键之一。

7.2.1.1 目标响应函数

作为群体智能系统，群机器人系统由基于多传感器结构的成员机器人组成，在未知复杂环境下，个体机器人通过配置的各种传感器感知周围环境和目标响应的变化。假设目标能够在环境中持续发出具有某种特征的信号，这种信号能够被个体机器人配置的目标传感器所感知。在传感器检测范围内，机器人与目标之间的距离不同，检测出的目标响应强度也会不同。目标响应函数用于描述这种强度[7]，可定义为

$$I_{ij}(d)=\begin{cases}\dfrac{\mathrm{m_s}Q_0}{d^2}+\eta & (d\leqslant d_0)\\ 0 & (d>d_0)\end{cases} \tag{7.1}$$

式中：Q_0为目标中心发出的恒定信号功率；d 表示机器人 R_i与目标 T_j之间的距离；d_0为目标感应传感器最大感知范围；I_{ij}表示机器人 R_i对目标 T_j的响应强度，其大小与距离的平方成反比关系；$\mathrm{m_s}$表示目标信号在环境中传播时的衰减系数（取值在 0~1 之间）；η 表示环境中的扰动。

7.2.1.2 基于目标响应阈值的闭环动态任务分工

群机器人在进行多目标任务搜索时，可将一个搜索目标视为一个子任务，成员机器人可自主选择自己参加完成的子任务，一个子任务允许多个机器人参加，但一个机器人每次只能选择一个子任务。设目标响应阈值为 $I_{\min}$，则 $I_{\min}=I(d_0)$，成员机器人 R_i在环境中检测到的目标 T_j的响应值为 $I_{ij}(d)$，若 $I_{ij}(d)>I_{\min}$，机器人把目标 T_j作为自己备选意向目标之一。$P(i,j)$表示机器人 R_i选择目标 T_j作为自己参加完成任务的概率[8]，其计算公式为

$$P(i,j)=\frac{I_{ij}(d)^2}{\sum\limits_{k\in\mathrm{Intention_i}} I_{ik}(d)^2},\forall j=\{1,2,\cdots,n\}(k\in\mathrm{Intention}_i) \tag{7.2}$$

式中：$\mathrm{Intention}_i(i=1,2,\cdots,m)$为机器人 R_i的备选意向目标的集合。

设 Rand_i（取值0~1）为一个随机数，当$P(i,j)>\mathrm{Rand}_i$时，机器人 R_i选择目标 T_j作为自己的搜索目标。成员机器人基于同样的原则对所检测到目标响应给予评估（这里成员机器人是指备选意向目标集合不为空集的个体机器人），并自主确定一个目标任务即一个子任务。具有相同子任务的若干机器人自组织地缔结子群联盟，并针对该目标进行协同搜索；若未能检测到目标信号或没有共同搜索目标的机器人则采用漫游方式随机搜索。这样群机器人多目标搜索任务即完成一次自组织任务分工。

在此任务分工模型的基础上引入闭环调节[8]，即一次任务分工结束后，度量各个子群内部的机器人资源的配置水平，把评估后结果作为负反馈引入到之前的任务分工模型中，能够有效解决系统机器人资源配置失衡问题，进而提高搜索效率。根据机器人获得目标感知信息方式的不同，可把目标可分为Ⅰ类目标和Ⅱ类目标，若机器人能够通过直接检测获取目标感知信息，此类目标称为Ⅰ类目标。如果由于目标超出机器人内部传感器检测区域，无法直接检测得知

目标信息，但是能够借助邻域通信，获得邻近机器人对目标的感知信息，我们称此类目标为Ⅱ类目标，其中，Ⅰ类目标的优先权高于Ⅱ类目标。对子群内部成员机器人进行优势地位排序时：首先根据任务目标的类别进行排序，任务目标为Ⅰ类目标的个体优于任务目标为Ⅱ类目标的所有个体；然后在任务目标类别相同的情况下，再对子群内部机器人按照目标激励强度原则进行降幂排序（如果任务目标同为Ⅱ类目标且目标激励强度相同即是与同一个邻域机器人通信获得目标的感知信息时，则按照到与其进行邻域通信个体机器人距离原则进行降幂排序），如表 7.1 所列。

表 7.1　子群内部机器人排序

机器人	目标类型	信号强度	邻域通信个体	到通信个体距离/m	排 序 地 位
R_1	Ⅰ-type	11.3324	∅	∅	1
R_2	Ⅱ-type	1.6476	R_3	221.1281	7
R_3	Ⅰ-type	1.6476	∅	∅	3
R_4	Ⅱ-type	4.7578	R_6	76.0446	5
R_5	Ⅱ-type	11.3324	R_1	63.2802	4
R_6	Ⅰ-type	4.7578	∅	∅	2
R_7	Ⅱ-type	1.6476	R_3	128.5720	6

由表 7.1 可知，R_1、R_3、R_6的目标任务类型为Ⅰ类，R_2、R_4、R_5、R_7的目标任务类型为Ⅱ类，其中，R_4是通过与邻域个体 R_6通信，R_5是通过与邻域个体 R_1通信，R_2和 R_7是通过与邻域个体 R_3通信，获得对目标的感知信息的。按照上述排序规则，机器人 R_1、R_3、R_6在子群中的优势地位高于 R_2、R_4、R_5、R_7，又由于 R_1、R_3、R_6的目标响强度应分别为 11.3324、1.6476 和 4.7578，故 R_1在子群中的优势最大，R_6其次。在任务目标为Ⅱ类目标的个体中，目标信号激励越强，其优势地位相应越高，因此 R_5的优势地位相对较高，R_4其次。又由于机器人 R_2和 R_7到的 R_3的距离分别为 221.1281 和 128.5720，即 R_7到 R_3的距离更近，故 R_7在子群中的优势地位要高于 R_2的优势地位。本书子群规模的上限设置为 6 个机器人，因此优势排名未进入前 6 的个体机器人 R_2自主退出该子群，并触发惩罚机制，即一定时间内不参与任务分工。惩罚结束后其仍可通过二次加盟的方式继续加入有共同任务目标的子群联盟。通过建立这种机器

人退盟和二次加盟的机制，实现了部分机器人在不同子群之间的动态迁移，从而使得机器人资源得到合理的配置。

7.2.2 协调控制

群机器人多目标搜索任务成功的另一个关键是系统所采用的智能控制策略能否调节机器人在个体和群体两个层面上的运动行为[9]。当然，这必须以建立在成员机器人对目标信号检测基础上位置的评估与彼此之间的交互为基础。针对于此，首先设计了个体机器人的控制策略。搜索伊始，机器人无法在以往最优经验指导下运动，故只能采取漫游策略，此时机器人只能依据自身能力搜索目标。漫游策略的设计是以最短时间内尽可能实现群机器人对环境的传感式覆盖为原则，本书采取以最大速度行驶，与最近邻近个体搜索方向不同的直线搜索方式。当个体机器人通过自身感知或者成员之间交互检测到目标信号，并成功与其他个体缔结子群联盟时，则由漫游状态迁移到协作搜索状态，此状态下机器人根据群体智能的原则移动，本书所采用的群体智能算法为具有运动学约束特性的粒子群算法。当个体机器人距离目标足够近时，即视为搜索成功，相应的状态迁移到声明搜索成功状态。个体机器人的设计必须满足能够自动地在漫游、协同搜索，以及声明状态下迁移的要求。由于在未知动态环境下，机器人的避碰和避障行为伴随在整个搜索过程之中，故将其视为底层行为，不设置独立状态。机器人自动机制结构如图 7.1 所示。

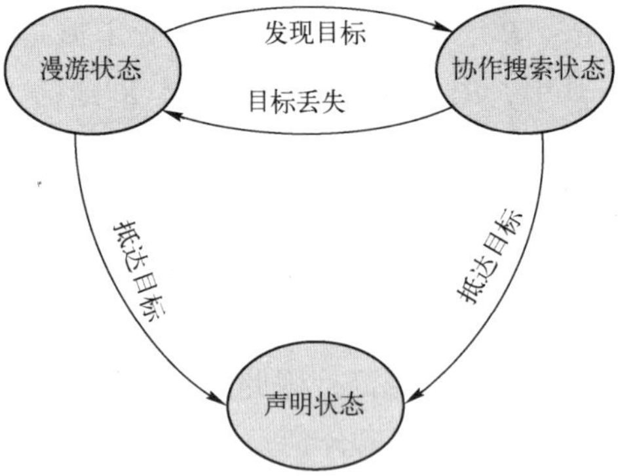

图 7.1　个体机器人的三态迁移

7.3　群机器人系统控制策略

7.3.1　机器人运动模型及相关函数定义

首先，给出机器人的运动学方程为

$$\begin{cases}\dot{x}_i(t)=v_i(t)\cos(\theta_i(t))\\ \dot{y}_i(t)=v_i(t)\sin(\theta_i(t))\end{cases} \tag{7.3}$$

式中：$v_i(t)$、$\theta_i(t)$ 分别为机器人 R_i 时刻 t 的速度和运动方向，并且满足 $|v_i(t)|\leqslant v_{\mathrm{m}}^H$，$v_{\mathrm{m}}^H$ 为机器人最大运行速度，$v_i(t)=(\dot{x}_i(t),\dot{y}_i(t))$ 是机器人 t 时刻的速度。

搜索过程中对象（包括机器人、静态或动态障碍物）的施力函数为

$$f_{re}(d)=c/[(d/l_{\mathrm{m}'})^2] \tag{7.4}$$

式中：d 表示两点之间的距离；c 用于优化机器人运动路径；$l_{\mathrm{m}'}$ 为开始加强避碰的距离；$m'=1,2,3$ 分别表示对象为机器人、静态障碍物和动态障碍物时所设置的具体参数。

假设 $\gamma_i\gamma_j$ 分别为有向线 l_il_j 的有向角，定义 γ_{ij} 为 l_i 到 l_j 的角度[10]，可表示为

$$\gamma_{ij}=\mathrm{dagl}(\gamma_i-\gamma_j) \tag{7.5}$$

函数 dagl(·)的表达式为

$$\mathrm{dagl}(x)=x-2\pi\mathrm{sgn}(x)\cdot\xi(|x|-\pi) \tag{7.6}$$

其中：

$$\xi(x)=\begin{cases}1 & (x>0)\\ 0 & (x\leqslant 0)\end{cases} \tag{7.7}$$

7.3.2　具有运动学约束特性的微粒群算法

通过分析比较微粒群算法与群机器人协作搜索状态下的若干基准概念，可以发现它们之间存在着某种映射关系，在惯性权重微粒群算法基础上加以运动学约束[11-12]可描述这种映射关系，具体可表述为

$$
\begin{cases}
v_{ie}(t+1)=\omega v_i(t)+c_3 r_1(x_i^*(t)-x_i(t)) \\
\qquad\qquad +c_4 r_2(g(t)-x_i(t)) \\
v_i(t+1)=v_i(t)+(v_i(t)-v_i(t))\times\alpha_1 \\
x_i(t+1)=x_i(t)+v_i(t+1)\times\lambda
\end{cases}
\tag{7.8}
$$

式中：$v_i(t)$和$x_i(t)$分别表示机器人时刻t的速度和位置；$v_{ie}(t+1)$为机器人下一时刻的期望速度；α_1的引入是考虑机器人的运动具有一定的惯性；λ为机器人连续时间控制的体现，也可理解为步幅控制因子；c_3和c_4分别为机器人的认知系数和社会系数；r_1和r_2为区间(0,1)内的随机变量；ω为惯性权重；$x_i^*(t)$表示截止时刻t机器人经历的最优位置；$g(t)$为种群截止时刻t遍历的最优位置。

7.3.3 简化虚拟受力模型

在未知的搜索环境中，假设机器人R_i通过传感器可以感知两近邻对象（可能是个体机器人、静态凸或非凸，以及动态障碍物）的位置信息，如图7.2所示。在全局坐标系xOy中，机器人t时刻位置坐标为$R_i(x_i, y_i)$，p_0、p_1、p_2分别为机器人下一个时刻的位置(x_{po}, y_{po})，以及运动方向左右两边最近对象的位置(x_{p1}, y_{p1})和(x_{p2}, y_{p2})。

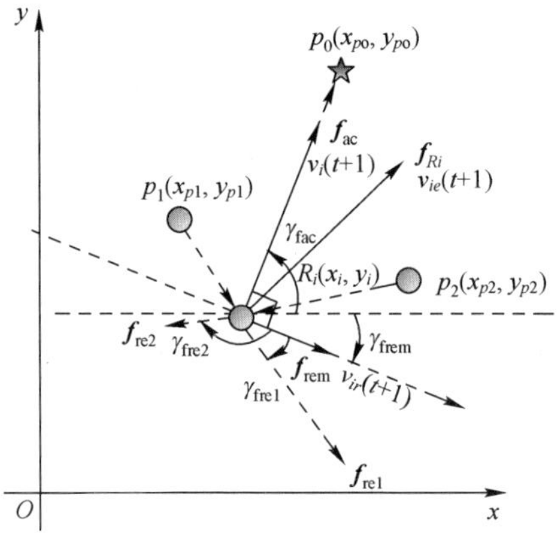

图7.2　简化虚拟受力模型

机器人R_i下一个时刻以速度$\boldsymbol{v}_i(t+1)$向p_0运动，假设这种运动趋向是由于机器人受到下一时刻位置的引力作用，记为$\boldsymbol{f}_{ac}$，同时，由于机器人必须避开左右两边的对象，所以也受到p_1、p_2的斥力作用[10]，分别记为$\boldsymbol{f}_{re1}$和$\boldsymbol{f}_{re2}$。γ_{fac}为机器人受到的引力矢量$\boldsymbol{f}_{ac}$到x轴正半轴的有向角即机器人的期望运动方向，

$\boldsymbol{f}_{\mathrm{re1}}$和$\boldsymbol{f}_{\mathrm{re2}}$到$x$轴正半轴的有向角分别为$\gamma_{\mathrm{fre1}}$和$\gamma_{\mathrm{fre2}}$。$\boldsymbol{f}_{\mathrm{rem}}$为机器人受到的斥力在与期望运动方向垂直方向上的合力，$\gamma_{\mathrm{frem}}=\gamma_{\mathrm{fac}}-\pi/2$为$\boldsymbol{f}_{\mathrm{rem}}$到$x$轴正半轴的方向角。$\boldsymbol{f}_{Ri}$为$R_i$的整体受力，$R_i$的实际需求速度$\boldsymbol{v}_i'(t+1)$可以按下式计算：

$$\begin{aligned}\boldsymbol{v}_i'(t+1)&=\boldsymbol{f}_{Ri}=\boldsymbol{f}_{\mathrm{ac}}+\boldsymbol{f}_{\mathrm{rem}}\\&=f_{\mathrm{ac}}\mathrm{e}^{\mathrm{j}\gamma_{\mathrm{fac}}}+(f_{\mathrm{re1}}(\|\boldsymbol{d}_{ip1}\|))\cos(\mathrm{dagl}(\gamma_{\mathrm{frem}}-\gamma_{\mathrm{fre1}}))\\&\quad+(f_{\mathrm{re2}}(\|\boldsymbol{d}_{ip2}\|))\cos(\mathrm{dagl}(\gamma_{\mathrm{frem}}-\gamma_{\mathrm{fre2}}))\end{aligned}\tag{7.9}$$

其中：

$$\begin{cases}\boldsymbol{d}_{ip1}=(x_{p1}-x_i)+i(y_{p1}-y_i)\\\boldsymbol{d}_{ip2}=(x_{p2}-x_i)+i(y_{p2}-y_i)\end{cases}$$

式中：f_{ac}为下一个时刻位置p_0对机器人R_i的施力函数，$f_{\mathrm{ac}}=\|\boldsymbol{v}_i(t+1)\|$，$f_{\mathrm{re1}}(\|\boldsymbol{d}_{ip1}\|)$和$f_{\mathrm{re2}}(\|\boldsymbol{d}_{ip2}\|)$分别为对象$p_1$、$p_2$对机器人$R_i$的施力函数，按式（7.4）计算；$\mathrm{dagl}(\gamma_{\mathrm{frem}}-\gamma_{\mathrm{fre1}})$ 和 $\mathrm{dagl}(\gamma_{\mathrm{frem}}-\gamma_{\mathrm{fre2}})$ 分别为两邻近对象斥力的偏角。

如果将$\boldsymbol{f}_{\mathrm{rem}}$直接等效为$R_i$与下一时刻运动方向相垂直方向上的速度$\boldsymbol{v}_{ir}(t+1)$，则存在关系$\boldsymbol{v}_{ir}(t+1)=\boldsymbol{f}_{\mathrm{rem}}$，$\boldsymbol{v}_{ir}'(t+1)=\boldsymbol{v}_i(t+1)+\boldsymbol{v}_{ir}(t+1)$。

7.3.4 基于简化虚拟受力模型的个体控制策略

设$\boldsymbol{v}_{ie}(t+1)$和$\theta_{ie}(t+1)$分别是R_i下一个时刻实际需求速度和运动方向，d是到最近对象（可能是个体机器人、静态凸或非凸和动态障碍物）的距离，对于未知环境中的容易避开的凸或动态障碍物和其他机器人，R_i在不同状态下的运动控制如下。

若R_i处于漫游状态下，当$d\leqslant l_{m'}$时，有

$$\begin{cases}\boldsymbol{v}_{ie}(t+1)=v_m^H\cdot[\cos(\mathrm{angle}(\boldsymbol{v}_{ie}(t)))\sin(\mathrm{angle}(\boldsymbol{v}_{ie}(t)))]+\boldsymbol{v}_{ir}(t+1)\\\theta_{ie}(t+1)=\mathrm{angle}(\boldsymbol{v}_{ie}(t+1))\end{cases}\tag{7.10}$$

式中：$\boldsymbol{v}_{ir}(t+1)$根据图7.2确定，$m'=1$时，表示漫游状态下R_i与其他机器人之间的避碰，$m'=2,3$时，表示避开环境中的静态凸和动态障碍物。

当$d>l_{m'}$时，即R_i不满足避碰条件时，有

$$\begin{cases}\|\boldsymbol{v}_{ie}(t+1)\|=\boldsymbol{v}_m^H\\\theta_{ie}(t+1)=\theta\end{cases}\tag{7.11}$$

式中：θ的取值根据与两邻近机器人搜索方向不同且保证最大搜索面原则确定。

若 R_i 处于协同搜索状态下，当 $d \leqslant l_{m'}$ 时，有

$$\begin{cases} \boldsymbol{v}_{ie}(t+1)=\boldsymbol{v}_i(t+1)+\boldsymbol{v}_{ir}(t+1) \\ \theta_{ie}(t+1)=\text{angle}(\boldsymbol{v}_{ie}(t+1)) \end{cases} \tag{7.12}$$

当 $d>l_{m'}$ 时，有

$$\begin{cases} \boldsymbol{v}_{ie}(t+1)=\boldsymbol{v}_i(t+1) \\ \theta_{ie}(t+1)=\text{angle}(\boldsymbol{v}_{ie}(t+1)) \end{cases} \tag{7.13}$$

式中：$\boldsymbol{v}_i(t+1)$ 根据式（7.8）计算。

对于环境中可能包含的各种形状的非凸和形状怪异的凸障碍物，本书也根据机器人的不同搜索状态设计了针对这些障碍物的循障方法。主要原理是机器人沿着与其指向最近障碍物垂直的方向前行直至循障结束。对于协同搜索状态下的机器人，由于它们已有确定的搜索目标，所以在循障时首先根据自身对信号的感应强度来判断最优循障的方向，即左方循障还是右方循障；而漫游搜索状态下的机器人，由于未能感知到目标信息，因此也就无法根据目标信息判断最优循障方向，本书设置漫游搜索状态下机器人循障方向为右方循障，具体流程如图 7.3 所示。$L-I_{ij}(d)$、$R-I_{ij}(d)$ 分别为机器人在循障初始左行和右行一个时间步后对目标的感应强度。循障状态下 R_i 根据图 7.3 确定自身实际需求速度 $\boldsymbol{v}_{ie}(t+1)$ 和运动方向 $\theta_{ie}(t+1)$，其中，循障条件为对象 p_1、p_2 均为障碍物和 $\|\boldsymbol{d}_{ip1}\|<10$，$\|\boldsymbol{d}_{ip2}\|<10$ 且 $\|\boldsymbol{d}_{p1p2}\|<15$（$\boldsymbol{d}_{p1p2}=(x_{p2}-x_{p1})+i(y_{p2}-y_{p1})$），循障结束的条件为 p_1、p_2 均为障碍物时 $\|\boldsymbol{d}_{p1p2}\|>100$ 且 $\cos(\gamma_{\text{fre1}}(\|\boldsymbol{d}_{ip1}\|<\|\boldsymbol{d}_{ip2}\|)+\gamma_{\text{fre2}}(\|\boldsymbol{d}_{ip2}\|<\|\boldsymbol{d}_{ip1}\|))>0$。

7.3.5 控制算法步骤

未知复杂环境下群机器人多目标搜索控制算法如下：

步骤 1：构建二维搜索环境，设定各种参数，初始化群机器人。

步骤 2：检测目标信号，若检测到目标信号，根据自组织分工原则完成一次自组织任务分工；否则，继续漫游搜索。

步骤 3：计算个体机器人下一时刻的速度矢量 $\boldsymbol{v}_i(t+1)$，若机器人处于漫游搜索状态，则 $v_i(t+1)=v_m^H$，$\theta_i(t+1)=\theta$，其中，θ 的取值见式（7.11）；若机器人处于协同搜索状态，按式（7.8）计算。同时获取两最近邻近对象位置信息，根据简化虚拟受力分析模型，计算 $\boldsymbol{f}_{\text{rem}}$、$\boldsymbol{f}_{\text{re1}}$、$\boldsymbol{f}_{\text{re2}}$、$\boldsymbol{f}_{Ri}$、$\gamma_{\text{frem}}$、$\gamma_{\text{fre1}}$、$\gamma_{\text{fre2}}$ 等参数。

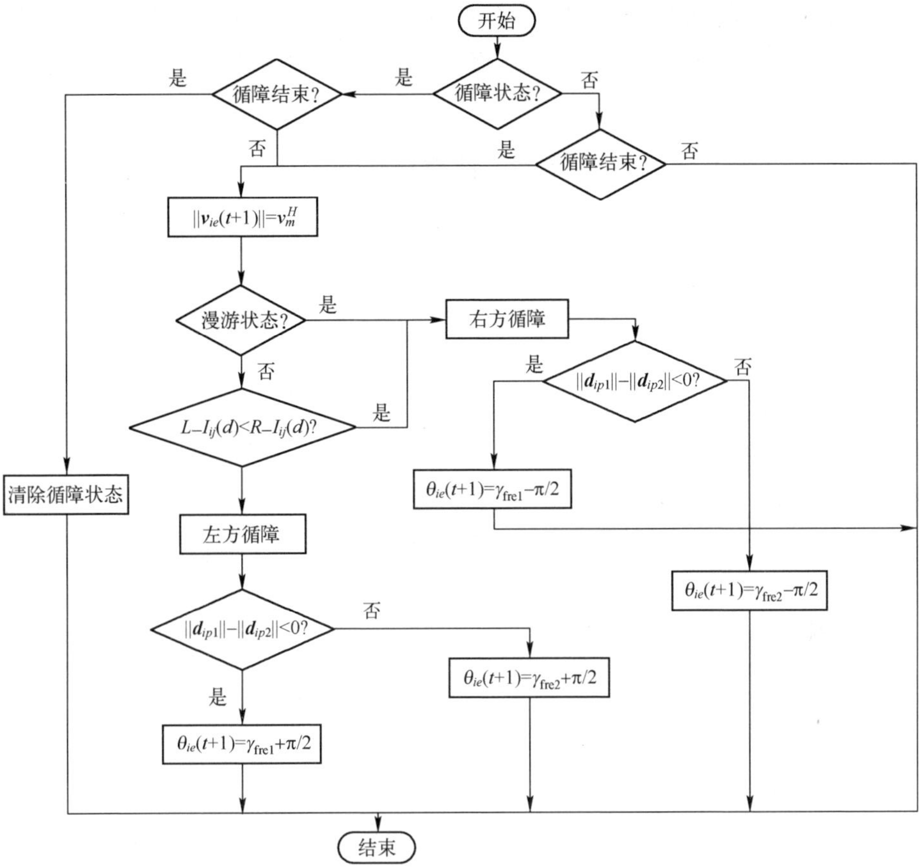

图 7.3　机器人循障策略流程

步骤 4：根据循障算法或式（7.10）~式（7.13）计算不同状态下机器人的实际需求速度 $\boldsymbol{v}_{ie}(t+1)$ 和运动方向 $\theta_{ie}(t+1)$。

步骤 5：运动一个时间步长，此时如若满足 $|\|\boldsymbol{d}_{iT_j}\|-d_t|<\varepsilon$（$\boldsymbol{d}_{iT_j}=(x_{T_j}-x_i)+i(y_{T_j}-y_i)$，$d_t$ 为目标到达阈值），停止；否则返回步骤 2。按此循环直至 $\forall j=1,2,\cdots,n$，均满足 $|\|\boldsymbol{d}_{iT_j}\|-d_t|<\varepsilon$ 时，则程序结束。

7.4　仿　　真

为了分析算法的性能，本节设计了不同数量的群机器人在未知复杂环境下对 10 个目标的搜索实验。同时鉴于算法有一定的随机性，实验分别在由张正云[8] 等提出基于 EPSO 的群机器人多目标搜索策略和本书所提出的 SRSMT-SVF 策略下，针对不同规模的群机器人系统，在相同的仿真实验环境下重复运行 30 次，记录并分析了所得结果。

7.4.1 系统参数设置及算法性能评价指标

群机器人系统参数设置主要包括搜索主体、搜索对象，以及环境的设置等，具体设置见表 7.2。设机器人数量为 m，完成全部目标搜索任务时所有机器人总位移即系统能耗 S_{ros} 和所耗时间 T_{ros}，用于算法性能的评估。

表 7.2　群机器人系统参数设置

参　　数	设　定　值
搜索区域面积/m^2	1000×1000
机器人数量 m/个	20~100
目标数量 e/个	10
机器人最大运动速度 v_m^H/（$m \cdot s^{-1}$）	5
目标最大感应半径 d_0/m	100
最大通信半径 R_{com}/m	300
目标信号能量 Q_0	10^5
目标信号传播衰减系数 m_s	0.1
响应阈值 I_{min}	1
惯性环节 α_1	0.1
步幅控制因子 λ	0.4
目标到达阈值 d_t/m	5
虚拟施力函数系数/c	3.9

7.4.2 仿真结果

实验记录了群机器人系统规模为 30 时的一次仿真结果，如图 7.4 所示。这里，实心大圆表示待搜索目标，对应数字为其编号；小圈表示个体机器人，包括其编号及运动方向；黑色实线表示环境中的障碍物形状或轨迹，包括了静态凸和非凸，以及动态障碍物；用直线连接的个体机器人表示搜索过程中缔结的子群联盟，子群成员处于协同搜索状态，并指明了子群名称，其他没有连接的机器人表示环境中处于漫游状态的个体。

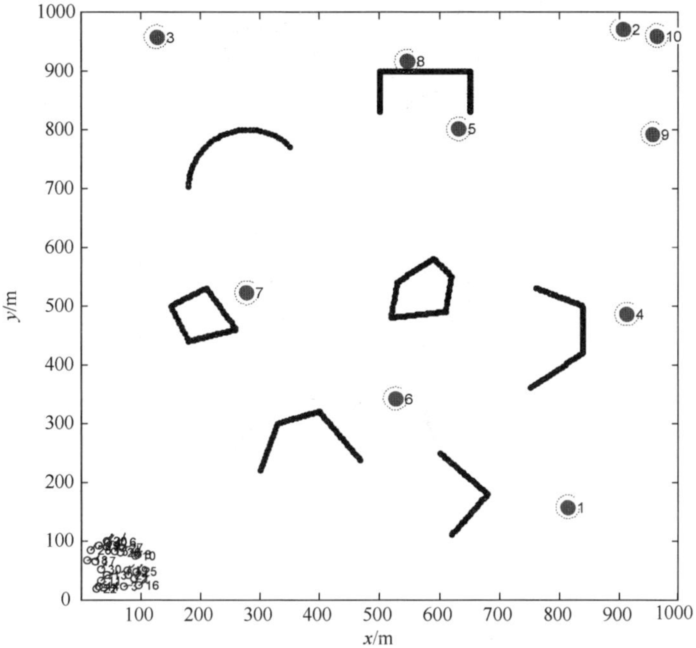
1000
900
800
700
600
500
400
300
200
100
0
100 200 300 400 500 600 700 800 900 1000
y/m
x/m
1
2
3
4
5
6
7
8
9
10

(a) T=0

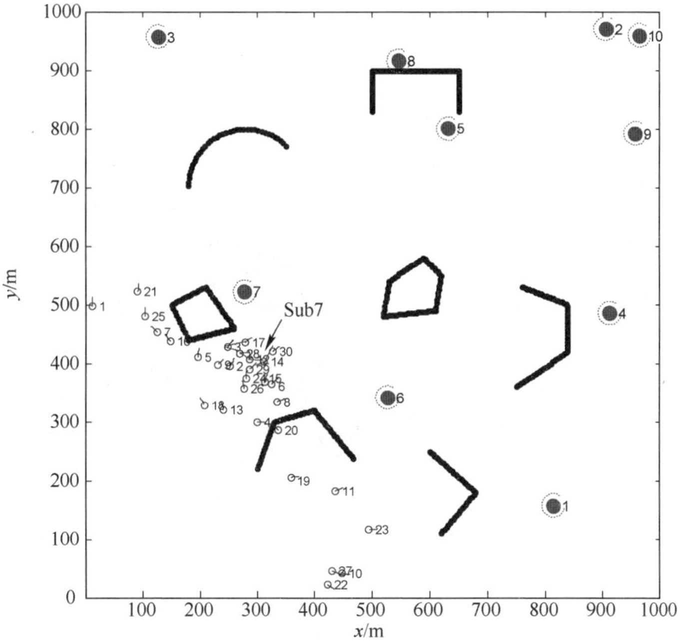
1000
900
800
700
600
500
400
300
200
100
0
100 200 300 400 500 600 700 800 900 1000
y/m
x/m
Sub7
1
2
3
4
5
6
7
8
9
10

(b) T=84

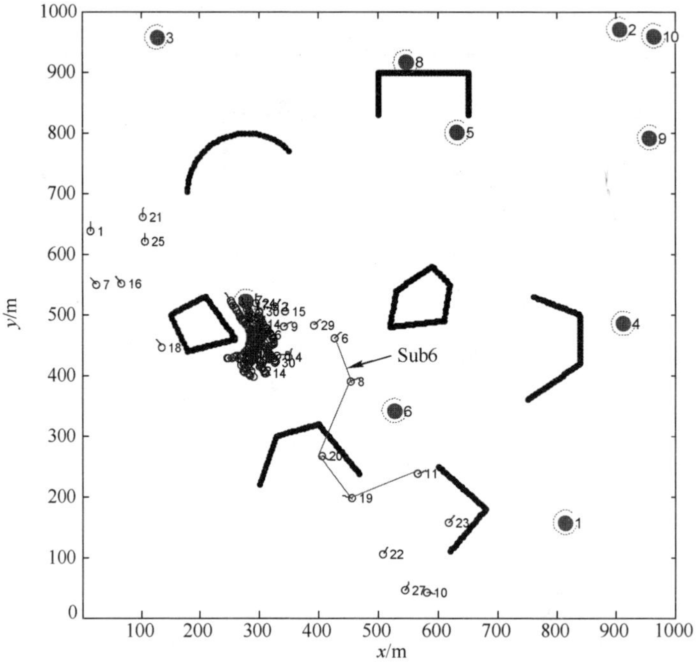

(c) T=118

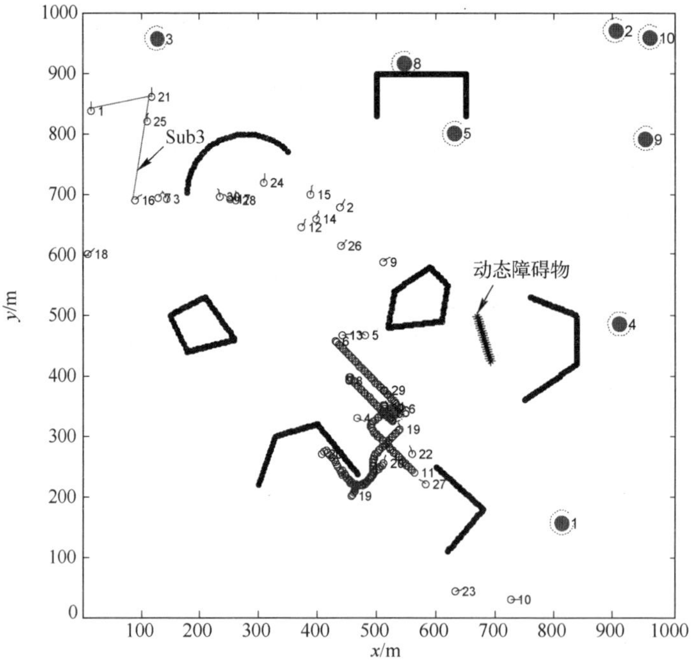

(d) T=156

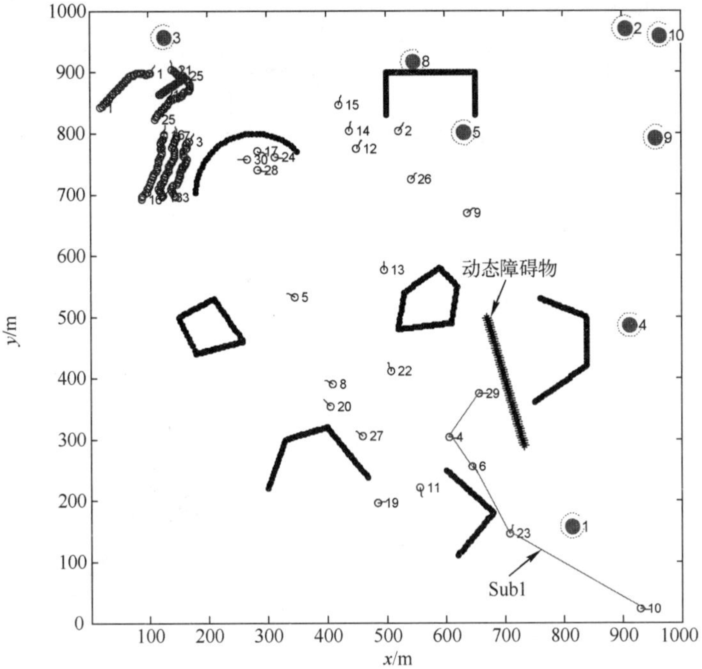

(e) T=187

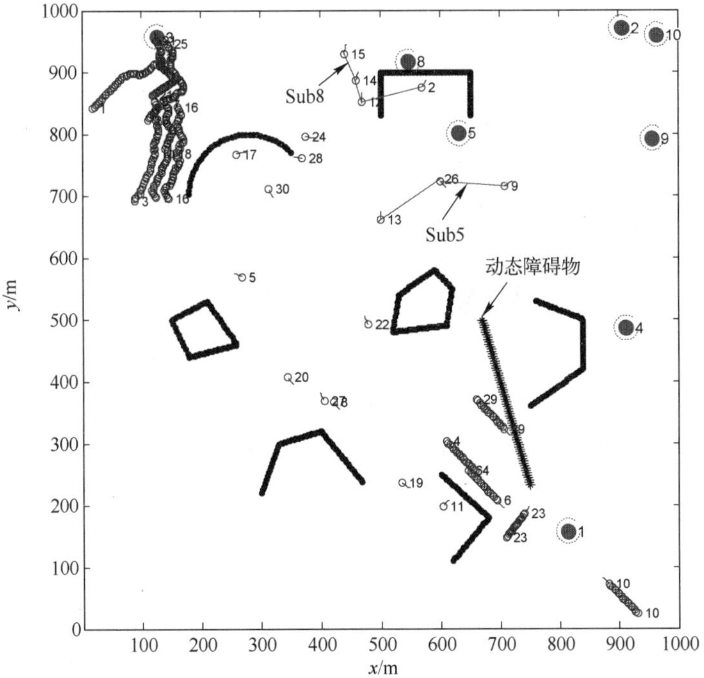

(f) T=206

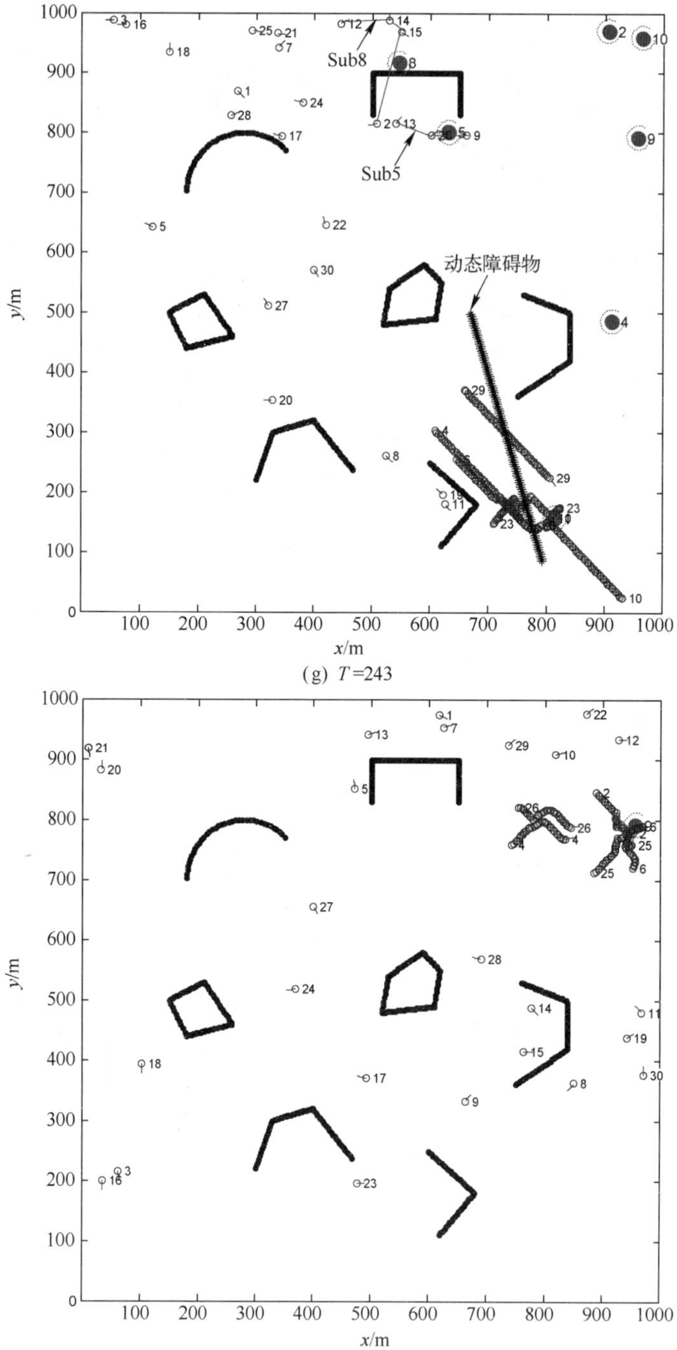

(g) T=243

(h) T=423

图 7.4　未知复杂环境下群机器人多目标搜索

在图 7.4（a）中，所有机器人的初始位置随机分布于 20~100m 的区域范围内，搜索初始个体机器人均处于随机搜索状态。

在图 7.4（b）中，$T=84$ 时，在完成一次自组织动态任务分工后，编号为 17、28、3、30、14、12 的机器人参加到搜索目标 7 的子任务中，从而子群联盟 Sub7 缔结成功，子群成员的搜索状态相应的从漫游状态改为协同搜索状态，其他机器人仍以漫游方式搜索。其中，漫游个体机器人能够有效地避开环境中静态凸障碍物（如编号为 7、16、21、25 的机器人）和非凸障碍物（如编号为 20 的机器人正处于循障状态），同时个体之间保持良好的避碰性能。

$T=118$ 时，子群 Sub7 成功搜索到目标 7，成员机器人声明搜索成功，子群解散，相应的搜索状态切换为漫游搜索状态。同时，个体编号为 8、11、6、20、19 的机器人所执行子任务均为对目标 6 的搜索，所以缔结子群 Sub6，如图 7.4（c）所示。由图可知，子群 Sub7 的成员机器人在协同搜索过程中能够成功避开静态凸障碍物，并最终搜索到任务目标。

在图 7.4（d）中，$T=156$ 时，子群 Sub6 成功搜索到目标 6，子群解散，成员机器人切换为漫游状态，其搜索过程如图 7.4（a）所示。其中，编号为 20 的成员机器人在协同搜索过程中能够成功避开非凸障碍物。同时，编号为 21、25、1、3、7、16 的个体机器人成功缔结子群 Sub3，执行搜索目标 3 的子任务，此时环境中出现动态障碍物（仿真时动态障碍物设为点状障碍物，其运动形式为匀速直线运动）。

$T=187$ 时，在子群 Sub3 执行子任务过程中，编号为 23、10、6、4、29 的个体机器人自组织缔结子群 Sub1，如图 7.4（e）所示，此时两个子群联盟开始并行化执行搜索任务，从而大大提高了系统的综合搜索效率。

$T=206$ 时，子群 Sub3 成功搜索到目标 3，而且在整个搜索过程中，成员机器人之间表现出良好的避碰性能，如图 7.4（f）所示。与此同时，子群 Sub1 仍然在对目标 1 进行搜索；编号为 2、12、14、15 的个体机器人自组织缔结成子群 Sub8；编号为 13、26、9 的个体机器人自组织缔结成子群 Sub5，三个子群并行化同时执行各自的子任务。

在图 7.4（g）中，时刻 $T=243$ 时，子群 Sub1 成功搜索目标，搜索过程如图 7.4（g）所示，其中编号为 23 的个体机器人在子群协同搜索过程中遇到动态障碍物时，能够成功避开，而且最终到达任务目标 1。同时，子群 Sub8 和 Sub5 仍然在并行化同时搜索各自的目标。

根据仿真表明，在 $T=393$ 时，编号为 2、6、4、26、25 的个体机器人缔结成子群 Sub9，对最后一个未搜索到目标 9 进行搜索。$T=423$ 时，子群

Sub9 声明搜索成功，其搜索过程如图 7.4（h）所示。至此，所有目标均已被搜索成功，群机器人系统多目标搜索任务结束。纵观整个搜索过程，通过引入闭环动态任务分工策略，使得所有子群联盟规模均未超过设定的子群规模上限 6，从而机器人资源得到合理的配置；通过引入简化虚拟受力模型同时针对未知复杂环境设计了个体循障、实时避障等策略，使得所有个体机器人均能够在不同的状态下成功避开其他个体机器人、静态凸和非凸及动态障碍物。

实验仿真运行 30 次，记录仿真实验系统能耗 S_{ros} 和搜索耗时 T_{ros} 的平均值（Mean）、方差（SD）、最小值（Min）和最大值（Max），结果如表 7.3 所列。

7.4.3 结果分析

由表 7.3 可知，30 次实验运行结果表明，对于相同群体规模的系统，使用本书提出的 SRSMT-SVF 控制方法的系统平均能耗和平均搜索耗时均显著低于使用 EPSO 策略的系统。为了能够更加清晰地比较两种不同策略的性能，我们对表 7.3 数据进行了统计分析，结果如图 7.5 所示。

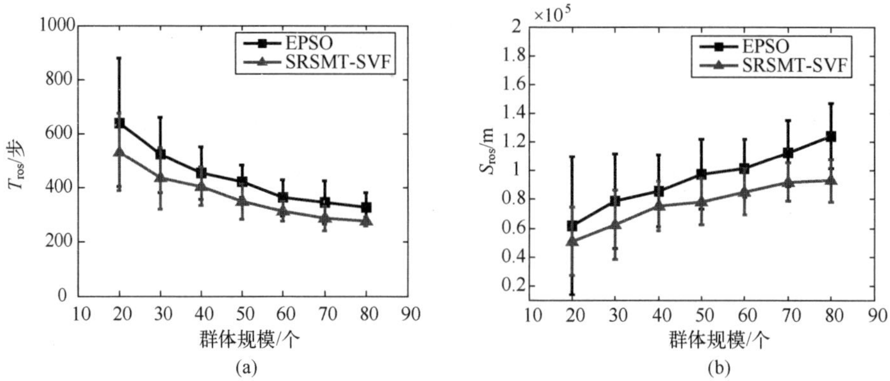

图 7.5　群机器人系统搜索耗时和总能耗统计结果

表 7.3　不同规模的群机器人系统在 EPSO 和 SRSMT-SVF 策略下的性能比较

N_{ro}	控制方法	S_{ros}				T_{ros}			
		Mean	SD	Min	Max	Mean	SD	Min	Max
20	EPSO	6.192×10^4	4.817×10^4	5.840×10^4	6.283×10^4	641.266	237.654	581	676
	SRSMT-SVF	5.102×10^4	2.374×10^4	5.016×10^4	5.302×10^4	531.433	143.491	512	584

（续）

N_{ro}	控制方法	S_{ros}				T_{ros}			
		Mean	SD	Min	Max	Mean	SD	Min	Max
30	EPSO	7.875×10^4	3.279×10^4	7.573×10^4	7.912×10^4	524.766	138.614	503	552
	SRSMT-SVF	6.237×10^4	2.406×10^4	6.213×10^4	6.531×10^4	436.800	115.268	412	471
40	EPSO	8.598×10^4	2.487×10^4	8.468×10^4	8.802×10^4	453.833	97.482	432	485
	SRSMT-SVF	7.556×10^4	1.703×10^4	7.411×10^4	7.609×10^4	405.366	71.342	385	424
50	EPSO	9.751×10^4	2.439×10^4	9.243×10^4	9.987×10^4	423.866	58.356	382	443
	SRSMT-SVF	7.852×10^4	1.594×10^4	7.791×10^4	8.325×10^4	349.700	64.451	332	378
60	EPSO	1.017×10^5	2.017×10^4	9.873×10^4	1.031×10^5	363.533	67.619	341	378
	SRSMT-SVF	8.529×10^4	1.622×10^4	8.176×10^4	8.869×10^4	312.766	37.057	285	341
70	EPSO	1.123×10^5	2.285×10^4	1.049×10^5	1.148×10^5	346.400	79.637	322	361
	SRSMT-SVF	9.217×10^4	1.326×10^4	8.577×10^4	9.436×10^4	287.733	45.423	261	302
80	EPSO	1.241×10^5	2.264×10^4	1.196×10^5	1.297×10^5	329.033	52.712	301	356
	SRSMT-SVF	9.306×10^4	1.475×10^4	9.258×10^4	9.942×10^4	275.466	17.367	252	283

伴随着群机器人系统规模的增大，所有机器人的总位移迅速增加，搜索耗时随之降低；在相同群体规模下，采用本书控制方法即 SRSMT-SVF 策略的群机器人系统比 EPSO 策略下的群机器人系统在搜索耗时和系统总能耗方面都有显著地降低；在不同群体规模时，采用本书控制策略的系统，其搜索耗时和系统总能耗分别至少减少了 13.78%、11.96%。故而本书提出的控制算法有效地提高了群机器人系统的综合搜索性能。

7.5　本 章 小 结

围绕未知复杂环境中群机器人多目标搜索问题，本书着重于对减少系统与环境之间，以及系统个体内部之间碰撞冲突的研究，在群体智能涌现出的自组织动态任务分工的基础上，不仅在子群联盟协调控制的框架内部提出了基于简化虚拟受力模型的循障和避碰策略，同时也把这种策略应用于对漫游状态下机器人的控制，改进了漫游策略，扩大了搜索面积的同时减少了机器人资源冲突。由于该策略下个体机器人只需考虑两近邻对象的位置信息就能避开其他个体机器人，以及环境中的障碍物，从而在一定程度上也减少了计算复杂性，提高了系统搜索效率。实验仿真表明，群机器人系统在本书所提出的控制方法下完成多目标搜索任务时，能够表现出良好的避碰性能，具有搜索效率高，系统能耗低等优点。但是，本书所考虑的未知环境复杂性还不够高，怎样提高群机器人系统在更为复杂的环境下的可扩展性、稳健性、灵活性，是我们下一步需要研究的方向[13-14]。

参考文献

[1] GARNIER S, GAUTRAIS J, THERAULAZ G. The biological principles of swarm intelligence [J]. Swarm Intelligence, 2007, 1 (1): 3-31.

[2] BENI G. From swarm intelligence to swarm robotics [C]//Proceedings of the Proceedings of the 2004 international conference on Swarm Robotics. Germany: Springer, Berlin, Heidelberg, 2004.

[3] BRAMBILLA M, FERRANTE E, BIRATTARI M, et al. Swarm robotics: a review from the swarm engineering perspective [J]. Swarm Intelligence, 2013, 7 (1): 1-41.

[4] SAUTER J A, MATTHEWS R, PARUNAK H V D, et al. performance of digital pheromones for swarming vehicle control [C]//Proceedings of the Fourth international joint conference on Autonomous agents and multiagent systems. New York: IEEE, 2005.

[5] 张国有，曾建潮．基于黄蜂群算法的群机器人全区域覆盖算法 [J]. 模式识别与人工智能，2011，24 (3): 431-437.

[6] 张嵛，刘淑华．多机器人任务分配的研究与进展 [J]. 智能系统学报，2008，3 (2): 115-120.

[7] PUGH J, MARTINOLI A. Inspiring and modeling multi-robot search with particle swarm optimization [C]//2007 IEEE Swarm Intelligence Symposium. Honolulu, HI, USA: IEEE, 2007.

[8] 张云正，薛颂东，曾建潮．群机器人多目标搜索中带闭环调节的动态任务分工 [J]. 机器人，2014，36 (1): 57-68.

[9] 薛颂东．面向目标搜索的群机器人协调控制及其仿真研究 [D]: 兰州: 兰州理工大学，2009.

[10] 张红强，章兢，周少武，等．未知动态环境下非完整移动群机器人围捕 [J]. 控制理论与应用，2014，31 (9): 1151-1165.

[11] MARJOVI A, MARQUES L. Multi-robot olfactory search in structured environments [J]. Robotics and Autonomous Systems, 2011, 59 (11): 867-881.

[12] KRINK T, VESTERSTROM J S, RIGET J. Particle swarm optimisation with spatial particle extension [C]//Proceedings of the Evolutionary Computation, 2002 CEC′02 Proceedings of the 2002 Congress on. Honolulu, HI, USA: IEEE, 2002.

[13] 周少武, 张鑫, 张红强, 等. 基于简化虚拟受力模型的群机器人多目标搜索协调控制 [J]. 机器人, 2016, 38 (6): 641-650.

[14] 张鑫. 未知复杂环境下群机器人多目标搜索研究 [D]: 长沙: 湖南科技大学, 2017.

第8章
群机器人围捕物理实验

8.1 引　　言

本章采用自行研究搭建的群机器人实验平台来验证第2章所提出的群机器人围捕基本理论与算法的正确性，并测试基本理论与算法在实际物理平台上的运行效果和性能。整个群机器人围捕物理实验平台需要一个无线路由器来组建一个无线网络，并且安装超宽带（Ultra Wideband，UWB）定位系统。群内每一个机器人需要其他机器人和障碍物的位置信息（由此来确定两个最近邻的机器人或障碍物）来决定自己的运动方向和速度大小。UWB定位系统将位置信息通过与一台计算机连接的Wifi Bee模块以UDP广播的形式并经路由器发送出去，再由群机器人自身的Wifi Bee模块来接收位置信息；而群机器人的姿态信息通过自身安装的电子罗盘和陀螺仪来获得；速度信息则通过安装在电机上的红外编码器获取。这样就可以简单的实现群机器人围捕实验。

8.2 群机器人实验平台

8.2.1 围捕群机器人

围捕群机器人（Swarm Robots for Hunting，SRfH）是自行设计并搭建的，是一组体积较小的可移动群平台，其外形如图8.1所示。机器人个体长

25.6cm，宽 22.2cm，高 37.1cm。

(a) 围捕群机器人正面　　(b) 围捕群机器人背面

图 8.1　围捕群机器人

机器人的控制主板采用深圳中科欧鹏公司生产的 OpenDuino Board，版本是 2012 年 1 月制作的 3.0 版。控制主板资源如图 8.2 所示。基于 Arduino 的 OpenDuino Board 是一款控制器，功能强大，适合用于微小型机器人上，可选用多种驱动器（步进、伺服、直流），实现了 Mesh 组网功能。另外，通过该公司自主研发的单片机静态库和上位机动态库的支持，把对机器人的研究和应用带入了物联网时代[1]。

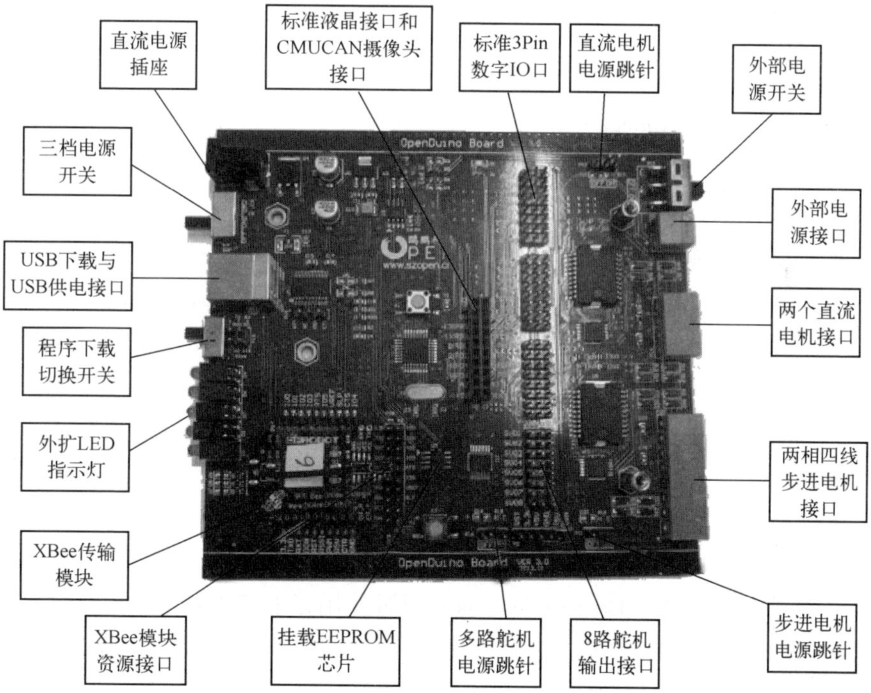

图 8.2　深圳中科欧鹏公司生产的 OpenDuino Board

OpenDuino Board 的特色描述如下：

- 支持在集成的开发环境下用 USB 连接线调试以及下载程序；
- 既可用外部的 $6V_{DC}$ 输入供电，也可以使用 USB 接口进行供电，不需要外接电源；
- 电机驱动电源独立设计；
- 各种电子元器件和传感器标准接口（如红外线、温湿度、超声波、热敏电阻、光敏电阻、GPS 等）；
- 液晶显示屏和 CMUcan 摄像头接口；
- 16 路的数字舵机接口；
- 两个微型步进电机和两个直流电机接口（不需要额外驱动）；
- 6 个 PWM 输出、8 个 IO 专用数字扩展口、8 路 10 位 ADC 扩展接口（电机占用的资源也包括在内）；
- Wifi Bee 组网接口或基于 ZigBee 的强大的 Mesh 组网接口，该通信模块可以灵活的配置不同的通信距离；
- 配套鸥鹏自主研发的下位机静态库和上位机动态库，可以让 Zigbee 组网功能发挥到极致，把机器人的研究和应用带入物联网时代；
- 可以独立运行，不依赖于 PC 等。

OpenDuino Board 的技术参数：

- 主控制芯片 Atmega328p；
- 晶振：16MHz；
- 扩展 Zigbee 通信的模块静态库；
- 控制为直流电源：4~6V；电机的驱动电源：直流 9~24V；
- Zigbee 网络的配置接口和 USB 编程接口可以通过开关转换；
- 扩展的 Zigbee 通信模块的工作频率是 2.4GHz，最大的通信速率是 250kb/s，最大的传输距离可达到 1.6km（室外）；
- 主板尺寸：120mm×130mm；
- 可应用于-40~85℃的环境；
- 支持各种互动程序，如 VVVV、MAX/Msp、Flash、Processing、C、PD 等；
- 支持各种编程环境，如 AVRProjectIDE、Eclipse、Arduino IDE 等。在围捕物理实验中，OpenDuino Board 引脚使用分配如表 8.1 所列。

SRfH 本体的硬件结构分 7 个模块：通信模块，定位模块，定向模块，测速模块，控制模块，运动模块，供电模块。整个硬件运行逻辑是，首先由定位模块无线发送定位信号，由无线通信模块获得具体的定位坐标信息；控制模块计算下一步运动的方向和速度；由运动模块、定向模块和测速模型完成给定方向和速度下的运动；而整个系统分两路供电，主板和电机分别供电，6V 给主板供电，12V 给四路电机供电；定位模块中的定位标签自带电池，使用两三天后就应该充电。SRfH 本体硬件结构图如图 8.3 所示。SRfH 本体上各模块的位置如图 8.4 所示。

表 8.1　围捕实验中 OpenDuino Board 引脚使用分配表

OpenDuino Board 标识	I/O	特殊功能	围捕实验使用的功能
A0	模拟输入/数字 IO	PCINT8	暂未使用
A1	模拟输入/数字 IO	PCINT9	暂未使用
A2	模拟输入/数字 IO	PCINT10	电子罗盘的（TXD）
A3	模拟输入/数字 IO	PCINT11	电子罗盘的（RXD）
A4	模拟输入/数字 IO	PCINT12	陀螺仪 SDA（I^2C）
A5	模拟输入/数字 IO	PCINT13	陀螺仪 SCL（I^2C）
RESET			系统复位键
A6	模拟输入		暂未使用
A7	模拟输入		暂未使用
8PB0	数字 IO	PCINT0	控制右前后直流电机转向
9PB1	数字 IO	PWM/ PCINT1	暂未使用
10PB2	数字 IO	PWM/ PCINT2/SS	暂未使用
11PB3	数字 IO	PWM/ PCINT3	暂未使用
12PB4	数字 IO	PCINT4	暂未使用
13PB5	数字 IO	PCINT5	LED 指示灯
晶振引脚		PCINT6	
晶振引脚		PCINT7	
0PD0	数字 IO	PCINT16	Wifi Bee 的（TXD）
1PD1	数字 IO	PCINT17	Wifi Bee 的（RXD）
2PD2	数字 IO	INT0/PCINT18	INT0 测左前电机转速
3PD3	数字 IO	PWM/ NT1/PCINT19	INT1 测右前电机转速
4PD4	数字 IO	T0/PCINT20	暂未使用
5PD5	数字 IO	T1/PWM/PCINT21	控制左前后直流电机转速（PWM）
6PD6	数字 IO	PWM/PCINT22	控制右前后直流电机转速（PWM）
7PD7	数字 IO	PCINT23	控制左前后直流电机转向

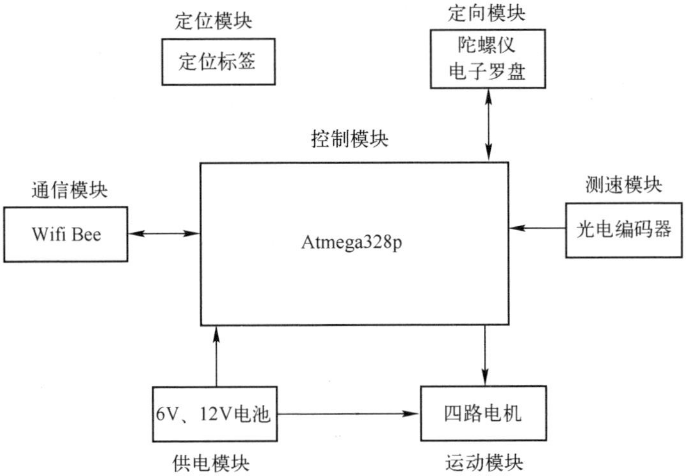

图 8.3　SRfH 本体硬件结构框图

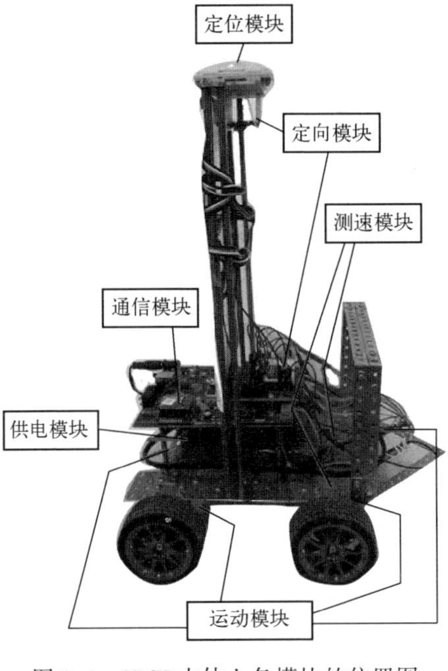

图 8.4　SRfH 本体上各模块的位置图

8.2.2　通信模块

通信模块中采用 Wifi Bee 模块。Wifi Bee 模块主要是将原来为 IEEE 802.15.4 架构的转到 TCP/IP 平台，而且无须重新设计原来的硬件。也就是说，如果硬件原来设置是 XBee 的，现在要转到 Wifi 的网络标准，需要做的只是把 Wifi Bee 插在原来的插座里，而且无须其他额外的任何的硬件设备。

Wifi Bee 模块内含 IEEE 802.11 b/g 的无线的发射机构，拥有 32 位处理器，实时时钟、TCP/IP 堆栈、模拟传感器的接口和电源管理单元。模块内已有 Roving 固件来增加模块的集成度，从而减少使用者十分重要的面向应用的程序开发时间。要创建一个无线的数据连接，对于最简单的实用设置，硬件只需四个连接（地、电源、RX 和 TX）。

Wifi Bee 模块大量应用于欧洲各国、以色列、澳大利亚、加拿大、美国等。该模块建立的射频通信无须任何额外配置，并且模块默认的配置广泛支持多种设备应用程序。该模块还可以用 AT 指令完成高级配置，实现自己设定的一些特殊的功能。

Wifi Bee 技术参数如下：

- 普通 Xbee 模块的封装尺寸；
- 38mA active，4μA sleep mode 等超低功耗；
- 内载的 TCP/IP 协议栈有 UDP、DHCP、ARP、DNS、ICMP、FTP 客户端、HTTP 客户端和 TCP；
- 固件配置的发射功率为 0～12dBm；
- 硬件接口为 TTL UART；
- 主机数据的传输速率为 464kb/s；
- 支持 Adhoc 以及基础的设施网络；
- 7 路通用数字 IO 口；
- 2 路模拟传感器的输入；
- 具有自动启动模式、自动休眠和时间戳的实时时钟；
- 3.3V 直流稳压电源；
- 自带导线天线。

这里没有用 XBee 模块是因为其在广播模式下延迟太大，而 Wifi Bee 除了与 XBee 模块的通信、电源、地等引脚是一致的之外，其 UDP 广播延迟较小，所以可以将 Wifi Bee 直接插入 XBee 模块的插座即可应用于 SRfH。

而测速模块、定向模块和定位模块在 8.3 节详细介绍。

8.3 传感器与 UWB 室内定位系统

SRfH 用到的传感器主要有光电编码器（测速模块）、陀螺仪和电子罗盘（定向模块）。而 SRfH 上的定位标签（定位模块）向安装在室内的 LINK UWB 定位系统的基站发送定位信号，基站完成定位信号的坐标计算并通过计算机上连接的 Wifi Bee 模块经由无线路由器发送给 SRfH 的 Wifi Bee 模块（通信模块）。下面对以上传感器与 UWB 定位系统进行详细说明。

8.3.1 光电编码器

光电编码器一般安装于电机输出轴部位，可以将轴旋转角度或者直线位移转化为离散的电信号，它是一种可以检测转动轴上输出脉冲的数量的装置，然后利用这个数量可以计算轴的转速或者机械位移。SRfH 采用的电机是 JGA25-371，这是一款直流减速电机，JGA25-371 本体上带一个光电编码器，用于测速，编码器上有 334 线码盘，可以测量精度较高的转角。带编码器的这款减速电机自带有 6 根输出导线，其中，电机引线是黄色和橙色两根线，两组脉冲的输出线是白色和绿色线，测量转速时用一根线即可，判断旋转方向时用双脉冲，黑色线接地，红色线是电源线，用于测速芯片供电，接 3V~5V 电源。编码器所带芯片上的触发电路可以对脉冲进行整形，得到矩形波输出，使用示波器检测可观察到信号相当稳定，直接连接到 Atmega328p IO 端口即可测速。

8.3.2 陀螺仪和电子罗盘

陀螺仪是一种角运动检测装置，是一种可以测量方向和维持方向的传感器[2]。SRfH 上安装了 L3G4200D 陀螺仪，它是一款 MEMS（Microelectro Mechanical Systems）运动传感器，具备低功耗和三轴数字输出的陀螺仪，并且可以用三种全尺度输出（±250/±500/±2000d/s）；具备 I^2C 和 SPI 输出的数字接口，该接口按 16 比特率值输出数据。可应用于虚拟现实和游戏的输入设备、人机接口（Man Machine Interface，MMI）和运动控制、机器人及机械、GPS 导航系统等。

L3G4200D 陀螺仪的输出在较短时间内精度较高，但随着时间的延长，其漂移很大，导致计算获得的角度误差很大。因此为了准确获取 SRfH 的方位，SRfH 还安装了电子罗盘用于检测当机器人静止时的初始方位，而当机器人进行运动时，四个电机会产生不易屏蔽的变化干扰磁场，电子罗盘便很难测量出准确的方向，所以需要配合不受磁场干扰的 L3G4200D 陀螺仪检测角速度，从而使 SRfH 运动到期望的方位。

电子罗盘是一种重要的导航工具，它是一种基于地磁向量进行航向测量的传感器，可以实时提供运动载体的航向以及姿态，广泛应用于车辆自主导航、机器人、航海、航天、航空等领域。

电子罗盘包括应用于三维的和平面的电子罗盘，在使用中，三维电子罗盘没有针对平面电子罗盘的严格限制，原因则是三维电子罗盘配置了可以对倾角进行检测的传感器，一旦三维电子罗盘发生了倾斜就可以对罗盘的倾斜进行补偿，因此三维电子罗盘输出不会因为罗盘有了倾斜而产生误差。另外，罗盘通过温度补偿措施来消除相关角度的温度漂移，这些角度包括指向角和倾斜角。在使用平面电子罗盘时必须尽量维持其水平，否则出现倾斜时，罗盘也会输出变化的航向，其实航向没有变化。在使用时，平面电子罗盘的要求很高，然而罗盘所附载体如果能保证始终处于水平的话，性价比较高的一种选择便是平面电子罗盘。由于围捕实验是在室内进行，可以保证 SRfH 始终水平，因此选择了 FNN-3200 平面电子罗盘。

电子罗盘 FNN-3200 是内置了双轴磁场的传感器。罗盘输出方位是投影在水平面上的地磁北线与罗盘的指北轴线之间的夹角。罗盘仅用于水平面的情况下进行磁北方位测量。罗盘可补偿恒定干扰磁场，并且可修正方位零点。罗盘的内部可进行 16 位 A/D 转换，其磁场的测量精度为 100μGuass；根据需求，用户可选择 RS-485、RS-232 及 TTL 硬件接口；产品没有封装，方便其安装[3]。

8.3.3 UWB 定位系统

要验证所提围捕理论与算法，围捕实验中 SRfH 需要精度高、实时性好的定位系统。而目前的定位系统按精度分有米级的、分米级的、厘米级的、纳米级的定位系统等，按实时性分有 0.001Hz、0.01Hz、0.1Hz、1Hz、10Hz、50Hz 等。

文献［4-8］中有常见的定位方案的典型系统、定位精度、实时性、优缺点等。由上述文献可知，大部分定位系统的精度在米级以上，如全球导航卫星系统、Wifi、蓝牙、移动电话、WLAN、数字电视信号和 ZigBee 等。如果使用米级定位系统，围捕半径小则数十米，大则需要上百米才能从整体上观察到围捕的机器人在围捕圆周上均匀分布，这不利于拍摄取证证明所提围捕理论和算法的正确性和有效性，也不方便在学校进行围捕场地的选取以及实验的进行。

然而，精度高于米级的定位系统基本上都是室内定位系统。分米级的定位系统需要的室内场地比较大。厘米级和毫米级的定位系统是比较合适的。而在毫米级的定位方案中有磁场定位、红外线定位等。磁场定位不但定位精度高而且可以多目标同时定位，但设备昂贵、金属物体干扰大，而机器人本身金属部件多。红外线定位精度高、时延短，而且系统架构简单、IR 发射器便于携带，但受光源影响且要求视距传播，这不利于室内照明及复杂环境下的围捕。厘米级的定位方案有超声波和 UWB。超声波具有精度高、成本低、定位标签体积小等优势，但系统扩展性差、受非视距传播影响大，这同样不适合复杂环境下的围捕。UWB 定位精度高、实时性好，而且具有抗多径失真、穿透能力强、非视距传播、更小的干扰等优势，稍微不足之处是系统成本高，但平面定位 UWB 系统的价格，一般院校是可以承受的。因此，选用了 UWB 定位方案，购买了成都昂迅电子有限公司生产的 LINK UWB 平面定位系统。

UWB 无线定位系统作为目前的商用定位系统达到了业界最高精度，基于超宽带脉冲技术实现了较高精度的实时定位。LINK　UWB 定位系统可用于室外、室内的物品、运动物体或人员的定位，采用 UWB 技术，运用时间到达差（TDOA）的方法进行测量，使得在理想环境下定位精度可达 10cm[9]。

一个完整的 LINK UWB 定位系统如图 8.5 所示，其中，包含了定位引擎软件、同步控制器、定位基站、标签四部分组成。其中，关键设备是定位基站，它包含 Reader 和超宽带信号接收天线，Reader 机盒中集成了超宽带信号接收器、定位测量计算电路以及实现网络通信的设备等。图 8.5 同时也是 LINK UWB 的工作示意图，LINK UWB 系统的定位基站通过接收由标签发出的超宽带信号，运用信号 TDOA 测量技术，从而确定标签所在位置，并将数据通过网

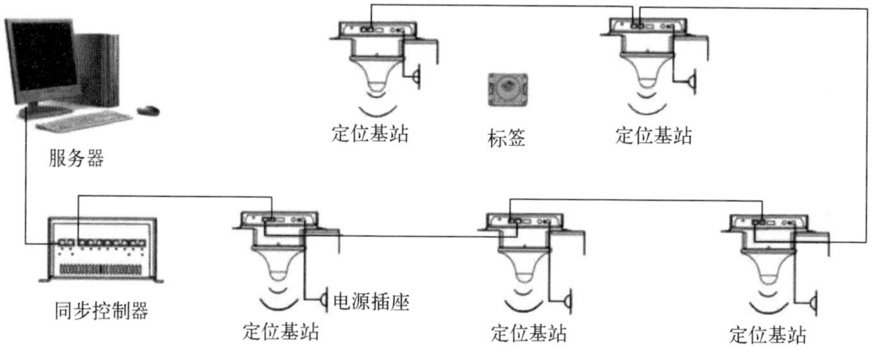

图 8.5　LINK UWB 定位系统

线迅速传输给同步控制器和用于定位显示及其相关设置的定位引擎软件。对于一个小的定位系统，为节省成本而且并不降低定位精度，可以省去同步控制器，而是用 LINK UWB 定位系统的定位引擎软件来同步校准各定位基站。除了定位校准设置外，定位引擎软件还有定位实时显示、设置标签刷新率、设置定位区域、设置接口、设置串口等功能[10]。

将 4 个定位基站固定在实验室的四个墙角位置，组成矩形定位区域，然后用 6 类网线按“右进左出”的规则将四个基站连接起来，再将主定位基站与服务器即一台电脑连接起来，标签固定在 SRfH 上就可以对机器人进行动态定位了。但要机器人接收到自己的位置信息，还需要将定位引擎软件接收的位置信息通过电脑 COM 口连接的 Wifi Bee 模块发送出来，而 SRfH 同样用自己配备的 Wifi Bee 模块接收位置信息。组建好的 LINK UWB 定位系统如图 8.6 所示。

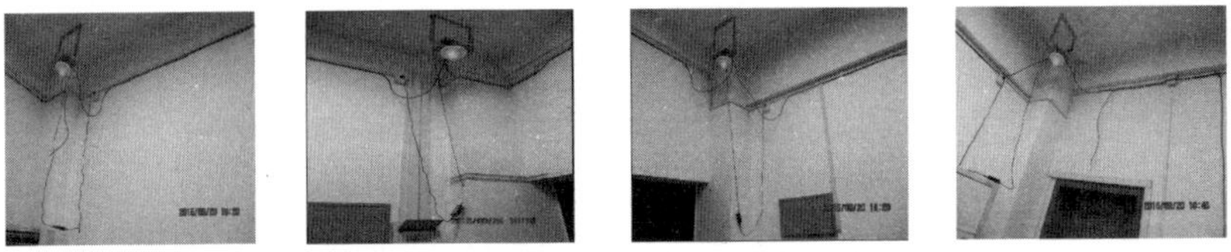

(a) 定位基站　(b) 定位基站　(c) 定位基站　(d) 主定位基站

(e) 服务器和Wifi Bee　(f) 无线路由器　(g) 携带标签的SRfH

图 8.6　组建好的 LINK UWB 定位系统

8.4　目标静止时的围捕实验

搭建好围捕实验平台，即可开展围捕实验了。为验证所提围捕理论与算法，将围捕实验分两大类：一类是目标静止时的围捕实验；另一类是动态目标的围捕实验。而每类实验又分无障碍物环境下围捕实验和凸障碍物环境下围捕实验两种情况。每种情况又有 3 个机器人围捕实验和 4 个或 5 个机器人围捕实验实例。本节主要开展目标静止时的围捕实验。

SRfH 控制器中的程序运行流程是：首先对各端口、电子罗盘、陀螺仪、串口通信以及进行运动控制的 PI 参数等进行初始化；然后获取 SRfH 的位置信息，每个机器人由位置信息确定两最近邻对象并计算自身期望的运动方向和速度大小；最后 SRfH 读取自身的电子罗盘确定准确的初始方向后开始转向，由陀螺仪测量角速度并计算检测是否达到期望的运动方向，达到期望的运动方向后则采用 PI 控制按实际可达的速度大小运动一段时间。在远离目标点的有效围捕圆周时，可以将运动时间设置得长一些，而靠近有效围捕圆周时则将运动时间设置在系统稳定的时间周期以内，这样做既可以提高围捕效率，又可以实现围捕圆周上均匀分布的队形。整个程序流程图如图 8.7 所示，图 8.7 中的 ε_1

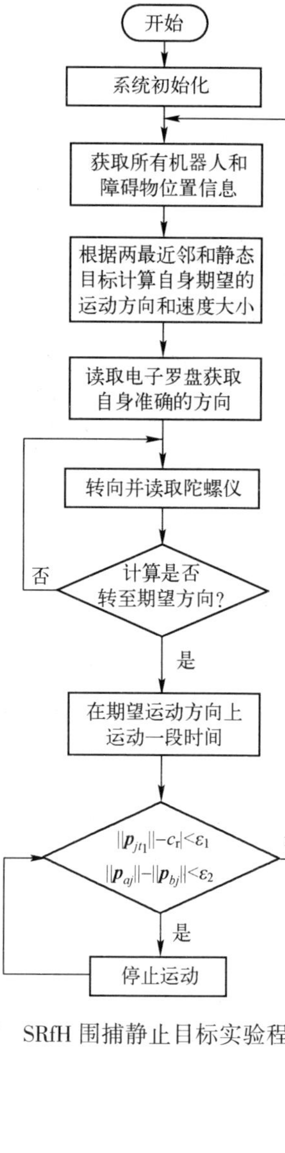

图 8.7　SRfH 围捕静止目标实验程序流程图

和 ε_2 均设置为 0.05m，即目标方向距离偏差和左右两最近邻距离偏差在 5cm 以内机器人停止运动，即使考虑到 LINK UWB 定位系统本身的误差为 10cm，整个围捕队形的最大误差也不超过 15cm。静止目标点的围捕半径均为 1.2m。

8.4.1　无障碍物环境下围捕实验

首先开展无障碍物环境下围捕实验，围捕实验中设置一个静态目标点；然后将 SRfH 任意摆放，经过一段时间后观察 SRfH 是否可以在给定精度下到达围捕圆周并形成均匀分布的队形。

8.4.1.1　三个机器人围捕实验

三个 SRfH 初始位置与静态目标不在同一方向上实验主要用来检验基于简化虚拟受力模型的 SRfH 是否可以形成有效围捕圆周上的均匀分布的围捕队形，而当三个 SRfH 初始位置与静态目标在同一方向上时则用来检验 SRfH 之间是否可以避碰并形成有效围捕圆周上的均匀分布的围捕队形。整体上检验 SVF-Model 是否存在 LP-Rule 的理论缺陷。

1）三个 SRfH 初始位置与静态目标不在同一方向上

由第 2 章仿真可知，基于 LP-Rule 的围捕算法存在机器人较少时不能形成均匀围捕队形的缺陷。本实验用三个 SRfH 来检验基于 SVF-Model 的围捕算法是否存在这样的缺陷。三个 SRfH 的初始位置可以任意摆放（只要保证三个 SRfH 初始位置与静态目标不在同一方向上）。

与静态目标点不在同一个方向上的三个 SRfH 无障碍物环境下整个围捕实验过程如图 8.8 所示。图 8.8（a）是 SRfH 的初始分布。SRfH 往往在目标点的一侧，这与实际围捕场景中 SRfH 分布相似。图 8.8（b）中，机器人 h_1 和 h_3 从两侧包抄了目标点。图 8.8（c）中三个 SRfH 成功围捕了目标点。图 8.8（d）中三个 SRfH 经过自身的微调运动，已经形成了均匀分布在围捕圆周上的队形，整个围捕过程为 1min4s。

为了说明简化虚拟受力模型在围捕实验中的有效性，现将实验过程中 SRfH 在目标方向上的受力偏差 f_{t_ij} 和近邻对象合力偏差 f_{abj} 作曲线如图 8.9 和图 8.10 所示。由于 f_{t_ij} 和 f_{abj} 反映机器人自身的速度在目标方向和垂直于目标方向上的大小，因此由图 8.9 可知，受力在 20 步左右时已经接近于 0，说明所有 SRfH 已经到达有效围捕圆周上，曲线后面的波动是 SRfH 微调以及定位系统定位位置飘移导致的；由图 8.10 可知，受力在大约 40 步时已经接近于 0，

(a) 初始分布　(b) 包抄　(c) 成功围捕　(d) 围捕队形生成

图 8.8　不在同一方向上的三个 SRfH 围捕实验

说明所有 SRfH 已经在有效围捕圆周上形成均匀分布的围捕队形，曲线后面的轻微波动是定位系统定位位置飘移导致的。而实际的围捕实验中大多数情况下离目标点的距离偏差和离两最近邻的距离偏差都不大于 5cm。

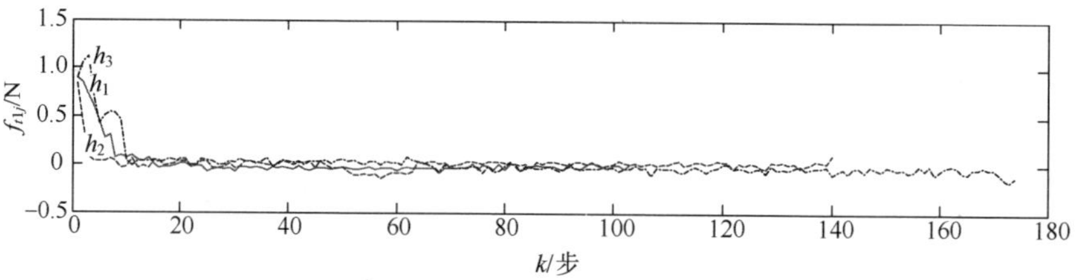

图 8.9　目标方向受力偏差

由图 8.10 可知，实际的围捕实验中根据 Leader 涌现的判断条件涌现出了 h_1、h_3两个 Leaders，由围捕实验过程图 8.8（b）也可以看出。与计算机仿真中所有机器人都是同步运动不同，实际围捕实验中 SRfH 是异步进行围捕的。另一个不同是仿真中机器人位置总是准确的，而实际围捕实验中，由于接收的位置信息有时是错误的，SRfH 会有一些大的失误动作，如本来已经处于有效围捕上并达到均匀分布，突然却运动到了有效围捕圆周以外的地方。另外，即使 SRfH 的位置信息是准确的，但由于定位系统发送的位置信息有 10cm 的漂移，这样也会导致本已经形成良好围捕队形的 SRfH 时而会有一些小的运动。由本实验验证了基于 SVF-Model 的围捕算法不存在当机器人较少时不能形成

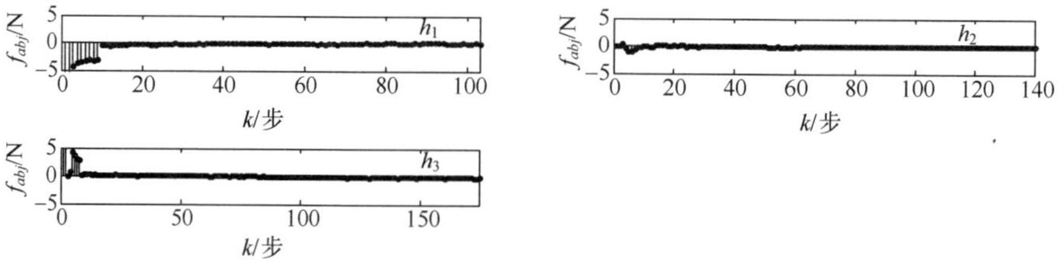

图 8.10　近邻对象合力偏差

均匀分布队形的缺陷。

2）三个 SRfH 初始位置与静态目标在同一方向上

当三个 SRfH 初始位置与静态目标在同一方向上时，由第 2 章仿真可知，

如果用基于 LP-Rule 的围捕算法，则容易导致碰撞在一起，形不成围捕队形。而如果利用基于 SVF-Model 的围捕算法，则可以克服这一理论缺陷。基于 SVF-Model 的围捕算法实现的围捕实验过程如图 8.11 所示。图 8.11（a）中三个 SRfH 初始位置与静态目标在同一个方向上。由于基于 SVF-Model 的围捕算法在初始时刻就已经将 SRfH 的期望的运动方向指向了不同的方向，因此可以避免 SRfH 之间的碰撞。由前面的分析可知，基于 SVF-Model 的围捕算法已经克服了基于 LP-Rule 的围捕算法当有三个机器人时形不成均匀围捕队形的缺陷，经过包抄（图 8.11（b））、成功围捕（图 8.11（c）），最终用时 2min5s 形成了均匀围捕队形（图 8.11（d）所示）。

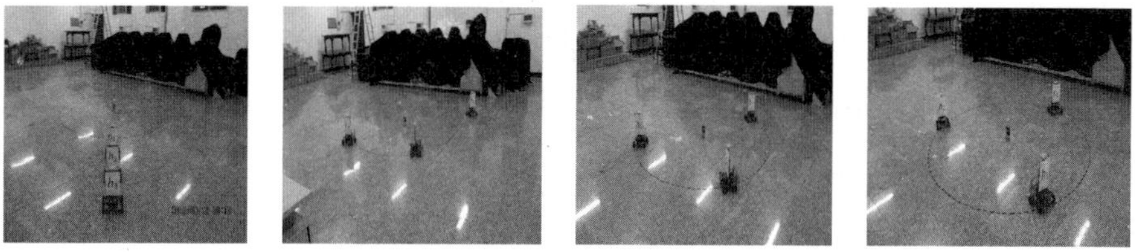

(a) 初始分布　(b) 包抄　(c) 成功围捕　(d) 围捕队形生成

图 8.11　三个 SRfH 无障碍物环境下围捕静止目标实验过程

SRfH 目标方向受力偏差如图 8.12 所示，由图 8.12 可知，三个 SRfH 在大约 30 步时已经达到了有效围捕圆周上，只是在后来的微调位置时以及系统定位位置的飘移导致有些微小波动。SRfH 近邻对象合力偏差如图 8.13 所示。由图 8.13 可知，三个 SRfH 在大约 60 步时合力偏差已经趋近于零，即已经形成

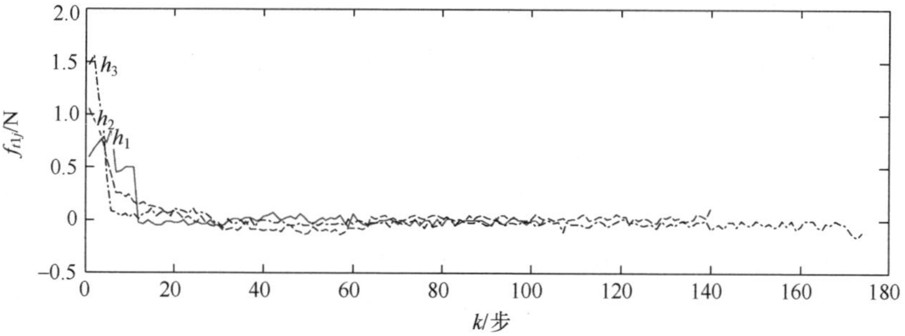

图 8.12　目标方向受力偏差

均匀分布的围捕队形，而较小的波动是由于定位系统的定位位置的飘移导致的。由图 8.13 和 Leader 涌现判断条件可知，h_1和 h_2是涌现出来的 Leaders，这同样可由图 8.11（b）看出。

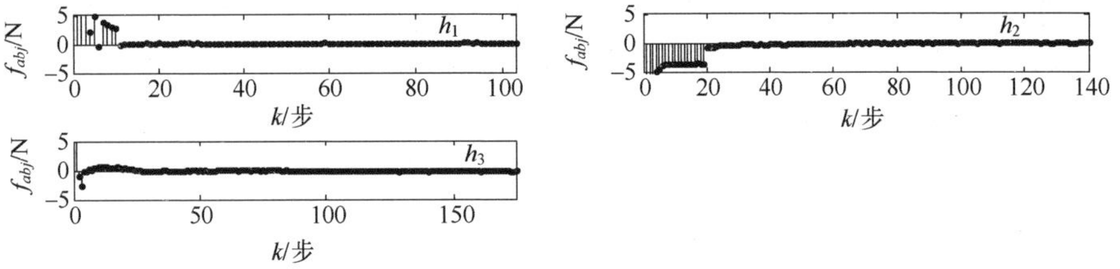

图 8.13　近邻对象合力偏差

由上面两个实验可知，SVF-Model 不存在 LP-Rule 的理论缺陷。

8.4.1.2　5 个机器人围捕实验

5 个 SRfH 的实验用来验证实际围捕系统中 SRfH 是否具有可扩展性。5 个 SRfH 实验与 3 个 SRfH 实验所用的程序完全一致。5 个 SRfH 围捕静止目标点的实验过程如图 8.14 所示。其过程与 3 个 SRfH 的围捕实验相似，不同的是由于机器人的增多，形成均匀分布围捕队形过程中的协调时间增加。

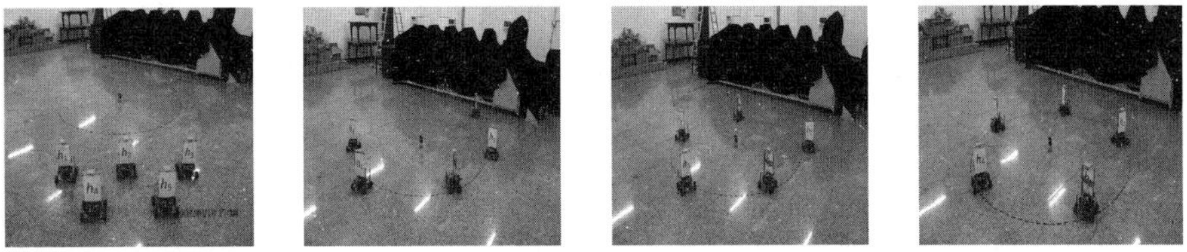

(a) 初始分布　(b) 包抄　(c) 成功围捕　(d) 围捕队形生成

图 8.14　围捕过程

SRfH 目标方向受力偏差如图 8.15 所示，由图可知 5 个 SRfH 在大约 66 步时已经达到了有效围捕圆周上，只是在后来的微调位置时及定位位置飘移导致有些轻微波动，而 h_3在 194 步时突然出现的较大波动是接收位置信息时错误导致的。SRfH 近邻对象合力偏差如图 8.16 所示。由图可知，5 个 SRfH 在大约 80 步时合力偏差已经趋近于 0，即已经形成均匀分布的围捕队形。由图 8.16 可知，容易判断 h_3是涌现出来的 Leaders。由图 8.14（b）可知，h_1也是涌现出来的 Leader，由于通信环境和定位系统本身的误差导致受力序列不是标准的单调衰减，即使做均值滤波处理也不易判断，这时可以将 Leader 涌现判断条件更改为有一段受力序列是来自机器人个体左边的两最近邻或右边的两最近邻即可，不再需要单调衰减的限制，即实际情况中常出现单调但不一定衰减的情形，这是实践与理想仿真中的不同之处。与 3 个 SRfH 围捕相比，5 个 SRfH 由于初始位置离目标较远，导致目标方向受力偏差趋近于 0 的时间变长，而且近邻对象合力偏差趋近于 0 的时间变长，这是因为当机器人增多时，它们之间协调难度加大导致协调时间增多。

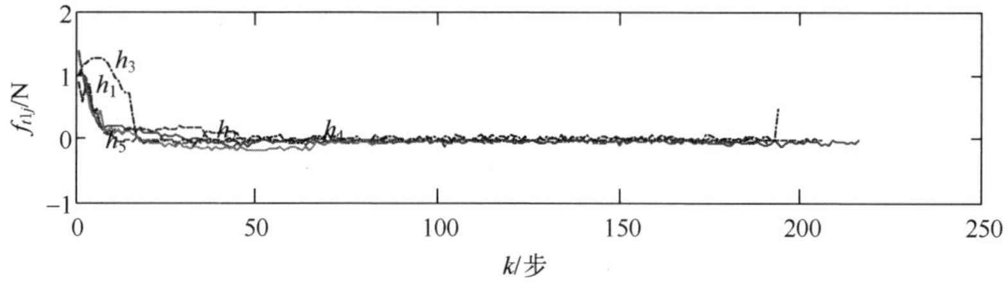

图 8.15　目标方向受力偏差

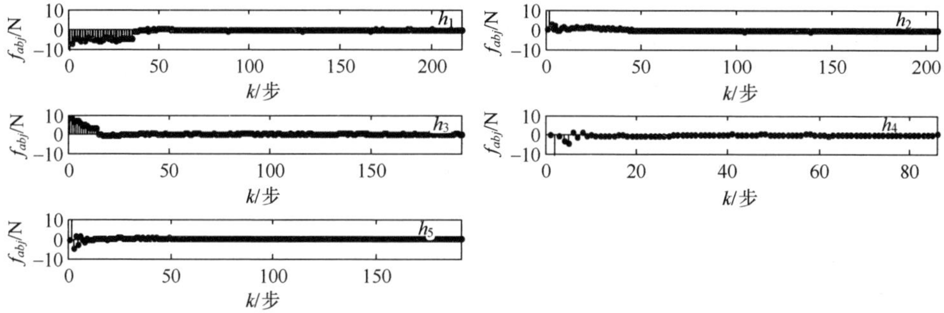

图 8.16　近邻对象合力偏差

由以上实验可知，实际围捕系统 SRfH 在无障碍物环境中是具有可扩展性的。

8.4.2　凸障碍物环境下围捕实验

本小节实验是用来检测所提围捕理论与算法是否具有凸障碍物环境下避障的能力，即检验静止目标围捕算法的灵活性，凸障碍物环境下围捕实验的程序流程图与无障碍物环境下围捕实验一致。

8.4.2.1　3 个机器人围捕实验

围捕环境中包括两个用矿泉水瓶来表示的静态障碍物，围捕目标点与无障碍物环境下相同。

凸障碍物环境下三个 SRfH 进行围捕实验的过程如图 8.17 所示。由

图 8.17（a）可知，三个 SRfH 初始位置离障碍物非常近。由图 8.17（b）知，三个 SRfH 均成功避开了障碍物并迅速向目标点移动。其余的包抄、成功围捕和围捕队形形成过程均与无障碍物环境下相似，整个围捕过程用时 1min34s。

(a) 初始分布　(b) 成功避障　(c) 包抄　(d) 成功围捕　(e) 围捕队形生成

图 8.17　围捕过程

凸障碍物环境下，三个 SRfH 目标方向受力偏差如图 8.18 所示。由图 8.18 可知三个 SRfH 在大约 30 步时已经达到了有效围捕圆周上，只是在后来的微调位置时以及定位位置飘移导致有些波动。三个 SRfH 近邻对象合力偏差如图 8.19 所示。由图可知，三个 SRfH 在大约 40 步时合力偏差已经趋近于 0，即已经形成均匀分布的围捕队形，只是定位位置飘移导致一直有微小波动。与无障碍物环境下三个 SRfH 围捕相比（与目标不在同一个方向时），围捕时间变长，主要原因是初始分布时三个 SRfH 离目标较远导致的。

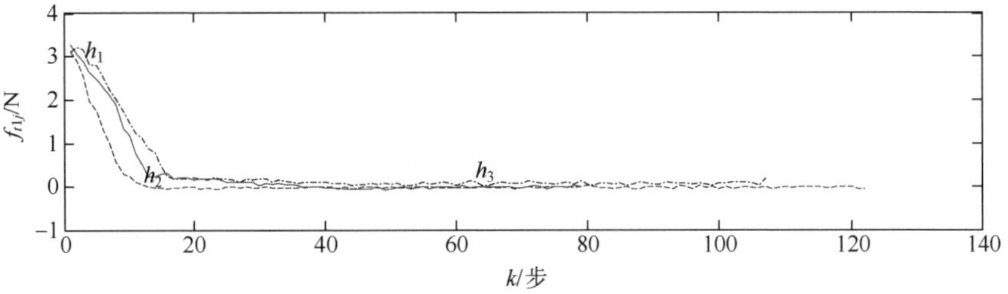

图 8.18　目标方向受力偏差

由图 8.19 可知，h_1 和 h_3 是涌现出来的 Leaders，与图 8.17（c）中涌现出的 Leaders 一致，说明所用算法同样可以在障碍物环境下涌现出期望的 Leaders。这里需要注意的是，由于定位系统定位位置的飘移，导致个别数据在整体的单调衰减序列中出现异常现象，可以采用均值滤波方法将其去掉。

8.4.2.2　5 个机器人围捕实验

5 个 SRfH 围捕实验用来验证围捕算法是否具有障碍物环境下的可扩展性

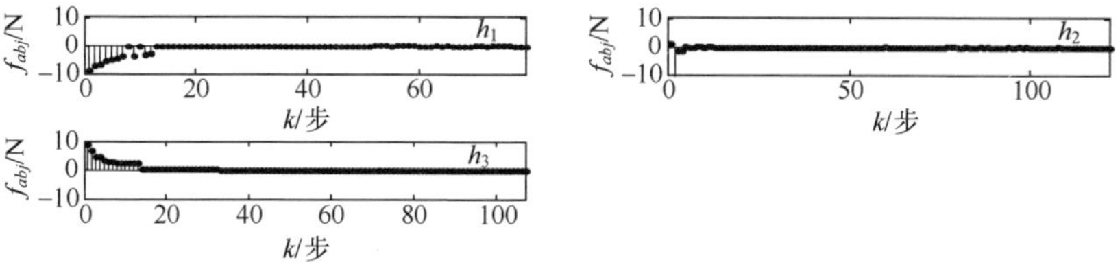

图 8.19　近邻对象合力偏差

以及灵活性。围捕环境中包括 4 个用矿泉水瓶和茶叶罐来表示的静态障碍物，围捕目标点与无障碍物环境下相同。

凸障碍物环境下 5 个 SRfH 进行围捕实验的过程如图 8.20 所示。由图 8.20（a）可知，5 个 SRfH 初始位置离障碍物非常近。由图 8.20（b）可知，5 个 SRfH 均成功避开了障碍物并迅速向目标点移动。其余的包抄、成功围捕和围捕队形形成过程均与无障碍物环境下相似，整个围捕过程用时 3min。

(a) 初始分布　(b) 成功避障　(c) 包抄　(d) 成功围捕　(e) 围捕队形生成

图 8.20　围捕过程

凸障碍物环境下，5 个 SRfH 目标方向受力偏差如图 8.21 所示。由图可知，5 个 SRfH 在大约 30 步时已经达到了有效围捕圆周上，只是在后来的微调位置时以及定位系统定位飘移导致有些微小波动。5 个 SRfH 近邻对象合力偏差如图 8.22 所示。由图可知，5 个 SRfH 在大约 70 步时合力偏差已经趋近于 0，即已经形成均匀分布的围捕队形。由图 8.22 同样可知，h_1和 h_2是涌现出来的 Leaders，与图 8.20（c）中涌现出来的 Leaders 一致，只是 h_2不易判断，可以采用 8.4.1.2 节更改的判断条件。图 8.22 中 h_4数据较少是由于无线通信中断无法定位造成的。与前面 3 个 SRfH 在凸障碍物环境下围捕相比，5 个 SRfH 目标方向受力偏差趋近于零的时间没有变长，但由于机器人增多，近邻对象合力偏差趋近于 0 的时间变长，这同样是因为 5 个 SRfH 在进行互相协调时难度加大，往往需要进行几轮微调才能使近邻对象合力偏差趋近于 0 即达到均匀分布。

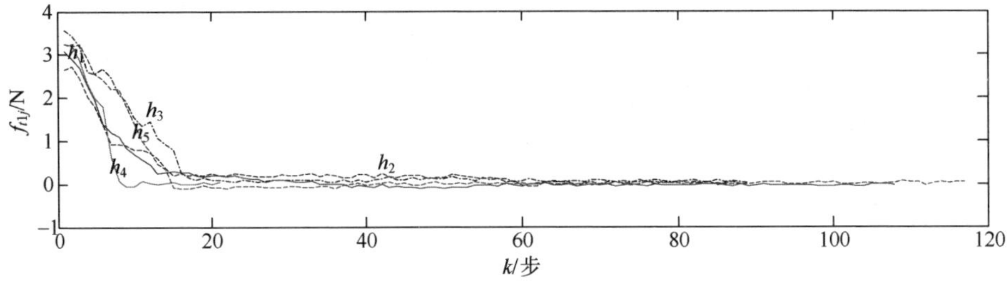

图 8.21　目标方向受力偏差

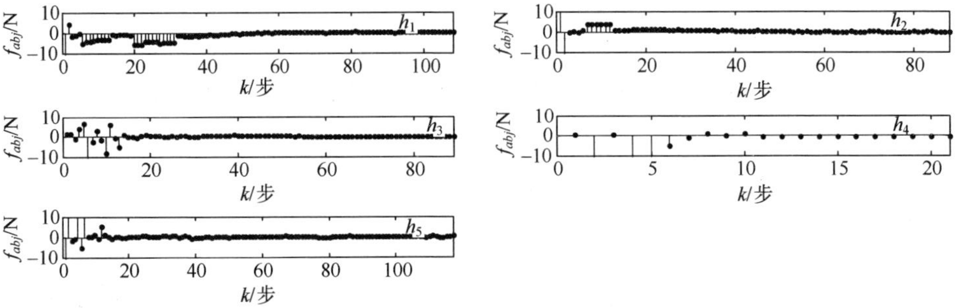

图 8.22　近邻对象合力偏差

8.5　动态目标围捕实验

8.4 节所做围捕实验验证了所提理论与算法在无障碍物环境下和凸障碍物环境下针对静态目标进行围捕时的有效性、稳健性、可扩展性和灵活性。本节则是针对动态目标进行围捕，同样在无障碍物和凸障碍物环境下进行实验，所作实验用来检验所提理论与算法是否具有有效性、稳健性、可扩展性和灵活性。

围捕动态目标时要求 SRfH 不但要迅速追赶上动态目标，还要尽量围绕成一个圆周包围动态目标，动态目标被包围一段时间后，自行停止，这时 SRfH 再形成均匀分布的围捕队形。

SRfH 围捕动态目标实验所用的程序流程图如图 8.23 所示。由图 8.23 可知，SRfH 围捕动态目标实验所用的程序流程图与 SRfH 围捕静态目标实验所用的程序流程图基本上一致。不同处之一是在根据两最近邻和目标计算自身期望的运动方向和速度大小时不一样，静态目标时不需要考虑目标的运动

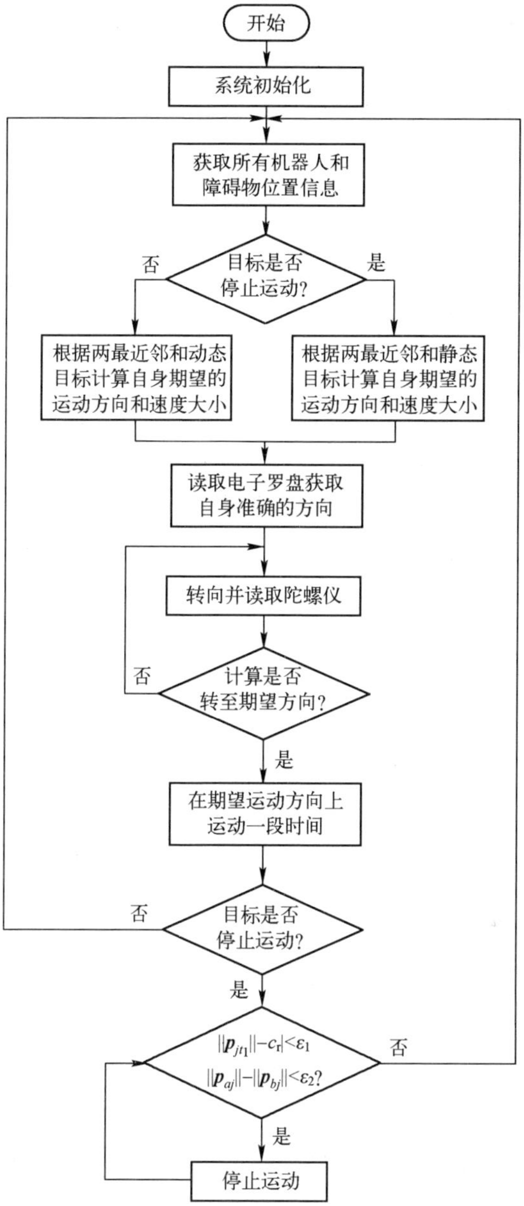

图 8.23　SRfH 围捕动态目标实验程序流程图

方向和速度大小，而动态目标时不但要考虑目标的运动方向和速度大小，还要考虑到 SRfH 本身由于通信和读电子罗盘所导致的时间滞后，因此必须将 SRfH 所感知的目标速度大小进行补偿，从而使 SRfH 不因为延迟了运动时间而对目标形不成围捕圆周；不同处之二是围捕正在运动的目标时 SRfH 不考虑是否要停止运动，而当动态目标停止运动后，SRfH 则要判断是否满足停止运动的条件从而停止运动或继续微调使得 SRfH 均匀分布于目标的有效围捕圆周上。

8.5.1 无障碍物环境下围捕实验

首先进行无障碍物环境下的动态目标围捕实验。围捕实验分两种情况：一种是三个 SRfH 的动态目标围捕实验，一种是四个 SRfH 的动态目标围捕实验。

8.5.1.1 3 个机器人围捕实验

三个 SRfH 实验用来检验所提理论与算法是否具有围捕动态目标的能力即围捕的有效性。围捕环境中无障碍物，围捕的动态目标与 SRfH 的硬件设计一样，只是运动程序不一样，动态目标的运动是走一步，停止下来检测运动方向是否是期望的运动方向，是则继续前进，不是则先转至期望方向再运动，速度大约是 0.05m/s，运动方向是先向北运动一段距离然后 180°转弯，再向南运动，被包围一段距离后自行停止。

三个 SRfH 围捕动态目标的实验过程如图 8.24 所示。实验的初始状态如图 8.24（a）所示。三个 SRfH 任意摆放，动态目标则是放在了三个 SRfH 的前面。由图 8.24（b）可知，三个 SRfH 迅速追赶动态目标并很快包抄了动态目标，如图 8.24（c）所示。图 8.24（d）时，三个 SRfH 已经成功围捕了动态目标，而在图 8.24（e）中，三个 SRfH 已经形成了围捕队形。当动态目标被围捕一段时间后自行停止运动，三个 SRfH 则形成非常均匀分布的队形，如图 8.24（f）所示。只是当目标运动时围捕队形误差比较大，并不是十分均匀的分布在围捕圆周上。形成如此动态目标围捕队形的原因是，每个 SRfH 的运动过程中每一步都要停止下来获取其他机器人的位置信息和自身的运动方向，这个停止的时间大约在 0.2~3s 之间（有时由于通信的原因还会更长），这时有可能目标一直在运动，因此要进行目标运动速度补偿，补偿多少，很难准确计算，因为目标并不是匀速运动，目标的运动方式同样是走一步停一步，计算 SRfH 期望速度时，是按目标速度的 5 倍进行计算。这样就出现了 SRfH 中的个体时而超前了理想位置，时而又落后了理想位置，非常均匀分布的围捕队形只是在多个瞬间出现，并不是一直都是这样。当目标转弯 180°时，三个 SRfH 仍然可以围在目标周围，说明即使目标随机运动，仍然不会逃出三个 SRfH 形成的围捕圆周。

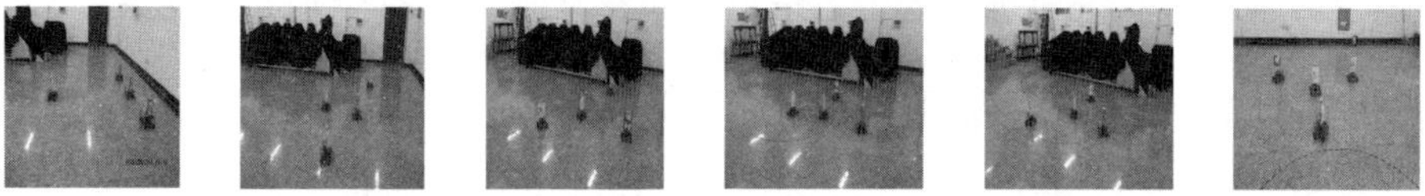

(a) 初始分布　(b) 追赶　(c) 包抄　(d) 成功围捕　(e) 围捕队形生成　(f) 最终状态

图 8.24　围捕过程

三个 SRfH 围捕动态目标时目标方向受力偏差如图 8.25 所示。由图可知，所有 SRfH 的目标方向受力偏差在大约 25 步趋近于平稳，但并没有趋近于 0，波动与静态目标围捕时相比较大，说明 SRfH 是在动态目标的有效围捕圆周附近来回运动。三个 SRfH 围捕动态目标的近邻对象合力偏差如图 8.26 所示。由图可知，所有 SRfH 的近邻对象合力偏差在大约 40 步趋近于平稳，但并没有趋近于 0，说明围捕队形并不是十分均匀分布在动态目标周围。另外，需要注意图 8.26 中有个别突出的受力点，这往往是接收位置信息错误导致的。由图 8.26 还可以看出，围捕过程中涌现出了 Leaders h_1 和 h_3，与图 8.24（c）中涌现的 Leaders 是一致的，但是涌现过程中受力数据需要作均值滤波处理才更好

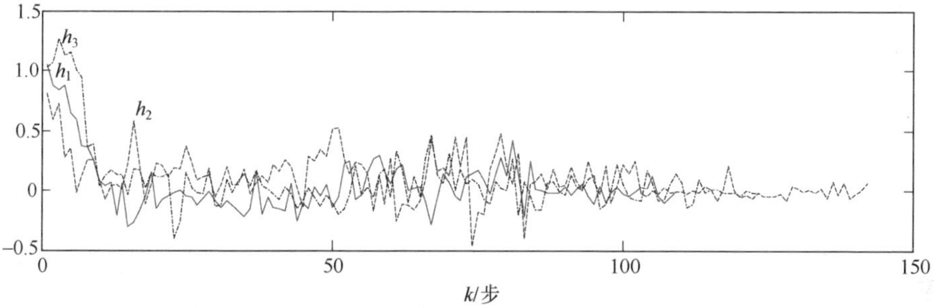

图 8.25　目标方向受力偏差

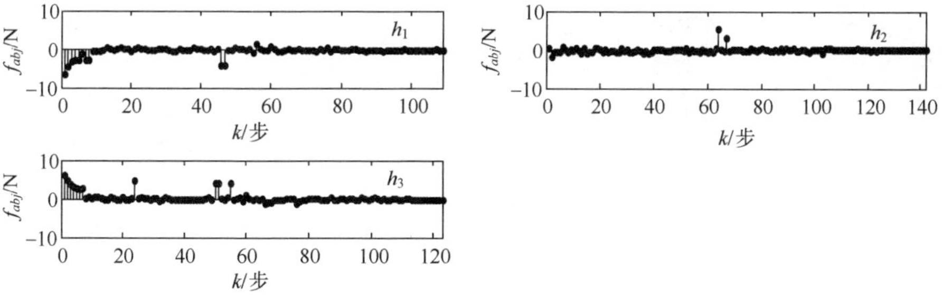

图 8.26　近邻对象合力偏差

辨识，因为定位系统所确定的位置信息有飘移导致数据有个别异常现象。

8.5.1.2 四个机器人围捕实验

四个 SRfH 围捕实验，检验所提理论与算法在无障碍物环境下针对动态目标围捕时是否具有可扩展性和稳健性。围捕环境中无障碍物，围捕的动态目标运动方式与三个 SRfH 围捕实验是一样的。

四个 SRfH 围捕动态目标的实验过程如图 8.27 所示。实验的初始状态如图 8.27（a）所示。四个 SRfH 任意摆放，动态目标则是放在了四个 SRfH 的前面。四个 SRfH 的围捕实验过程与三个 SRfH 的围捕实验过程整体上是一致的，如图 8.27（b）（c）（d）和（e）所示。只是由于机器人增多，达到图 8.27（e）的过程较长。另外，围捕过程中还出现了一个有趣的现象，即 h_4 因通信中断停止运动，如图 8.27（f）所示，但可以发现其他三个 SRfH 仍然可以围捕目标；而当 h_4 通信恢复后，便很快加入围捕队列，重新生成围捕队形，如图 8.27（g）和（h）所示；最终状态是四个 SRfH 形成了均匀分布的围捕队形，如图 8.27（i）所示。这说明围捕群体具有很好的稳健性，不因个别个体的损坏或缺失而无法围捕。同样地，由于每个 SRfH 的运动过程中每一步都要停止下来获取其他机器人的位置信息和自身的运动方向，导致运动时间滞后，而进行补偿后，就出现了 SRfH 中的个体时而超前了理想位置，时而又落后了理想位置，非常均匀分布的围捕队形只是在多个瞬间出现，并不是一直都是这样。

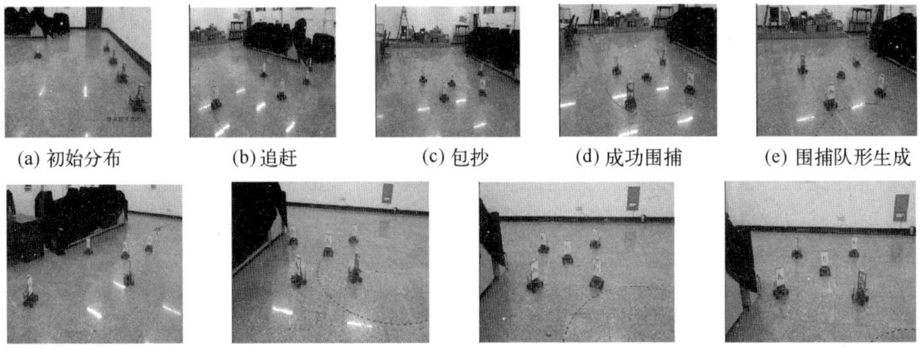

(a) 初始分布　(b) 追赶　(c) 包抄　(d) 成功围捕　(e) 围捕队形生成

(f) h_4 通信中断　(g) h_4 恢复通信加入围捕队形　(h) 围捕队形再次生成　(i) 最终状态

图 8.27　围捕过程

四个 SRfH 围捕动态目标的目标方向受力偏差如图 8.28 所示。由此图可知，所有 SRfH 的目标方向受力偏差在大约 25 步趋近于平稳，但并没有趋近于

0，说明 SRfH 是在动态目标的有效围捕圆周附近来回运动。h_4在 18 步前出现的大的波峰是由于其通信中断无法定位而停止下来，导致离目标越来越远造成的；18 步后，通信恢复正常，h_4迅速加入围捕队形中，受力偏差变小。四个 SRfH 围捕动态目标的近邻对象合力偏差如图 8.29 所示。由图可知，所有 SRfH 的近邻对象合力偏差在大约 50 步趋近于平稳，但并没有趋近于 0，说明围捕队形并不是十分均匀分布在动态目标周围，而且由于机器人增多，近邻对象合力偏差趋近于平衡的时间较长。同样，由图 8.29 还是可以看出围捕过程中涌现出了 Leaders h_1和 h_4，与图 8.27（c）中涌现的 Leaders 是一致的，但是涌现过程中受力数据需要作均值滤波处理才更好辨识。图 8.29 中 h_4的数据很少是因为通信中断无法定位导致的。

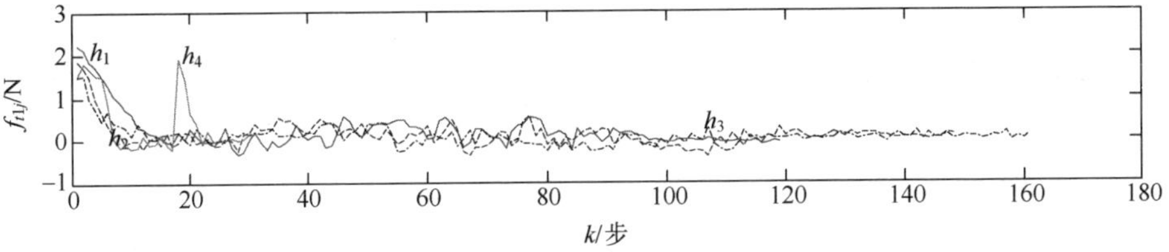

图 8.28　目标方向受力偏差

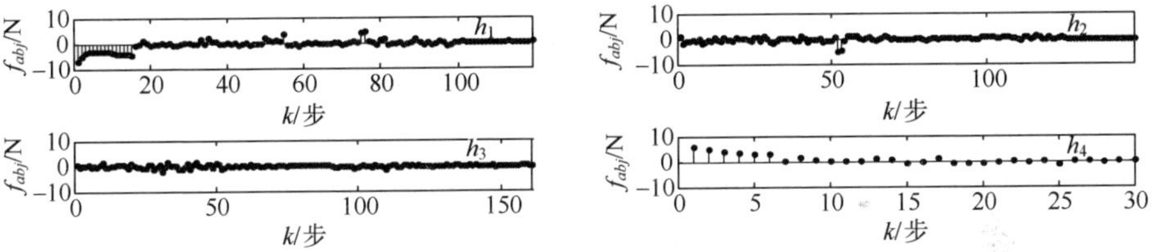

图 8.29　近邻对象合力偏差

◢ 8.5.2　凸障碍物环境下围捕实验

凸障碍物环境下的围捕实验用来检验基于简化虚拟受力模型的围捕理论与算法针对动态目标围捕时是否具有灵活性，SRfH 所运行程序与无障碍物环境下一致。分别开展三个 SRfH 和四个 SRfH 在不同凸障碍物环境下的围捕实验，进一步检测所提出的围捕理论与算法在障碍物环境下围捕动态目标时是否具有可扩展性和稳健性。

8.5.2.1 三个机器人围捕实验

三个机器人围捕实验检验所提理论与算法在凸障碍物环境下针对动态目标围捕时是否具有有效性和灵活性。环境中包含用一个矿泉水瓶表示的静态障碍物。围捕的初始状态如图 8.30（a）所示。围捕的其他过程，如追赶、包抄、成功围捕、围捕队形形成等与无障碍物环境下的过程基本一致，只是由于障碍物的存在，又多了与障碍物一起成功围捕的过程，如图 8.30（e）和图 8.30（g）所示。由这两个图可知，SRfH 不但可以避开障碍物，还可以与其协作包围目标。避障成功后，SRfH 又可以迅速生成围捕队形，如图 8.30（f）和图 8.30（h）所示。障碍物环境中成功围捕动态目标体现了围捕算法的有效性和灵活性。

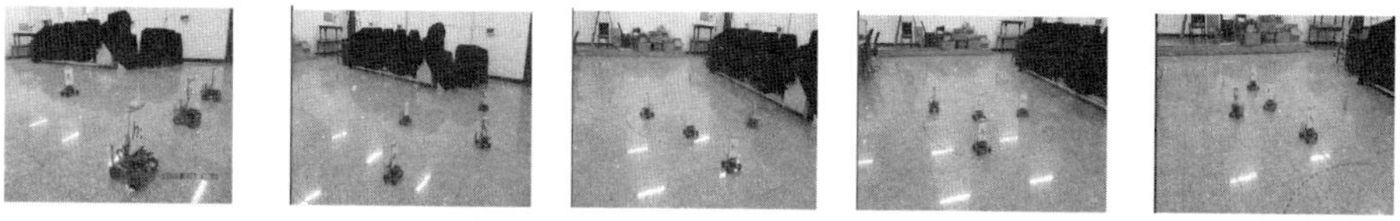

(a) 初始分布　(b) 追赶　(c) 包抄　(d) 成功围捕　(e) 与障碍物一起成功围捕

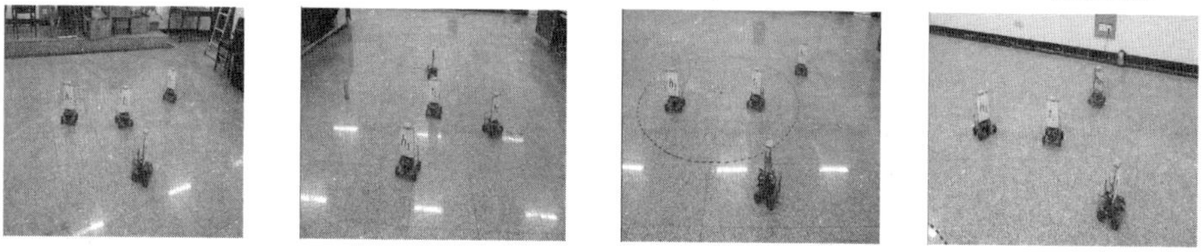

(f) 围捕队形生成　(g) 与障碍物再次一起成功围捕　(h) 围捕队形再次生成　(i) 最终状态

图 8.30　围捕过程

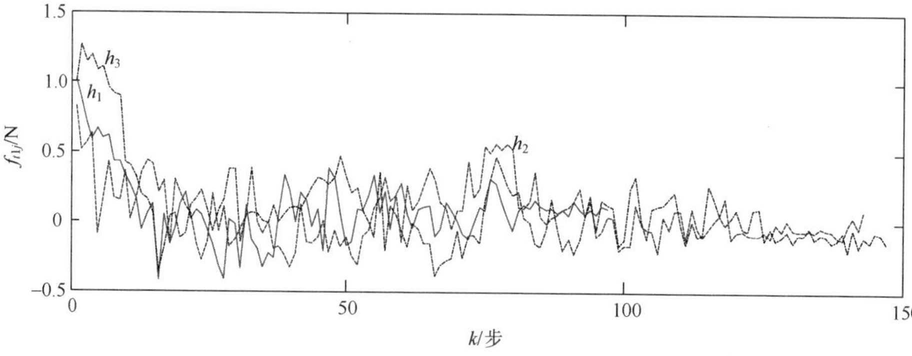

图 8.31　目标方向受力偏差

障碍物环境下的三个 SRfH 围捕动态目标的目标方向受力偏差如图 8.31 所示。由图可知，所有 SRfH 的目标方向受力偏差在大约 25 步趋近于平稳，但并没有趋近于 0，说明 SRfH 是在动态目标的有效围捕圆周附近来回运动。三个 SRfH 围捕动态目标的近邻对象合力偏差如图 8.32 所示。由图可知，所有 SRfH 的近邻对象合力偏差在大约 90 步趋近于平稳，但并没有趋近于 0，说明围捕队形并不是十分均匀分布在动态目标周围。图 8.32 中 h_1 和 h_3 在 20 步之后多个单独较大受力脉冲往往是因为接收定位信息错误导致的。h_3 中 20 步之后连续几段较大受力脉冲与环境中有障碍物有关，因为障碍物不与其产生协调运动导致的。同样，由图 8.32 还可以看出，围捕过程中涌现出了 Leaders h_1 和 h_3，与图 8.30（c）中涌现出来的 Leaders 是一致的，但是涌现过程中受力数据需要作均值滤波处理才更好辨识。

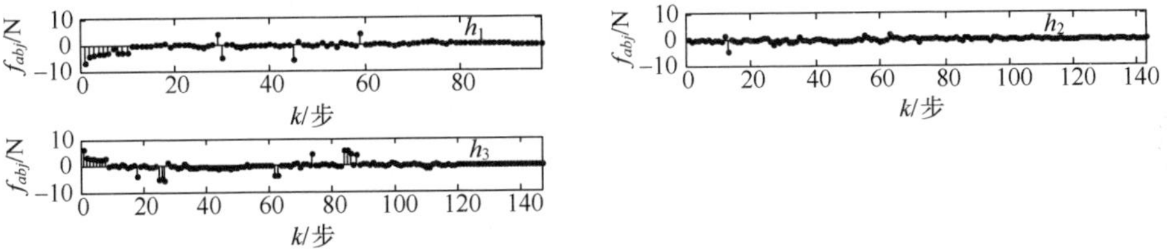

图 8.32　近邻对象合力偏差

8.5.2.2　四个机器人围捕实验

四个机器人围捕实验检验所提理论与算法在凸障碍物环境下针对动态目标围捕时是否具有可扩展性、灵活性和稳健性。环境中包含用两个矿泉水瓶表示的静态障碍物。围捕的初始状态如图 8.33（a）所示。围捕的其他过程，如追赶、包抄、成功围捕、围捕队形形成等与障碍物环境下三个 SRfH 的围捕过程基本一致，只是由于障碍物的增多，又多了一次与障碍物一起成功围捕的过程，如图 8.33（f）所示，由此图可知，SRfH 不但可以避开障碍物，还可以与其协作包围目标。体现了围捕算法的有效性、可扩展性和灵活性。而围捕过程中经常出现个别机器人通信中断停止运动，而其他机器人仍然继续围捕，体现了群机器人围捕算法良好的稳健性。

障碍物环境下的四个 SRfH 围捕动态目标的目标方向受力偏差如图 8.34 所示。由图可知，所有 SRfH 的目标方向受力偏差在大约 40 步趋近于平稳，但并没有趋近于 0，说明 SRfH 是在动态目标的有效围捕圆周附近来回运动；图中 h_3 在 40 步左右出现较大的波动是由于通信中断造成的。四个 SRfH 围捕动态目标

(a) 初始分布　(b) 追赶　(c) 包抄　(d) 与障碍物一起成功围捕　(e) 围捕队形生成

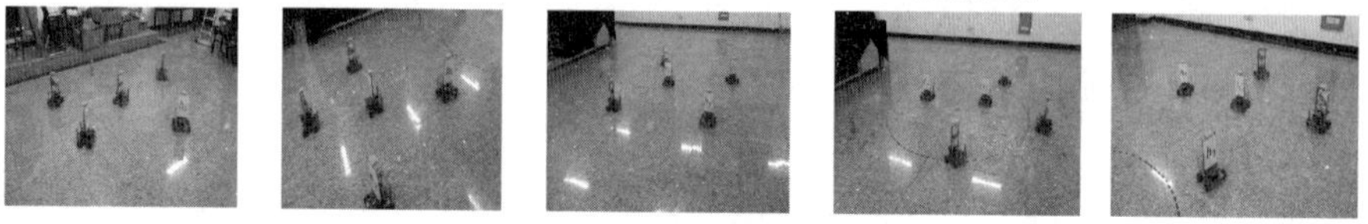

(f) 再次与障碍物一起成功围捕　(g) 围捕队形再次生成　(h) 第三次与障碍物一起成功　(i) 第三次围捕围捕队形生成　(j) 最终状态

图 8.33　围捕过程

标的近邻对象合力偏差如图 8.35 所示。由图可知，所有 SRfH 的近邻对象合力偏差在大约 60 步趋近于平稳，但并没有趋近于 0，说明围捕队形并不是十分均匀分布在动态目标周围，而且由于机器人增多，近邻对象合力偏差趋近于平衡的时间较长；图 8.34 中 60 步之后出现的较大的受力脉冲大多数是由于接收位置信息错误导致的。同样，由图 8.35 还是可以看出围捕过程中涌现出了 Leaders h_1 和 h_3，与图 8.33（c）中涌现出来的 Leaders 是一致的，但是涌现过程中受力数据需要作均值滤波处理才更好辨识。

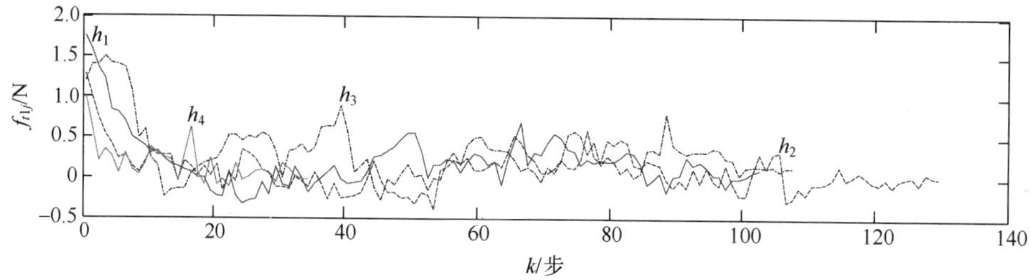

图 8.34　目标方向受力偏差

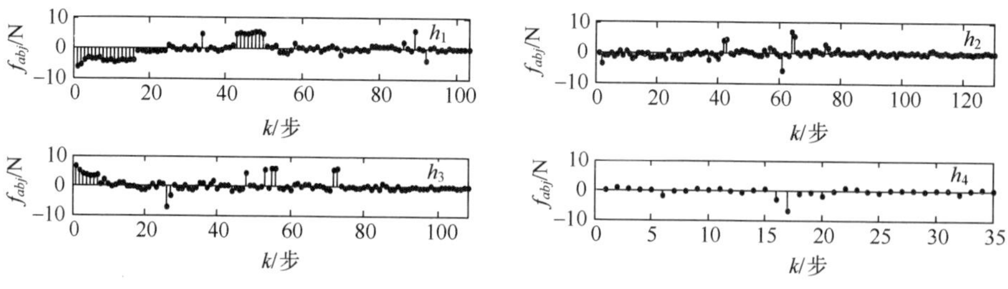

图 8.35　近邻对象合力偏差

8.6 本章小结

本章用群机器人物理平台分别在无障碍物环境下和有障碍物环境下针对静态目标和动态目标进行了围捕实验，验证了基于简化虚拟受力模型的围捕理论与算法的正确性和有效性。首先设计了围捕实验物理平台，然后开展了静态目标和动态目标围捕实验。静态目标围捕实验完全达到了理想的结果，验证了所提理论与算法具有较好的稳健性、可扩展性和灵活性。但是动态目标围捕实验由于通信和读电子罗盘所导致的时间滞后使得动态围捕过程中没有达到十分均匀分布的围捕队形，然而对于实际围捕也是适用的，所做实验同样验证了所提理论与算法具有较好的稳健性、可扩展性和灵活性[11]。

参考文献

[1] 深圳市中科鸥鹏智能科技有限公司．Arduino Enhanced Board 入门版使用教程 V1.0.0 [Z]．2011.

[2] 刘宇．无驱动结构微机械陀螺仪设计与制作关键技术研究 [D]．北京：北京邮电大学，2012.

[3] 陕西航天长城测控有限公司．FNN-3200 电子罗盘操作手册 [Z]．2015.

[4] 陈丽娜．WLAN 位置指纹室内定位关键技术研究 [D]．上海：华东师范大学，2014.

[5] 孙永亮．基于位置指纹的 WLAN 室内定位技术研究 [D]．哈尔滨：哈尔滨工业大学，2014.

[6] 陈付龙，樊晓桠．定位感知系统综述 [J]．计算机应用研究，2007，24 (04)：16-20.

[7] 王波．浅谈 UWB 定位技术 [J]．中国新技术新产品，2011，(23)：47-47.

[8] 卢维．高精度实时视觉定位的关键技术研究 [D]：杭州：浙江大学，2015.

[9] 成都昂迅电子有限公司．LINKUWB 无线高精度定位系统分项说明书 V2.1 [Z]．2014.

[10] 成都昂迅电子有限公司．LINK UWB 无线高精度定位系统软件使用说明 v2.1 [Z]．2014.

[11] 张红强．基于简化虚拟受力模型的群机器人自组织协同围捕研究 [D]．长沙：湖南大学，2016.

符 号 表

v	线速度
$\boldsymbol{\omega}$	角速度
v_{m}^{H}	机器人的最大线速度
a_{m}^{H}	机器人的最大线加速度
$\boldsymbol{\omega}_{\mathrm{m}}^{H}$	机器人的最大角速度
$\boldsymbol{\omega}_{\mathrm{am}}^{H}$	机器人的最大角加速度
$f(d)$	施力函数
c_{r}	有效围捕半径
$\boldsymbol{T}$	猎物（目标）
$\boldsymbol{H}$	捕食者（围捕机器人）
S	静态障碍物
U	动态障碍物
p_{r}^{T}	目标的势域半径
s_{r}^{H}	机器人的感知半径
s_{r}^{T}	目标的感知半径
G_{T}	目标势域
v_{ω}^{T}	猎物的漫步速度
v_{m}^{T}	猎物的最大速度
$\boldsymbol{p}$	位置矢量
t_{ntj}	转向时间
$\boldsymbol{v}_{je}$	期望速度
v_{jc}	补偿速度

v_{jf}	实际可达速度
γ_i	有向线 l_i 的方向角
$a_{\mathrm{dis}}^{\mathrm{i}}$	开始加强避碰或避障的距离
ρ_K^{ex}	显势
ρ_K^{*}	感知显势之和
$\bar{\theta}_{pt_1}$	势角
θ_{ω}^{T}	猎物的初始漫步方向角
Γ	运行周期
θ_{je}	期望运动方向
δ	偏差